安全协议实施安全性
自动化分析与验证

孟　博　王德军　著

科学出版社

北京

内 容 简 介

本书系统介绍安全协议实施安全性自动化分析与验证的基本理论和关键技术及最新成果。主要内容包括安全协议实施安全性分析与验证的国内外发展现状、一阶定理证明器 ProVerif 及应用、自动化安全协议证明器 CryptoVerif 及应用、基于计算模型自动化抽取安全协议 Blanchet 演算实施模型、安全协议 Blanchet 演算实施自动化抽取工具 Swift2CV、基于消息构造的安全协议实施安全性分析方法、安全协议实施安全性分析工具 SPISA、面向多个混合安全协议轨迹的安全协议实施安全性分析方法、安全协议实施安全性分析工具 NTISA、典型安全协议实施安全性分析等。

本书可供从事安全协议、密码学、计算机、软件工程、通信、数学等专业的科技人员、硕士和博士研究生参考，也可供高等院校相关专业的师生参考。

图书在版编目（CIP）数据

安全协议实施安全性自动化分析与验证/孟博，王德军著.—北京:科学出版社，2019.11

ISBN 978-7-03-062506-9

Ⅰ.① 安… Ⅱ.① 孟… ②王… Ⅲ.①计算机网络-安全技术-通信协议
Ⅳ.① TP393.08

中国版本图书馆 CIP 数据核字（2019）第 220811 号

责任编辑：闫　陶 / 责任校对：高　嵘
责任印制：赵　博 / 封面设计：苏　波

科 学 出 版 社 出版
北京东黄城根北街 16 号
邮政编码：100717
http://www.sciencep.com

北京凌奇印刷有限责任公司 印刷
科学出版社发行　各地新华书店经销
*
开本：B5（720×1000）
2019 年 11 月第 一 版　印张：16 1/2
2023 年 10 月第三次印刷　字数：325 000
定价：**98.00 元**
（如有印装质量问题，我社负责调换）

序

　　网络空间安全已成为国家安全的重要组成部分，解决网络空间安全问题离不开技术的创新和发展，而安全协议是解决网络空间安全问题的重要技术之一，是保障网络空间安全的关键。安全协议的研究包括很多方面的内容，如安全协议设计理论与方法、安全协议安全性分析与验证方法、安全协议实施（安全协议代码）安全性分析与验证方法等。近年来，安全协议实施安全性研究已成为安全协议研究领域的研究热点，其研究对促进安全协议的发展和保障国家网络空间安全具有重要而深远的意义。

　　本书作者分别以三个假设为前提，即能够获取安全协议客户端实施及安全协议服务器端实施、仅能够获取安全协议客户端实施、不能获取安全协议客户端实施和安全协议服务器端实施，对安全协议实施安全性进行了系统研究，取得了一系列重要成果。特别是在安全协议实施安全性的自动化分析模型、方法及相应的软件工具等方面取得的成果得到了国内外同行的好评。他们发表了一批高质量的学术论文，培养了多名优秀研究生。本书是他们长期研究成果的总结。本书的出版必将为传播安全协议实施安全性分析与验证的基础知识、交流安全协议实施安全性分析与验证的理论和技术、扩大安全协议实施安全性分析与验证系统的应用做出重要贡献。

　　我为他们取得的研究成果和学术著作的出版感到由衷的高兴，并向他们表示衷心祝贺！

2019 年 11 月 16 日于北京

前　言

安全协议作为网络空间安全的重要组成部分，是保障网络空间安全的关键和灵魂。从安全协议设计、安全协议抽象规范安全性的分析与验证、到安全协议实施（安全协议代码），人们主要集中在对安全协议抽象规范的安全性分析和验证方面，实用性较差。近几年来，人们对安全协议的最终表现形式，安全协议实施越来越感兴趣。因为无论任何安全协议，要想发挥作用，必须进行安全协议实施，故对其安全性进行分析对保障网络空间安全具有重要意义。安全协议实施不仅比安全协议抽象规范复杂，而且在安全协议实施过程中，因程序员的专业素质参差不齐，无法保证不引入逻辑错误或者是代码错误，进而可能会造成安全协议实施与其抽象规范不一致。很多实践表明，即使对形式化方法已证明安全的安全协议，在实施过程中，也可能因为人为的失误而引入了新的安全问题。由此可见，仅在安全协议抽象模型层面对其进行安全性分析研究是远远不够的，必须对安全协议实施的安全性进行研究，以得到具有很强实用性的安全协议实施，保障网络空间安全。

安全协议实施由安全协议客户端实施和安全协议服务器端实施组成。目前，安全协议实施安全性分析研究工作主要基于以下三个前提进行：能够获取安全协议客户端实施及安全协议服务器端实施；仅能够获取安全协议客户端实施；不能获取安全协议客户端实施和安全协议服务器端实施。故本书以此三个前提为基础，系统全面地介绍安全协议实施安全性自动化分析与验证的基本理论和关键技术及最新成果。

本书共分五部分 14 章。第一部分包括第 1 章，介绍安全协议实施安全性分析与验证的国内外发展现状与最新成果。第二部分包括第 2～5 章，重点对安全协议规范形式化分析与验证相关技术和应用做介绍，包含 Applied PI 演算与其 BNF 范式、一阶定理证明器 ProVerif 及应用、概率进程演算 Blanchet 演算与其 BNF 范式、自动化安全协议证明器 CryptoVerif 及应用。第三部分包括第 6～8 章，重点介绍以能够获取安全协议客户端实施及安全协议服务器端实施为前提，分析安全协议实施安全性的相关方法与应用成果，主要包括基于计算模型自动化抽取安全协议 Blanchet 演算实施模型、安全协议抽象规范模型生成工具 Swift2CV、OpenID Connect 协议与 Oauth2.0 协议和 TLS1.2 协议 Swift 实施安全性分析。第四部分包括第 9～11 章，重点介绍以仅能够获取安全协议客户端实施为前提，分析安全协议实施安全性的相关方法与应用成果，主要包括基于消息构造的安全协议实施安全性分析方法、安全协议实施安全性分析工具 SPISA、RSAAuth 认证系统与腾讯 QQ 邮件认证系统安全性分析。第五部分包括第 12～14 章，重点介绍以不能获取安全协议客户端实施和安全协议服务器端实施，分析安全协议实施安全性的相关方法与应用成果，主要包括面向多个混合安全协议轨迹的安全协议实施安全性分析方法、安全协议实施安全性分析工具 NTISA、统一身份认证平台登录协议 CAS-SSO 和 CAS-OAUTH 实施安全性。

本书由中南民族大学孟博和王德军共同撰写，其中第 1～5 章由王德军撰写，其余章节由孟博撰写。全书最后由孟博统稿、王德军校稿。研究生张金丽、鲁金钿与何旭东对此书亦有贡献。

本书的研究工作得到了湖北省自然科学基金（No.2018ADC150，No.2014CFB249）、中南民族大学中央高校基本科研业务费专项资金（No.CZZ19003, No.CZZ18003）项目资助，同时也得到了科学出版社的大力支持，在此表示衷心的感谢。

由于水平有限，对一些问题的理解和表述或有肤浅之处，诚请读者批评指正。

孟 博 王德军

于 2019 年 6 月 3 日

目　录

第1章　安全协议实施安全性分析与验证现状

1.1　引　　言

安全协议是网络空间安全的核心。安全协议实施[1-4]是安全协议的最终表现形式，其安全性分析也越来越受到人们的关注。从安全协议设计，到安全协议抽象规范安全性的分析与验证，再到安全协议实施（安全协议代码）[5]，人们主要关注安全协议抽象规范的安全性分析和验证[5-7]。近几年来，人们对安全协议的最终表现形式，安全协议实施越来越感兴趣。因为无论任何安全协议，要想发挥作用，必须进行安全协议实施，所以对其安全性进行分析，对保障网络空间安全而言具有重要意义。安全协议实施不仅比其抽象规范复杂，而且在安全协议实施过程中，因程序员的专业素质参差不齐，无法避免逻辑错误或代码错误，进而可能会造成安全协议实施与其抽象规范不一致。此外，即使对采用形式化方法[8, 9]已证明安全的安全协议，在实施过程中，也可能因为人为的失误而引入新的问题，变得不再安全。由此可见，仅在安全协议抽象模型层面对其进行安全性分析研究是远远不够的，必须对安全协议实施的安全性进行研究，以得到具有很强实用性的安全协议实施[1, 2, 10]，保障网络空间安全。

1.2　能够获取安全协议客户端实施
和安全协议服务器端实施

基于能够获取安全协议客户端实施及安全协议服务器端实施的假设，主要研究方法分为两种：程序验证、模型抽取。

1.2.1　程序验证

程序验证方法对已有安全协议实施的安全性进行分析，主要分别基于逻辑、类型系统、类型系统与逻辑证明，对其安全性进行分析。这种方法既不能证明分析过程的正确性，又过于依赖在安全协议实施中添加大量的代码注释与断言。

基于符号模型，2005 年，Goubault-Larreecq 等[11]通过求解子集验证安全协议 C 语言实施安全漏洞。首先，使用指针分析技术分别对攻击者收集和伪造的消息进行分析，进而建立运行时数据与代表性消息的抽象逻辑间的关联关系。然后，通过控制流图，利用信任断言得到 Horn 语句表示的抽象语义，最后用 H1 求解器验证其保密性。2009 年，Rjens[12]以安全协议的 Java 实施为研究对象，提出一个建立安全协议软件实施和安全协议规范模型之间映射关系的方法，此方法首先基于控制流图，通过对开源的安全套接层（secure sockets layer，SSL）协议 Java 实施进行分析，进而得到安全协议 Java 实施的抽象模型，最后应用定理证明器高阶逻辑（higher-order logic，HOL）分析其保密性。2009 年，Chaki 等[13]提出基于特定域协议和符号攻击模型，对迭代抽象改进的软件模型检测方法进行拓展，将拓展后的软件模型检测与标准协议相结合，分析安全协议 C 语言实施的认证性和保密性的方法，基于此方法，开发了 ASPIER 工具，通过实验并结合控制流图，ASPIER 应用断言抽象技术验证了开放式安全套接层（open secure sockets layer，OpenSSL）协议 C 语言实施的认证性和保密性。2010 年，Bhargavan 等[14]首先用 F#语言开发了一个密码原语库，进而提出一个验证安全协议 F#实施安全性的方法，并使用 F#语言实现，最后用 F7 语言证明这种方法的正确性。在这种方法中使用公式记录安全协议 F#实施的不变量。基于此方法，应用 ProVerif 可以对典型密码原语和安全协议 F#实施的安全性进行分析和验证。

基于计算模型，2010 年，Backes 等[15]使用 F#语言的安全类型检查器和 λ 演算来验证安全协议 F#实施的安全性，并用通用计算合理性证明框架（a general framework for computational soundness proofs，CoSP），证明了 F#语言类型检查器的计算合理性，这种方法使用理想的符号模型和精化的并发不动点（refined concurrent fixpoin，RCF）演算对安全协议 F#实施进行建模，并结合 F7 语言，实现安全协议 F#语言实施的自动化验证。2011 年，Bengtson 等[16]应用 F#实现了一个检测安全协议实施安全属性的类型检测器，进而使用具有精确类型的 λ 演算来建模一阶逻辑中的前件后件，从而得到密码学原语的形式化模型，生成可满足性模理论（statifiablity modulo theories，SMT）求解器的验证条件，验证安全协议 F#实施的认证性和保密性。同年，Dupressoir 等[17]在无限会话条件下，首先应用初始状态（ghost state）检测当两个不同条件的数组映射到同一个数组上时的碰撞；其次基于符号项的约束对密码学应用程序接口（application programming interface，

API）进行建模；随后对 C 程序中的攻击者进行建模；进而把强类型函数式编程语言 F#和 F7 中的密码结构的不变量重新映射到弱类型的低级命令式语言中。2011 年，Aizatulini 等[18]基于计算模型验证了安全协议 C 语言实施的安全属性，首先符号化执行应用程序，从安全协议 C 语言实施中抽取进程计算模型，然后把抽取的进程计算模型转化成基于 CryptoVerif 的安全协议模型，从而验证了安全协议 C 语言实施的安全性。2011 年，Swamy 等[19]首先提出 F*语言。它是一种新的用于安全分布式编程的类型语言，F*语言包含 F7 语言和 Fine 语言。它能提供任意递归，同时可以保持逻辑的一致性，使用加密凭证和逻辑证明支持精化属性（refinement properties，RP）的证明。然后实现了一个基于 Fine（F*）语言的编译器原型，该编译器把 Fine（F*）语言编译成.NET 字节码，同时产生具有开销较小的可验证二进制字段，实现高效的字节码验证，这种方法分析并验证了安全协议 F*实施的认证性与保密性。2015 年，Swamy 等[20]对 F*语言进行扩展，并结合类型推测、SMT 求解实现扩展后的 F*语言核心功能的半自动化验证，并开发出 F*系统，此外还实现了基于 F*语言证明纯代码片段（pure fragment，PF）的可靠性，并对新的类型选择器的选择进行了分析。F*系统可以产生 F#代码和 OCaml 代码。2016 年，Swamy 等[21]又对 F*语言在高阶逻辑和按值调用（Call- by-value，C-b-v）进行了拓展，能通过添加更少的注释，验证安全协议 F*实施的更多安全属性。

1.2.2　模型抽取

　　模型抽取即从安全协议实施中抽取安全协议抽象规范，并且证明抽取方法的正确性，然后用协议抽象规范安全性分析工具来分析其安全性。

　　安全协议源语言（如 Java 语言、C 语言、F 类语言等）实施 SP[S]转换为安全协议目标语言（如 Blanchet 演算、应用 PI 演算、LySa 演算等）实施 SP[T]；然后利用自动化安全协议分析或验证工具分析安全协议目标语言实施 SP[T]，即源语言是编程语言，而目标语言是形式化语言，两者之间是互模拟的关系。如果安全协议目标语言实施 SP[T]对于根据任意攻击者 Adv[S]构造的任意攻击者 Adv[T]是安全的，那么，安全协议源语言实施 SP[S]对于任意攻击者 Adv[S]也是安全的。安全协议实施抽取模型如图 1.1 所示。

　　这种方法被认为非常有效和合理，适用于分析协议实施这种较小规模的代码。在程序验证部分中，也有部分研究工作用到模型抽取的方法。其主要研究见表 1.1。

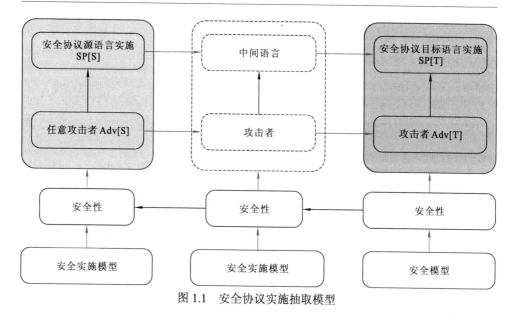

图 1.1　安全协议实施抽取模型

表 1.1　模型抽取方法

文献	程序语言	形式化语言	形式化模型	安全属性	正确性	开发的软件工具
[11]	C	Horn 子句	符号模型	保密性	证明	
[12]	Java	一般逻辑	符号模型	FOL 属性	未证明	
[13]	C	ASPIER 协议语言	符号模型	保密性、认证性	证明	ASPIER
[15]	F#	RCF	计算模型、符号模型	迹属性	证明	H1 求解器
[22]	F#	Applied PI 演算	符号模型	保密性、认证性	证明	FS2PV
[23]	Java	LySa 演算	符号模型	保密性	未证明	Elygah
[24]	C	Applied PI 演算	符号模型	保密性、认证性	证明	
[25-26]	F#	Blanchet 演算	计算模型	保密性、认证性	未证明	FS2CV
[27]	C	Blanchet 演算	计算模型	保密性、认证性	证明	
[28]	Java	Blanchet 演算	计算模型	认证性	未证明	SubJAVA2CV
[29]	Javascript	应用 PI 演算、Blanchet 演算	符号模型、计算模型	认证性、保密性	未证明	RefTLS
[30]	Swift	Blanchet 演算	计算模型	认证性、保密性	未证明	SubSwift2CV

　　基于符号模型，2008 年，Bhargavan 等[22]提出一个验证安全协议 F#实施安全性的架构，支持密码原语的具体实施和符号化实施，其中具体实施用于互操作性测试，符号化实施用于调试和形式化验证。该方法运用 FS2PV 工具把安全协议 F#实施转换为 ProVerif 的输入语言：Applied PI 演算，进而用 ProVerif 工具验证安

全协议 F#实施的保密性和认证性。2008 年，Nicholas[23]开发了 Elygah 系统，该系统首先把安全协议的 Java 实施转化成 Lysa 演算进程，然后得到安全协议 Java 实施的形式化模型，进而分析其认证性。但是这种方法没有证明抽取方法的正确性。2012 年，Aizatulin 等[24]首先应用符号执行技术，符号化执行安全协议 C 语言实施，获得安全协议 C 语言实施发送/接收消息的符号化描述，然后得到其形式化抽象模型，随后使用 ProVerif 验证其保密性和认证性。

基于计算模型，2008 年，Bhargavan 等[25-26]开发了一个标记语言（markup language，ML）子集到 CryptoVerif 的编译器原型 FS2CV，该编译器能够把安全协议 F#实施中的密码原语、数据库、信道语句转换成 CryptoVerif 形式化模型，进而用 CryptoVerif 验证其 F#实施的保密性和认证性，并且采用手工方式证明抽取方法的正确性。此方法对 TLS 协议（transport layer security，TLS）协议 F#实施进行分析，证明了其认证性和保密性。2012 年，Aizatulin 等[27] 从安全协议 C 语言实施中抽取其形式化模型，然后用 CryptoVerif 验证其认证性与保密性：首先通过符号化执行从安全协议的 C 语言实施中抽取安全协议 C 语言实施抽象模型；然后把抽取的模型转换成 CryptoVerif 语法描述，使用 CryptoVerif 验证安全协议 C 语言实施的认证性与保密性。但是目前只能支持顺序执行协议，不支持分支语句。2015 年，Li 等[28]首先定义 SubJAVA 与 Blanchet 演算间的语法映射关系，然后基于模型抽取技术，开发模型抽取工具 SubJAVA2CV，该工具对安全协议的 Java 实施首先进行词法分析、语法分析和生成抽象语法树，之后化简抽象语法树，抽取出安全模型，将其转换为 Blanchet 演算的抽象语法树，生成 Blanchet 演算代码，最后使用 SubJAVA2CV 抽取一个认证协议 Java 实施的安全模型，将其转换为 Blanchet 演算代码，应用自动化分析工具 CryptoVerif 分析安全属性，证明协议实施的认证性。2017 年，Bhargavan 等[29]首先分别基于符号模型和计算模型，应用 ProVerif 和 CryptoVerif 分析了 TLS1.3 安全协议抽象规范的安全性，然后给出了 TLS1.0-1.3 安全协议实施-RefTLS。2018 年，孟博等[30]首先对已有的安全协议 Swift 语言实施进行分析，进而确定与安全协议 Swift 实施紧密相关的 Swift 语言子集 SubSwift，然后根据操作语义，建立从 SubSwift 语言到 Blanchet 演算的映射模型，提出从安全协议 SubSwift 语言实施中抽取安全协议 Blanchet 演算实施的方法，并开发安全协议 Blanchet 演算实施生成工具 SubSwift2CV，同时对 OpenID Connect 协议、Oauth 2.0 协议及 TLS 协议的安全性进行分析，结果表明 OpenID Connect 协议、Oauth 2.0 协议和 TLS 协议的 SubSwift 语言实施与安全协议 Blanchet 演算实施的安全性分析结果分别是"客户端能够认证 OpenID 供应商"和"客户端无法认证授权服务器"。在 SubSwift 客户端与服务器通信过程中能够保证预置密钥保密性，且客户端能认证服务器端。

1.3 仅能够获取安全协议客户端实施

基于仅能够获取安全协议客户端实施的假设，分析安全协议实施安全性。其主要思路首先获取包含安全协议客户端实施的网络安全应用程序，获取安全协议客户端实施，进而分析其安全性，或根据提取的安全协议实施抽取、还原出安全协议抽象规范，使用安全协议分析工具分析其安全性。其依据是安全协议客户端实施包含安全协议客户端的具体功能，如消息参数的产生、消息的加密、解密处理及对安全协议服务器端响应消息的解析等，通过对其进行分析，得到安全协议服务器端的模型，分析安全协议实施的安全性。

1.3.1 网络轨迹

网络轨迹方法属于协议逆向技术中的重要分支。协议逆向技术不依赖于任何协议描述的情况，通过对协议实体的网络输入、输出，系统行为和指令执行对流程进行监控和分析，提取协议文法、语法和语义[31]。网络轨迹方法主要在能获得网络负载的情形下，对网络负载进行字段提取、语义分析及状态机提取，进而分析安全协议实施安全性。其依据为：每个抓取到的报文样本都是协议实体规范的一个具体实例，所以相同类型的不同样本之间具有一定相似性[32]，通过对得到的报文进行聚类和统计分析来确定消息边界和消息格式，使用关键字提取或者是统计分析提取消息字段、推测协议语法语义及协议状态机等信息，由此可分析安全协议实施安全性。主要分析方法是：①利用第三方软件或者工具，通过守候捕获和隐蔽截获的方法截取安全协议网络数据包；②对截获的安全协议网络数据包应用聚类、数据挖掘等技术进行分析、处理，获取相应安全协议的规范、协议字段格式、语法和语义及协议状态机等信息；③对安全协议的实施安全性进行分析，其主要原理如图 1.2 所示。

根据图 1.2，首先在安全协议通信实体进行通信时，使用第三方网络数据包截获工具的方式守候截获或隐蔽嗅探的方式获取协议通信 N 网络轨迹或网络负载；再对获取的网络数据报文进行分析、处理，根据分析结果提取安全协议的消息字段、语义语法及协议状态机等信息，由此得到安全协议实施安全性分析结果。

2013 年，Bai 等[33]基于安全协议实施密码学算法正确、加密/解密密钥安全及网络 DNS 基础架构安全这三个假设，开发了 AuthScan 系统。其主要思路：首先初始化安全协议客户端 JavaScript 实施，创建测试用例，该测试用例包含 HTTP 数据轨迹和分析器提供的初始化数据,进而推断安全协议的抽象规范初始化模型。

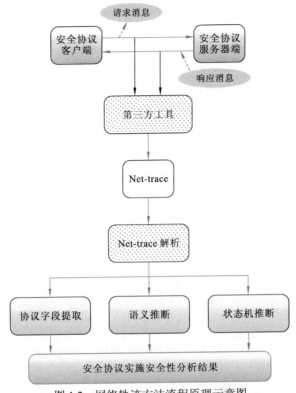

图 1.2　网络轨迹方法流程原理示意图

再使 AuthScan 利用测试用例，混合推断技术来迭代、精化安全协议抽象模型。在每次迭代过程中，AuthScan 逐步对安全协议语义的项和行为进行化简，若没发现新的语义，则迭代结束。该系统利用最小用户输入，没有借助任何所分析的安全协议的先验知识，基本还原了安全协议的抽象规范。AuthScan 对 Facebook Connect Protocol、Windows Live Connect、Browser ID 等安全协议 JavaScript 实施进行分析，较精确地恢复出它们的抽象模型，并基于符号模型用 ProVerif 工具验证认证性及保密性。但是该系统既在发现安全协议实施漏洞方面存在缺陷，又在安全协议抽象规范还原的精确度上存在一定的不足。

2016 年，Zuo 等[34]开发了 AUTOFORGE 系统，该系统能够产生用于测试安全协议服务器端实施的安全机制的消息。首先，该系统通过得到安全协议客户端 JavaScript 实施，调整客户端消息参数以得到新的客户端消息并将这个消息发送给中间人代理，接着中间人代理对这些消息进行分析、处理之后再发送给安全协议服务器端，然后通过 API Hook 技术监控 API 函数，得到网络交互数据，最后通过对得到的 HTTP 及 HTTPS 等安全协议交互数据进行分析，发现部署安全协系统的漏洞，从而对安全协议的安全性进行评估、分析。

1.3.2　模型抽取

基于模型抽取验证安全协议实施安全性，2013 年，Bai 等[33]开发了 AuthScan 系统，使用 ProVerif 工具，验证了 Facebook Connect、Windows Live Connect 及 BrowserID 协议 JavaScript 实施的认证性和保密性。Fett 等[35]分析了 BrowserID 协议 JavaScript 实施的认证性。Pellegerino[36]与 Zuo 等[34]分别开发了 jÄk 系统和 AUTOFORGE 系统，验证了超文本传输协议（hypertext transport protocol，HTTP）及安全超文本传输协议（hypertext transport protocol secure，HTTPS）JavaScript 实施安全性并发现了其实施的漏洞。Ye 等[37]应用 ProVerif 工具验证了 Facebook Login 协议 JavaScript 实施的安全性。Kobeissi 等[38]首先把安全协议 ProScript 实施分别转化为应用 PI 演算和 Blanchet 演算，然后借助 ProVerif 工具和 CryptoVerif 工具分析了其安全性。在安全协议实施漏洞发掘方面，针对 AuthScan 系统发现安全协议实施漏洞方面的不足，Zhou 等[39]对其做了改进，并开发了 SSOScan 系统，发现 Facebook Login 等安全协议客户端 JavaScript 实施存在安全漏洞。Shernan[40]不仅发现了 OAuth2.0 协议的某些网站存在跨站点请求伪造（cross site request forgery，CSRF）漏洞，还发现了相应的 OAuth2.0 协议实施与其规范不一致。Sudhodanan 等[41]基于攻击模式提出了多方网络应用（multi-party web applications，MPWAS）的自动化黑盒测试方法，发现了未知的安全协议实施漏洞。相关工作见表 1.2。

表 1.2　基于仅能够获取安全协议客户端实施的安全协议实施安全性分析

文献	客户端实施语言	安全协议属性
[33]	JavaScript	认证性
[34]	JavaScript	认证性
[35, 42]	JavaScript	认证性、保密性
[36]	JavaScript	保密性
[38]	ProScript	认证性
[39]	JavaScript	认证性、保密性
[40]	Java	
[41]	JavaScript	认证性
[42]	JavaScript	认证性
[132]	JavaScript	认证性、保密性

2014 年，针对 Bai 等[33]在安全协议实施漏洞发现方面存在的不足，Zhou 等[39]开发了单点登录（single sign-on，SSO）Scan 系统。该系统通过对安全协议客户端 JavaScript 实施分析，可以自动检测 SSOAPI 的安全协议实施漏洞。该系统由两部分组成：注册器和漏洞检测器。注册器主要功能是在使用 SSO 的系统中自动注册两个测试账户。漏洞检测器主要使用模拟攻击和被动监听来检测系统中安全协议实施漏洞，Scan 系统通过对 973 个支持 SSO 的网站进行检测、统计，发现超过 20%的网站存在严重漏洞问题。该系统对弥补安全漏洞有很大作用，但仅适用于部署了 SSO 的网络安全系统。

2015 年，Fett 等[35]对 BrowserID 协议 JavaScript 实施进行分析，重点关注其认证性和隐私性。发现其存在身份注入攻击和侧信道攻击，然后对普通的 Web 模型进行轻量级拓展，使 BrowserID 协议 JavaScript 实施具有认证性。该研究仅对 BrowserID 协议客户端 JavaScript 实施的安全性进行分析，并未涉及其服务端实施。同年，Fett 等[42]开发了基于 Web 的 SSO 开源、分布式系统 SPRESSO，并使用形式化方法证明其具有认证性和隐私性。该系统支持多种浏览器，因此，身份提供方不能追踪到服务提供方的用户登录。同年，Pellegerino 等[36]开发了 jÄk 系统。首先，对安全协议客户端 JavaScript 实施进行动态分析，通过 API Hook 技术监控 JavaScript 的 API 函数，检测注册事件、网络通信 API 使用及统一资源定位符（uniform resource locator，URL）动态生成，再分析安全协议 JavaScript 实施安全性。同年，Ye 等[37]基于认证、授权服务器可信、密码学算法使用正确且可用安卓系统可信三个假设，对获取 Facebook 的安卓登录服务系统 Facebook Login 协议 JavaScript 进行分析。通过获取 Facebook Login 协议客户端的 JavaScript 实施，进而抽取出该协议客户端抽象规范模型。再结合得到的 Facebook Login 协议客户端实施及抽取的抽象规范模型，通过关键字挖掘、黑盒模糊测试方法得到 Facebook Login 协议的服务器端抽象规范，随后使用应用 PI 演算对得到 Facebook Login 协议抽象规范进行形式化建模，将其转化为 ProVerif 输入，最后使用 ProVerif 验证抽取的 Facebook Login 协议的安全性。该方法较好地还原了安全协议的抽象规范，还原效果较理想。但研究仅对 Facebook Login 协议进行，不具普遍性。同年，Shernan 等[40]对 OAuth2.0 协议在实际应用场景中存在的 CSRF 漏洞进行了分析。该研究对使用率排名前 1000 的网站使用网络爬虫获取相关数据，发现部署了 OAuth2.0 的网站中 25%存在 CSRF 攻击。此外，发现软件开发工具包（software development kit，SDK）代码中存在漏洞，以及协议安全实施与其规范不一致等缺陷。

2016 年，Sudhodanan 等[41]基于攻击模式提出 MPWAS 的自动化黑盒测试方法，检测 MPWAS 漏洞。首先提出一个从已知攻击中创建攻击模式的方法和安全测试框架，进而利用攻击模式自动生成 MPWAS 测试用例，再结合 Web 应用程序漏洞挖掘的渗透测试工具 OWASP-ZAP，为 13 种重要攻击创建了 7 种攻击模式同时发现了 21 种安全协议未知漏洞。

2017 年，Kobeissi 等[38]提出支持安全协议设计者、实施者及安全分析者使用自动化工具来验证安全协议实施安全性的方法。该方法把安全协议 ProScript 实施自动化转化为安全协议应用 PI 演算和 Blanchet 演算模型，分别通过 ProVerif 和 CryptoVerif 对模型进行分析，发现安全协议 ProScript 存在漏洞，再修改安全协议 ProScript 实施，从而产生一个新的安全协议应用 PI 演算和 Blanchet 演算的模型，然后进行新一轮的安全性分析。最后分别使用 ProVerif 和 CryptoVerif 分析安全协议中未知的和已知的漏洞，并给出相应解决方案。

2018 年，Lu 等[43]提出了安全协议消息构造方法（security protocol implementation message construction，SPIMC）。SPIMC 方法结合了 API 跟踪技术、模型抽取方法、软件测试方法及 et-trace 方法，具有两个特点：①在分析对象方面，提出的方法分析对象是安全协议实施（代码）及协议消息最小组成单位（Token），粒度细且有针对性；②提出的方法对非密码协议和密码协议均适用，即提出的方法能分析明文协议也能分析密文协议。并且基于 SPIMC 方法，开发了安全协议实施安全性分析工具（security protocol implementation security analyzer，SPISA），对 RSAAuth 认证系统及 2017 版腾讯 QQ 邮件服务系统进行分析，发现虽然 RSAAuth 认证系统及 2017 版腾讯 QQ 邮件服务系统的服务器端有一定的安全措施，但 RSAAuth 系统面对口令的暴力破解攻击脆弱，而 2017 版腾讯 QQ 邮件认证系统对用户登录会话的时间进行了严格限制，若会话时长超过了限制，则会话失效。

1.4　不能获取安全协议客户端实施和安全协议服务器端实施

基于不能获取安全协议客户端实施和安全协议服务器端实施的假设，分析安全协议实施安全性，主要研究方法为协议逆向工程[44-45]，即通过分析安全协议会话过程，重构协议通信过程从而得到安全协议的格式结构和功能，进而分析协议实施的安全性。协议逆向工程主要包含基于指令序列分析和基于网络轨迹的分析。安全协议可以分为文本协议和二进制协议。二进制字段是出现在安全协议逆向分析中频率较高的一种对象，其主要包括非公开字符集、加密类型等。下面对基于指令序列分析[46-60]和基于网络轨迹分析[61-76]进行介绍。

1.4.1　指令序列

指令序列，也称为动态污点分析[44-47]，是一种在指令级对外部数据传输过程进行跟踪与分析的技术，通过监控、标记网络数据，对这些数据在安全协议实体中的处理过程进行跟踪，监控安全协议实体对标记的网络数据的处理流程，例如监控其指令序列和内存操作，并对指令执行序列进行分析，进而得到安全协议实施安全性的分析结果。它可以处理未加密及加密的安全协议消息、报文格式推断。其可行性在于可以通过对程序处理域边界及域的使用方式获得协议格式的表达式和属性。协议实体的完整会话指令序列可划分为单个报文指令序列的排列，子序列的顺序包含了状态转换信息。

在推断未加密的安全协议消息格式方面，2006 年，Lim 等[61]提出 FEF/X86 方法，结合值集分析（value-set analysis，VSA）和总体结构识别（aggregate structure identification，ASI）技术可以有效地推断出安全协议的消息格式。2007 年，Caballero 等[63]引入了动态监控污点技术，开发了原型系统 Ployglot 系统。在提取报文格式方面其准确率比 Discover 高。针对文献[63]的不足，2008 年，Wondracek 等[64]提出一种新方案，可以实现较准确的协议报文格式提取；2008 年，Lin 等[65]提出了 AutoFormat 方案，可以识别结构较为简单的协议报文结构，但是对复杂的安全协议识别效果较差；Cui 等[66]开发了 Tupni 系统，能识别主机之间通信数据流。2009 年，Milani 等[68]开发了 Prospex 系统，可以有效地推断出安全协议的有穷自动机；Wang 等[69]开发了 ReFormat 系统，可以推测出安全协议的消息格式，但在处理分块加密的密文消息方面存在不足。2010 年，Lin 等[71]提出一个新的安全协议消息格式推断算法，创建了数据字段树，其包含消息格式及其基本层次。

在推断加密的安全协议消息格式方面，2008 年，Lutz 等[67]实现了对解密后明文缓冲区的定位，但不适用于解密后消息的信息熵变化不大的应用。针对文献[63]的不足，2009 年，Caballero 等[70]对 ReFormat 系统进行了改进，并开发了 Dispatcher 系统，可以定位解密后的明文，但是对于二进制协议消息的覆盖率有限。2013 年，Liu 等[72]提出了回溯切片算法，可以获得指令轨迹的语义信息。基于二进制插庄平台 Pin，石小龙和 Lin 等[73-74]引入动态污点分析技术，能较准确地对 HTTPS、安全外壳（secure shell，SSH）等安全协议解密后的明文进行定位。2014 年，Li 等[75]也应用动态污点分析技术，在识别加密消息字段及其结构上，具有较高准确率。2016 年，朱玉娜等[76]提出了密文归档识别（ciphertext filed identification approach，CFIA）方案，它能够较准确地定位密文边界，并识别密文域，但该方案对具有时序关系的安全协议处理能力较弱。主要研究工作如表 1.3 所示。

表 1.3　基于指令分析

文献	安全协议类型	技术方法
[61]	二进制协议	监控 API
[62]	文本协议	约束公式
[63]	文本、二进制协议	执行指令的动态跟踪
[67]	加密协议	内存读写监控
[65]	文本协议	执行指令的动态跟踪
[68]	二进制协议	序列对比
[66]	文本、二进制协议	执行指令的动态跟踪
[69]	加密协议	内存读写监控
[70]	加密协议	函数指令监控
[71]	二进制协议	内存读写监控
[73]	加密协议	Pin 平台、动态污点跟踪
[74]	加密协议	Pin 平台、污点传播图
[75]	加密协议	监控函数调用及执行
[76]	加密协议	基于熵估计

2006 年，Lim 等[61]提出 FFE/X86 方法。该方法基于安全协议消息动态执行轨迹推测安全协议消息格式，分析对象是应用程序的二进制字段，首先它从大量的函数调用图中得到表示消息格式的分层自动机，然后使用 VSA 和 ASI 静态分析技术获得与应用程序输出相似度很高的数据。该方法分析结果包含用正则表达式表示的安全协议消息抽象模型。对于安全分析者而言，使用该模型比分层自动机更容易推测出安全协议消息格式。同年，Newsome 等[62]开发了 Replayer 系统，该系统可以在不同的网络环境下对安全协议通信消息进行响应。为产生该响应消息，该方法使用与生成树协议（spanning tree protocol，STP）求解器相关联的约束公式，从而得到新的响应消息。然而，该系统并不能推测出安全协议的消息格式，所以它很难被推广到其他应用工程领域。

2007 年，Caballero 等[63]把动态监控污点技术引入安全协议实施逆向分析领域中，并开发了原型系统 Polyglot。该系统采用不同的方法处理不同的协议数据字段。通过跟踪程序的执行过程，提取出报文格式。与基于网络流量的解析方法不同，网络流量中只包含协议的语法信息，而二进制程序中还包含对协议数据进行处理的语义信息。因此，Polyglot 系统比 Discoverer 系统具有更高的准确性，同时能提供丰富的协议信息。但 Polyglot 系统也有自身的局限性:首先解析结果的准确性受限于输入数据的多样性；其次无法解析出安全协议字段间的层次逻辑。

2008 年，Wondracek 等[64]在文献[63]的基础上提出一种新的方案，即综合多次逆向解析结果，使用 Needleman-Wunsch 算法将格式相同的报文进行信息融合，进而提取出更准确的协议报文结构。同年，针对 Polyglot 只能得到线性报文格式和不能挖掘字段之间嵌套关系的不足，Lin 等[65]提出基于污点数据分析的协议字段结构识别方案 AutoFormat，该方案的特点是结合污点数据解析的上下文环境进行协议字段识别，在污点跟踪过程中，记录所有与污点源扩散相关的操作指令和对应的函数调用地址。由于协议字段间存在不同的约束关系，故通过判断字段间的偏移地址来判断是否有重叠，推断字段间的包含关系，再通过两个字段间的上下文环境是否相同，推断字段间的并列关系，以及通过判断指令子序列的调用顺序来识别字段间的顺序关系。AutoFormat 对简单的报文协议是可行的，但是针对具有复杂结构的安全协议识别效果较差。2008 年，Cui 等[66]开发了 Tupni 系统。该系统用于识别主机之间通信数据流，该系统将字段和网络消息建模为记录的多组连续字段的级联，其中，每个记录包含多重字段。Tupni 系统在程序执行期间也使用动态污点分析技术并结合安全协议软件实施的逻辑循环，分析并定位记录的边界。该系统不仅在协议消息，而且在包含二进制的消息字段都有很好的分析效果。Tupni 系统使用查找程序执行期间的循环和循环边界来识别这些消息记录域，找到消息记录的开始和结束位置。再把这些记录按类型进行分类。2008 年，Google 与苏黎世联邦理工学院对解密后的明文缓冲区的定位进行了研究[67]，该方法解密运算一定在特定循环里进行，这个循环使用了大量的运算指令，特别是 XOR 等运算，该循环对密文缓冲区进行读操作，同时对明文缓冲区进行写操作，并写入污染数据（解密后的明文）。故此循环内就有明文和密文两个缓冲区，分别用于存放密文和明文，密文和明文分别是循环的输入和输出。具体实现方法是，首先对程序进行动态污点分析，进而生成 Trace 文件，然后分析 Trace 文件，找到包含解密运算的循环，执行程序，提取出信息熵小的缓冲区，该缓冲区就存有解密后明文。该方法的主要依据是解密后的消息信息熵变小，适用于大多数加密/解密算法的特性，但是对于某些解密后消息信息熵变化不明显的算法来说，该方法不适用。

2009 年，Compraretti 等[68]开发了 Prospex 系统来推测安全协议有穷状态机，并用其表示安全协议语法。该系统对指令运行轨迹的分类使用三个指标来衡量：①基于序列对比定义两个消息之间的距离；②考虑到相似的消息很有可能被同一二进制码执行，故定义了两个消息之间的相似度；③评估数据发送、文件打开、创建等操作对系统的影响。同年，Wang 等[69]开发了可以推测出安全协议的消息格式的 ReFormat 系统。该系统主要基于缓冲区数据生命周期实现解密报文识别，进而推测出安全协议消息格式。在一般情况下，报文解密过程通常独立于执行过程，并且在解密过程中算术指令与比特位操作指令的数量要明显多于执行过程中的一般指令。通过监控和捕获解密报文缓冲数据，把密文解析转化为明文解析。对于密文，不是直接解析，而是找到解密后的明文缓冲区，然后将这一缓冲区作为污染源，最后通过观察程序对它的处理来提取协议格式。但是 ReFormat 系统有以下三个缺陷：①它假设对于所有程序都可以找到加密操作与解密操作的分界点，但实际情况是一些复杂的程序并没有该分界点；②该系统假设接收到的数据报文是完整消息加密的密文，但是有的程序加密数据是分段进行的，在该情况下处理效果较差；③ReFormat 采用的平台是 Valgrind，该平台只能在 Linux 系统中运行，不能跨平台使用。同年，Caballero 等[70]开发了 Dispatcher 系统。它可以对指令全路径监控（包括加解密函数、混淆函数、解压缩函数以及哈希函数等），因此能解析接收和发送的报文格式，同时还能处理加密协议。与 Polyglot 系统[63]不同，该系统分析对象是协议实体的传输消息，且继承了 ReFormat 中判断报文解密特征的思想。在处理加密协议方面，Dispatcher 系统对 ReFormat 系统进行了以下改进：①计算每个函数内部指令中算术逻辑指令的比例，若该比例高于特定阈值，则认为此函数是与解密相关的函数；②得到算术运算频率比例较高的函数，其中包含加密函数、解密函数、哈希函数以及解压缩函数；③通过观察函数结尾处对内存的读写操作，从而找到相应的明文。该系统在加密协议的处理方面具有较高的正确性和简洁度，但是对安全协议二进制消息的覆盖范围有限。

2010 年，Lin 等[71]提出把消息语法划分为自顶向下和自底向上的消息语法。自顶向下消息语法基于协议头信息解析消息字段，而自底向上的消息语法解析消息字段不依赖于协议头。该方法通过观察指令指针在程序执行期间的移动和监控数据是否被读或写进内存缓冲区，创建数据字段树以此构成消息，该树包含消息格式及其基本层次。

2013 年，Liu 等[72]提出了回溯程序切片方法。该方法通过监控系统 API 函数调用来推断安全协议语法。该方法在识别缓冲区输出的消息时，会隔离与这个消息相关的所有指令轨迹，通过隔离指令轨迹的同一个片段继承的字节片段，定义消息的字段边界。该方法能较好地识别 X86 系统的数据库调用，以获得指令轨迹的语义信息。

2015 年，石小龙等[73]提出基于动态污点分析的安全协议逆向分析方法，与文献［55］一样使用动态二进制插桩平台 Pin 作为支撑。通过跟踪记录程序的指令轨迹，采用数据流分析构建指令级和函数级的污点传播图，根据解密过程的特性定位数据包解密后的明文，解析协议明文的格式。该方法与文献[67]的核心思想一致，都是对内存缓冲区读写操作进行监控分析。文献[73]利用这个思想，首先找到使用大量算术运算符的函数，以此作为疑似解密函数，进而得到一个疑似解密函数库，然后根据算术和逻辑指令频率从高到低排序，通过人工验证的方式得到真正的解密函数，成功得到解密函数之后就可以很容易得到明文数据，最后再借鉴现有的协议格式分析方法对安全协议进行格式提取。为验证该方法的有效性和正确性，该文献对 HTTPS 和 SSH 协议进行分析，结果表明该方法对 HTTPS 和 SSH 协议解密后的明文定位是准确的。同年，Lin 等[74]基于动态污点分析技术提出一个新的安全协议实施的逆向分析方法。该方法同文献[55]、文献[73]一样，首先使用二进制插桩平台 Pin 来记录执行的指令，然后进行数据依赖关系的离线分析，进而在指令和函数级建立两个污点传播图，用来恢复解密过程，定位解密后的纯文本，进而进行协议格式的解析，并得到原始的安全协议消息格式。

2016 年，Li 等[75]把观察安全协议中消息的解析过程技术引入动态污点分析方法中，通过分析安全协议应用程序动态执行，推断协议消息格式和消息的层次结构。即使安全协议消息进行加密，通过观察函数库的调用和指令执行，也能够逆向得到安全协议的大量相关信息，比如安全协议的消息格式、协议抽象模型。该方法不仅能够准确地识别协议字段，而且能够推导出加密消息字段的结构。同年，朱玉娜等[76]针对报文数据流量分析不适用于包含大量密文信息的安全协议的不足和安全协议报文明密文组合、密文位置可变的特点，首先提出一种基于熵估计的安全协议密文识别方法 CFIA。最后利用字节样本熵值描述网络流中字节流的分布特征，并依据密文的随机性基于熵估计预定密文域分布区间，进而查找密文长度域，定位密文边界，识别密文域。最后利用字节样本熵值描述网络流中字节流的分布特征，依据密文的随机性基于熵估计预定密文域分布区间，查找密文长度域，定位密文边界，识别密文域。该方法仅依靠网络数据流量信息就可以有效识别协议密文域，且具有较高的准确率。但该方法对具有时序关系安全协议的处理能力较弱。

通过基于网络轨迹和基于指令分析的研究工作的讨论、总结，二者之间的区别如表 1.4 所示。

表 1.4　网络轨迹分析和指令分析之间的区别

逆向方法	逆向能力	精确度	逆向条件	解析速度	逆向难度	应用场景
网络轨迹	需根据部分先验知识，能力相对较弱	较低	需要大量数据样本且具一定代表性	取决于数据分段所使用的方式	相对容易	明文协议/加密结构不复杂的协议
指令分析	自底向上，能力较强	较高	只需获取报文指令	取决于污点数据跟踪速度和数据流的分析速度	较难	明文/加密协议

1.4.2 网络轨迹

基于网络轨迹[46-47]的分析方法，通过捕获网络数据包，对其进行聚类及关键字挖掘等处理，进而还原协议的抽象规范，或推测安全协议消息格式及关键字，验证安全协议实施安全性。该方法的依据是：每个抓取到的报文样本都是协议实体规范的一个具体实例，所以相同类型的不同样本之间具有一定的相似性，对得到的报文进行聚类分析和统计分析来确定消息边界和消息格式，使用关键字提取或者是统计分析提取消息字段。2004 年，Marshall 等[48]首先把生物学中的多序列对比算法引入安全协议实施逆向中，提出了诱导多序列对比方案，可以有效地识别安全协议消息的可变字段和不变字段。

在推测安全协议抽象规范方面，针对文献[48]的不足，2007 年，Cui 等[49]开发了 Discover 系统，它可以较正确地还原出安全协议抽象模型，但其覆盖率较低。针对 Discover 系统在处理二进制协议方面的不足，2009 年，Trifilo 等[50]提出了利用方差模型确定二进制字段特征的思路，但该文献未对其进行实现。2011 年和 2012 年，Wang 和 Yun 等[52-53]分别开发了 Biprominer 系统和 ProDecoder 系统，它们都能较好地还原安全协议抽象规范，但覆盖率较低。主要区别是：ProDecoder 系统使用聚类方法查找协议关键字；而 Biprominer 系统通过计算关键字之间的状态转换查找关键字。

在推测安全协议消息格式及关键字方面，2010 年，Krueger 等[51]提出了 ASAP 方案，可以实现协议消息格式和语义推断。2013 年，Luo 等[54]开发了 AutoReEngine 工具，它在推断消息格式准确率方面比 Discover 系统、Biprominer 系统和 ProDecoder 系统高。2013 年，戴理等[55]提出基于数据流分析的协议逆向解析方法，能正确解析出消息格式，并提取出协议消息字段语义。2014 年，Zhang 等[56]提出了 ProWord 方法，能较精确地捕获到协议特征值，且效率较高。2016 年，Yun 等[58]开发了 Scuritas 系统，可以挖掘协议消息的语义消息，且准确率达 97.4%。2016 年，Tao 等[59]开发了 PRE-Bin 系统，可以有效地推断安全协议的二进制片段。2016 年，Xiao 等[60]提出协议状态机提取方法，能有效分割字段并提取逻辑关键字。主要研究工作见表 1.5。

表 1.5   基于网络轨迹分析

文献	协议	方法
[48]	HTTP，ICMP	信息融合、关键字检测
[49]	HTTP，RPC 等	消息标记、递归聚类、格式融合

文献	协议	方法
[52]	Xunlei、QQLive 等	关键字转换
[53]	SMTP 等	消息融合
[54]	HTTP，POP3 等	统计关键字频率、基于位置的分析
[55]	TLS、HTTPS	Pin 平台轨迹跟踪
[56]	POP3 等	无监督切片算法、n-grams
[57]	HTTP、ED2K 等	消息之间的相关性
[58]	SIFS、SMTP 等	n-grams
[59]	ICMP 等	聚类、序列比对
[60]	HTTP、POP3 等	关键字频率统计

2004 年，Marshall 等[48]主持 Macfee 公司的协议信息学项目 "Protocol Informatics Project"，简称 PI 项目。在该项目中，首次提出使用自动化算法来查找协议字段的位置。该方法首先把生物学中的多序列对比算法应用到协议逆向技术中，利用字段域中的变化域和固定域的相应的特点来区分字段位置，并且算法实现了半自动化，大大降低了人的工作量。由于现实应用中网络报文数量大和内容序列长，进行报文比对时需要消耗大量时间与计算资源，所以基于系统构造树的启发式方法，Beddoe 提出了诱导多序列比对的方案。该方案虽然有效地提高了算法的执行效率，降低了原始算法的计算复杂度。但是，依然存在三点不足：①只能识别出报文中的可变字段与不变字段，不能推断字段的语义信息；②只能识别有类似字节序列组成的协议消息，然而很多协议消息是不同字节序列，所以具有较大的局限性；③对于复杂的报文，其效率和准确度较低。

2007 年，针对 PI 项目的三个不足，Cui 等[49]开发了 Discover 系统，在安全协议抽象规范还原的正确率、简洁性及覆盖率上有较大改善。它首先对消息进行聚类以得到相似类型的消息，然后通过对比相同类型的消息来确定消息域。Discover 主要从三方面进行工作，分别是分词、递归聚类和消息融合。分词是消息割断成相对短的消息 Token，递归聚类是形成消息簇，消息融合是把相似的消息融合在一起。在分词部分，该系统需要确定文本标记或者二进制标记，文本标记通常是处于两个二进制值之间的最小长度的可打印的 ASCII 字符的字节，二进制数据在字节边界被标记。在递归聚类方面，Discover 首先对消息的不同类型进行识别并聚类，然后对消息 Token 按值逐字节从左到右进行比对，如果两个消息具有相同的 Token 属性，就把这两个消息归到同一个消息类型簇。在信息融合部分，Discover 比较从递归聚类得到的 Token 格式。该系统把两个具有相似 Token

格式的消息进行融合，即使这两个消息值不一样。Discover 通过对 HTTP 等协议进行分析，并把分析结果与通过 Ethereal 工具获得的协议格式做对比，正确率超过 90%，但是因为捕获的网络数据的完整性存在缺陷，分析结果的覆盖率并不高。

2009 年，Trifilo 等[50]发现 Discover 系统在处理二进制协议消息方面具有一定的的局限性。由于协议消息中除了文本字段还有二进制字段，故首次提出利用统计模型方差分析技术来确定二进制字段的特征，不足是只给出了研究思路并没有给出相关的实验论证过程。

2010 年，Krueger[51]基于统计方法提出了面向字段语义的格式语义挖掘方案 ASAP。首先，应用统计学中的 t-test 方法分析报文中的字节取值分布，再根据字节串之间的关联系数将报文映射到向量空间，然后识别与该向量空间中的基本方向对应的通信模板，最后采用 n-grams 方法对报文的格式和语义进行推断。

2011 年和 2012 年，Wang 等分别开发了 Biprominer[52]系统和 ProDecoder[53]系统，它们都是利用统计学方法来查找协议关键字以及可能的关键字序列。Discover 系统通过查找分界符来确定协议关键字，而 Biprominer 使用可能的关键字转换来确定消息中的 n-grams 序列其主要针对二进制协议进行分析，其核心工作包含三点：①识别出具体模式长度的统计相关模式，并将其标识为关键字；②用识别的关键字来定义消息；③计算关键字之间的状态转换来查找关键字的可能消息序列。Prodecoder 系统的分析对象既可以是文本协议也可以是二进制协议，它的核心工作也包含三点，其中前两点和 Biprominer 系统一致，但 Prodecoder 系统第三点工作是使用聚类算法，如 Needleman-Wunsch 算法，进行文本融合。Biprominer 系统和 Prodecoder 系统使用任意长度的二进制模式的 n-grams 方法找到明显的协议关键字，n 表示该模式中的字节数。Prodecoder 从以下两个方面对 Biprominer 进行了改进：①使用关键字转换矩阵对关键进行聚类，每个小类是一个关键字和字段变量的集合；②使用 Needleman-Wunsch 融合算法，找到不变字段和可变字段。和 Discover 系统一样，Biprominer 系统和 Prodecoder 系统都对协议格式规范还原有较高的正确率，但是覆盖率不是很理想。

2013 年，Luo 等[54]开发了 AutoReEngine 工具，适用于分析关键字的位置在消息末的安全协议。主要工作包含三个方面：①应用数据挖掘技术来识别协议消息关键字；②把关键字嵌入向量中；③通过使用从协议消息的开始和结束引用的位置方差将向量按消息类型分类。AutoReEngine 工具使用频繁关键字算法来识别关键字，消息中每个字节被实例化为一个关键字串，关键字串的长度每增加一个字节就形成一个新串，如果该新串的频率超过特定阈值，这个新串就被视为候选关键字。AutoReEngine 工具可以衡量所识别的关键字的位置方差，通过这种基于位置的方法，可以将推测出的消息格式作为关键字向量进行处理。通过对 HTTP、

POP3 等协议分析，在推测协议消息格式方面，AutoReEngine 工具的准确率比 Discover 系统、Biprominer 系统及 Prodecoder 系统高。同年，戴理等[54]提出基于数据流分析的协议逆向解析方法，该方法依托二进制插桩平台 Pin 编写的数据流记录插件，以数据关联性分析的数据流跟踪技术为基础，对软件使用的网络安全通信协议进行解析，获取协议的格式信息以及各个协议字段的语义。结果证明该技术能够正确解析出软件通信协议的格式，并提取出各个字段所对应的程序行为语义，它对加密协议的解析有较好的效果。但是该方法有以下两个不足：①不能解决多线程下的数据流分析问题，因为大部分网络通信协议、通信过程通过多线程协作完成，现有技术在进行多线程数据流分析时候还有大量的人工分析成分，自动化程度不够；②解析粒度还不够细化，因为在某些软件的网络行为分析中，现有技术无法解析小于某个字节的协议字段。

2014 年，Zhang 等[56]提出从网络轨迹中提取协议特征词的方法（ProWord）。通过对 Voting Expert 算法进行改进，提出一个无监督碎片算法，根据熵信息将有效负载分解成候选词，该算法比现有的 n-grams 方法分割更准确。ProWord 方法比现有的 n-grams 方法能更精确地捕获到协议特征值，且效率更高。

2016 年，Bermudeza 等[57]开发了 FieldHunter 系统。该系统可以自动化提取、推测协议类型及消息。通过从多重网络会话中得到应用消息，考虑不同消息之间的统计相关性或与如消息长度、客户端或服务器 IP 地址之类的元数据的关联，执行字段抽取和类型推断。最后通过在实际网络应用场景下对 FieldHunter 系统进行测试、评估，实验证明 FieldHunter 系统能够提取安全属性相关字段并推断其类型，同时也可以记录公开的及不公开的安全协议规范。同年，Yun 等[58]开发了基于网络轨迹的协议识别系统 Scuritas，它可以挖掘协议消息的语义信息，该系统基于协议网络轨迹 n-grams 方法，利用 n-grams 聚类方法提取协议消息格式，得到相同语义的类簇，使用相应消息格式对原始网络轨迹进行分类。该系统有四个特点：①适用于面向连接的安全协议和无连接的安全协议；②既适用于文本协议也适用于二进制协议；③不需要将 IP 数据包封装到 TCP 或 UDP 流中；④对长连接和短连接均适用。通过在实际网络环境中对 FTP、PPlive 等协议测试分析，发现该系统能够准确地识别目标安全协议轨迹，且准确率达到 97.4%。同年，Tao 等[59]开发了 PRE-Bin 系统，该系统可以自动化提取细粒度的二进制安全协议的二进制类型字段。PRE-Bin 系统进行分层聚类以确定二进制最优聚类数，使用改进的多序对比列算法，重新设计匹配过程和反馈规则，分析二进制字段特征，再使用 Bayes 决策模型来建模字段特征，并确定面向比特位的字段边界，最后根据最大后验标准进行二进制字段边界最佳协议格式推断。该系统较现有的方法，可以有效地推断安全协议的二进制字段。同年，Xiao 等[60]提出协议状态机的提取方法。这种方法首先对分隔符进行扫描和比对，识别按层次划分的协议字段，使用递归确定字段边界并得到基本字段，然后应用频率统计方法提取协议候选 Token，最后使用设计好的逻辑特征选择器过滤逻辑特征关键字。该方法可以有效分割字段并提取逻辑特征关键字。

1.4.3　流量识别

1. 评价指标

衡量网络协议流量识别方法的主要指标包括查准率、查全率、准确率和 F-Measure。例如，流量集合中有两类流量 α 类和 β 类，其中 β 类代表非 α 类流量，方法 A 仅把 α 识别为正确流量。由于流量识别方法准确率很难达到 100%，可能出现正确流量被错误识别和错误流量被错误识别的情况。查准率表示流量 α 中被方法 A 正确识别的概率，用于衡量识别器识别正确样本的概率；采用查全率表示被方法 A 预测为正确的 α 和 β 流量中 α 流量所占的概率，用于衡量被预测为正确的流量中正确流量的概率；采用准确率表示 α 和 β 都被识别的概率，用于衡量识别方法的整体性能。查准率、查全率、准确率和 F-Measure 的描述如下：

N 为流量样本类型总数，M_i 为 N 中类型为 i 的样本，$\overline{M_i}$ 为 N 中类型不为 i 的样本。TP_i 表示将样本 M_i 识别为 i 类型的数量，FN_i 表示将样本 $\overline{M_i}$ 识别为 i 类型的数量。FP_i 表示样本 M_i 中未被识别为 i 类型的数量，TN_i 表示样本 $\overline{M_i}$ 中被识别为非 i 类型的数量。M_i、$\overline{M_i}$、TP_i、FP_i、FN_i 和 TN_i 的关系示意图如图 1.3 所示。

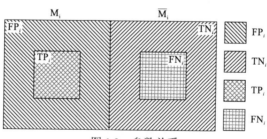

图 1.3　参数关系

（1）查准率（Precision）表示分类器预测正确的样本（TP_i+FP_i）与正确预测的样本（TP_i）的比率，用于衡量被分类器预测为正确样本中的正确的比率，Precision 值越接近 1，查准率越高。Precision 的计算公式，具体如下：

$$Precision = \frac{TP_i}{TP_i + FP_i}$$

（2）查全率（Recall）表示正确的样本（TP_i+FP_i）与正确预测的样本（TP_i）的比率，用于衡量正确样本有多少被正确预测，Recall 值越接近 1，查全率越高。Recall 的计算公式，具体如下：

$$Recall=\frac{TP_i}{TP_i+FN_i}$$

（3）准确率（Overall Accuracy）表示分类器正确预测的样本（TP_i+TN_i）与总样本（$FN_i+TN_i+TP_i+TN_i$）的比率，用于衡量分类器正确预测的总体性能，Overall Accuracy 值越接近 1，准确率越高。Overall Accuracy 的计算公式，具体如下：

$$Overall\ Accuracy=\frac{\sum_{i=1}^{n}(TP_i+TN_i)}{\sum_{i=1}^{n}(FN_i+TN_i+TP_i+TN_i)}$$

（4）F-Measure 又称 F-Score 是 Precision 和 Recall 加权调和平均，用于评价预测模型的好坏，F-Measure 值越接近 1，预测性能越好。F-Measure 的计算公式，具体如下：

$$F\text{-}Measure=\frac{2\times Presion\times Recall}{Presion+Recall}$$

2. 研究对象

识别对象分为有效负载[78]、流[79]、分组[79]、主机行为[80]、混合输入等。早期协议识别方法主要集中于模式匹配[81]方法，输入对象是有效负载中的指纹或签名；基于统计的机器学习方法，识别对象是流量或分组特征；基于行为的识别方法，输入对象是传输层包头；基于负载随机性的识别方法，输入对象是负载的随机分布。

IP 流量根据传输方向分为单向流量、双向流量。单向流量是有着相同的五元组（〈源 IP，目标 IP，源端口，目标端口，协议类型〉）的一系列数据包，双向流量由两条单向流量组成，两条单向流量有着一对正好相反的五元组，它们的源地址、目的地址和端口号正好相反。

基于有效负载的识别方法一般通过直接检测负载，基于负载随机性的识别方法的输入是 IP 分组分析其随机分布，基于行为的识别方法的输入是传输层首部的行为信息，基于统计特征的机器学习方法的输入是分组或流特征。在线识别是指在流量结束之前，仅靠获取前几个数据包推断整个流量所属的应用或协议类型。离线识别是获取完整流量之后再进行应用或协议类型识别。

表 1.6 对比了 8 种研究对象下网络协议流量识别方法。在线分类常用分组大

小特征和分组头部特征，其中分组头部特征实时性较高，分组大小特征准确度高。加密识别常用流统计特征、统计指纹和包头指纹，其中包头指纹复杂度较高且准确率最高，流统计特征复杂度较低且准确率较高。

表 1.6　网络协议流量识别方法对比

研究对象	实时性	识别非加密	识别加密	复杂度	鲁棒性
流统计特征	低	较高	较高	高	中
分组大小	中	较高	较高	较高	较高
分组头部	高	中	中	较低	低
行为	较高	中	中	中	高
有效负载	低	高	低	最高	高
包头指纹	低	中	较高	较高	高
统计指纹	低	中	中	高	高
随机性	低	较低	较低	最高	较低

有效负载是数据分组中负载的未加密部分，是深度包检测（deep packet inspection，DPI）方法的主要研究对象，从有效负载抽取签名或指纹[82]，采用模式匹配方法识别网络协议流量的类型。

流量的统计学特征是机器学习离线识别方法的主要研究对象，如平均数据包长度、包间到达时间的标准差、总流量长度（以字节和/或数据包为单位）、包间到达时间的傅里叶变换等。基于流的统计学特征集如表 1.7 所示。

表 1.7　基于流的统计学特征集

协议	流量的持续时间
正向数据包	正向字节
最短前向到达时间	反向字节
前向到达时间间隔的偏差	反向数据包
平均前向到达时间间隔	平均后向到达时间间隔
最大前向到达时间间隔	最大后向到达时间间隔
后向到达时间偏差	最短后向到达时间间隔
最小前向报文长度	平均正向分组长度

数据分组主要关注分组包头的统计学特征且是机器学习在线识别方法的主要研究对象。基于包头的特征集包括 IP 包头长度、IP 分片标志、生存时间等。基于包头的特征集如表 1.8 所示。

表 1.8　基于包头的特征集

IP 包头长度	IP 分片标志
生存时间	IP 协议
TCP 包头长度	TCP 控制位
有效载荷长度	到达时间间隔

主机行为把使用同一种应用的所有主机看作一个整体，通过传输层包头获取主机行为，主机行为特征可以是 IP 地址、端口号等，通过行为特征和图论可以建立起应用交互图，例如 P2P 的行为特征是一个源 IP 在多个不同的目标端口上使用相同的源端口与多个目标进行通信，用五元组描述是：在五元组中，组合一表示一个源 IP 对应一个源端口号，组合二表示一个目标 IP 对应一个目标端口号。但是源 IP 不同的组合一与目标 IP 不同的组合二之间产出多个组合，这种组合模式是主机行为的一种。通过识别主机行为并且结合数据包的数量、包长，传输层协议等信息进一步识别网络应用协议。

加密流量是指在启用了加密协议的流量。基于行为的识别方法不受负载加密的影响；基于有效负载的识别方法不能通过检测负载识别加密流量，但可以通过检测未被加密的包头获取指纹或者获取统计指纹识别加密流量；基于负载随机性的识别方法依赖随机性分布，受到加密的影响；基于机器学习的识别方法需要通过特征选择才能获得较高的识别准确率。

3. 应用场景

1）在线流量识别

网络协议在线流量识别旨在流量没有结束之前识别流量所属的协议类型或者应用类型。网络协议在线流量识别研究对象重点是数据分组，主要方法有三种：基于有效负载的识别方法；基于主机行为的识别方法；基于统计学特征的识别方法。基于有效负载的识别方法，在非加密条件下，通过识别负载特殊字段，最后识别网络协议流量，准确率非常高；在加密条件下，识别统计学特征指纹，准确率较低。基于主机行为的识别方法，一般用于在线流量识别，对负载是否加密不敏感，主要通过传输层包头信息识别主机的通信行为，鲁棒性最强，识别准确率低。目前研究集中在基于统计学特征的识别方法，重点关注特征的有效性和分类器的低复杂度。主要思路是，首先在离线条件下进行特征选择，然后训练分类器，最后进行在线识流量别。

如图 1.4 所示，在线加密流量识别方面，一般情况下，基于统计学特征的识别方法准确率最高；基于主机行为的识别方法不能识别传输层加密，对负载是否加密不敏感；基于负载的识别方法很难在线识别加密流量。在线非加密流量识别方面，基于负载的识别方法比基于机器学习和基于主机行为的识别方法更适合进行在线非加密流量识别。

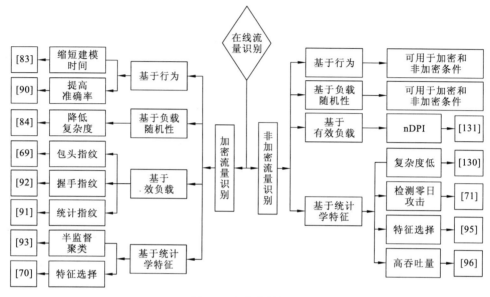

图 1.4 在线流量识别

2）离线流量识别

网络协议离线流量识别在一般情况下较少考虑实时性，主要关注识别准确率。离线流量识别如图 1.5 所示，这种识别方式研究对象重点是流量，主要方法有基于负载随机性的识别方法、基于主机行为的识别方法、基于有效负载的识别方法和基于统计学特征的识别方法。基于负载随机性的识别方法和基于行为的识别方法不适合用于离线流量识别，因为前者复杂度太高，后者的输入是具有实时性的传输层包头的行为信息。基于有效负载的识别方法和基于统计的机器学习方法适合离线流量识别，因为在离线流量识别方面两种方法准确率高，复杂度较低。

4. 研究方法

人们最初通过网络协议与端口号的对应关系进行网络协议识别。但是，随着互联网的发展，私有协议的增多，网络协议的不规范实施，基于端口号的识别方法[83]不再有效。当前网络协议流量识别方法主要有四种：基于有效负载的识别方法、基于负载随机性的识别方法、基于行为的识别方法、基于统计学特征的识别方法。基于有效负载的识别方法主要是 DPI 方法，通过模式匹配检测网络协议负

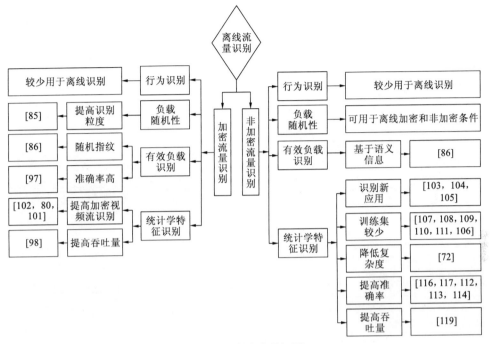

图 1.5　离线流量识别

载。但是，随着网络空间安全的发展，大量加密协议部署到应用中，而加密负载很难获取有效指纹，因此 DPI 方法的识别效率明显下降；由于新网络协议的出现，以及网络协议版本的更替，DPI 方法经常需要人工维护签名数据库；此外因为私有协议或者零日应用协议不能直接获得签名，导致 DPI 方法逐渐淡出人们的视野。基于负载随机性的识别方法主要应用分组中负载的随机性分布识别网络协议和应用，但是该方法复杂度高，准确率较低，不适合网络协议流量在线识别。基于行为的识别方法，通过传输层包头提供的行为信息，应用图论对行为模式进行建模，最后通过行为模式对网络协议流量进行识别。该方法建模时间较长，属于粗粒度的流量识别，适用于骨干网络协议流量在线识别，此外对负载是否加密不敏感，因此可以用于识别网络协议加密流量。基于统计学特征的识别方法，通过获取网络协议流量的统计特征，如分组长度、到达时间、流量持续时间等，然后通过机器学习方法对网络协议流量进行识别，该方法不依赖端口号和有效负载，避免识别有效负载产生的隐私问题和签名数据库的维护问题，准确率较高，复杂度低于 DPI 方法和基于行为的识别方法，适合网络协议流量在线识别，此外对负载是否加密不敏感，因此可以用于识别网络协议加密流量。网络协议流量识别方法分为在线和离线、加密和非加密，其分类如图 1.6 所示。

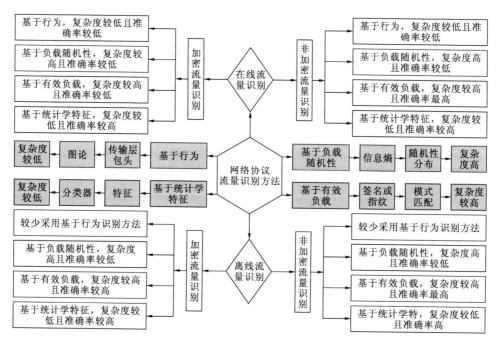

图 1.6　网络协议流量识别方法

1）主机行为

基于行为的识别方法，识别流程如图 1.7 所示，把每个网络协议流量看作一个集群，每个集群有其特定的行为，并通过传输层包头获得行为信息，然后应用图论对行为进行建模得到行为模式，最后通过行为模式对网络协议流量进行识别。该方法建模时间较长，属于粗粒度的流量识别，适用于骨干网络协议流量在线识别，此外对负载是否加密不敏感，因此可以用于识别网络协议加密流量。基于行为的识别方法重点关注主机行为，把同一种应用的所有主机看作一个整体，通过传输层包头获取主机行为，主机行为特征可以是 IP 地址、端口号等，基于主机行为特征建立应用交互图，例如，支持 IMAP、POP、SMTP 的邮件服务器也是 DNS 服务器，同一个主机提供的不同服务可以用来识别主机的角色，建立对应的交互图，再通过数据包的数量、包长、传输层协议等信息进一步识别网络应用协议。2005 年，Karagiannis 等[80]基于主机行为首次提出 BLINC 方法，该方法属于粗粒度的识别，建模时间长。基于主机行为的网络协议在线加密识别方法 BLINC，该方法从社会层、功能层和应用层对主机行为进行建模。在社会层，通过 IP 地址捕获主机交互；在功能层，通过识别源 IP、目的 IP、源端口号和目的端口号推测主机在网络中的角色；在应用层，通过传输层交互特征（如包长度、传输协议等）确定应用源，进而用五元组建模主机行为，最后构建图字典，在线识别加密流量，识别结果与路由技术和观察点紧密相关。该方法能够识别负载加密的应用程序，但是既不能识别传输层加密也不能识别采用同一应用程序的不同网络协议，而且建模时间长效率低。2012 年，Xiong 等[84]首先提高 BLINC 方法的识别效率，进而开发基于可信行为关联的实时检测系统，用于识别加密的迅雷流量。首先定义迅雷网络协议的可信行为，如 DNS 访问 Thunder 服务器的行为和不可信行为，如超短流量行为；其次，定义 P2P 系统的行为模式，并抽象出 P2P 系统的基本要素；接着，描述各个要素之间的交互关系，最后提出基于可信行为关联的实时检测方法，准确率高和计算复杂度低，可用于高速网络。

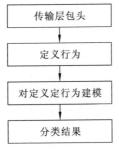

图 1.7　基于行为的识别方法

2013 年，Huang 等[85]提出一种基于行为的具有较高准确率的机器学习识别方法。该方法首先得到应用网络协议协商阶段的多轮交互产生的应用层信息，接着这些信息被分片并封装为传输层信息，然后基于网络层和传输层包头确定统计学特征，最后用 C4.5 决策树识别这些特征，可以得到较高的总体准确率。

2）负载随机性

基于负载随机性的识别方法主要应用分组中负载的随机性分布识别网络协议和应用。负载随机性可以用信息熵表示。一般情况下，加密负载随机性最大，媒体负载随机性一般，文本负载随机性较小，文本协议随机性小于二进制协议，通过随机性分布能够实现网络协议流量识别，但是复杂度高，准确率较低，不适合于网络协议流量在线识别。2013 年，基于负载随机性加权综合，赵博等[86]提出在线加密流量识别方法 EIWCT，避免所有数据重复耗时的处理，有效识别私有协议和加密协议流量。同年，基于假设不同的对象具有不同的熵，比如文本流量熵较低，加密流量熵较高，二进制流量熵值介于两者之间，Khakpour 等[87]提出 Iustitia 方法，能够识别网络协议流量内容本质。

在基于负载随机性识别加密流量方面，2013 年，Khakpour[87]提出基于熵的加密流量内容本质识别方法 Iustitia。Iustitia 方法根据文本流量具有较低的熵，加密流量具有较高的熵，二进制流量的熵值介于两者之间，识别加密流量内容本质，能细粒度的识别图像、图像格式、视频和可执行文件，平均识别准确率 88.27%。

3）有效负载

基于有效负载的识别方法主要有 DPI 方法，其流程如图 1.8 所示。根据网络协议流量数据分组的签名或指纹，通过模式匹配算法识别。一般情况下签名或指纹来源于协议特定字段。对于公开的未加密的网络协议，可以通过网络协议特定字段产生签名或指纹。随着新网络协议的出现，以及网络协议版本的更替，DPI 方法需要人工维护签名数据库，工作量大。对于私有网络协议，通过人工协议逆向或者自动协议逆向获取指纹。采用人工协议逆向，需要专业的人才与大量的时间。自动化的协议逆向方法不需要人的参与，但是识别准确率有限。

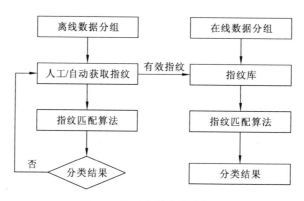

图 1.8　基于有效负载的识别方法

加密流量包头一般未被加密，可以通过包头采集指纹，也可以采集统计学指纹识别加密流量。统计指纹方法通过统计负载参数、包长度、到达时间和持续时间等属性形成统计指纹，然后映射到向量空间，通过比较向量的相似性来判断加密流量所属的类型。目前统计学特征指纹方法的识别准确率较低。2014 年，基于一阶齐次马尔可夫链，Korczynski 等[88]提出随机指纹识别方法，能够识别 SSL/TLS 的应用，但是随机指纹需要定期更新。2016 年，基于网络协议负载语义信息，Yun 等[58]提出 Securitas 方法，主要用于识别文本和二进制网络协议的类型。2017 年，基于二阶马尔可夫链，Shen 等[89]提出属性感知加密流量识别方法，改善了传统有效负载方法不能识别加密协议的问题。2013 年，赵博等[86]提出在线加密流量识别算法 EIWCT。EIWCT 衡量负载随机性并根据报文长度对结果进行加权综合，避免数据重复耗时的处理，有效识别私有协议和加密协议流量。在序列长度 400 bit 和数据量超过 1K 条件下，识别准确率达到 90% 以上，识别率随着数据量的增大而增大。

基于有效负载识别加密流量主要应用了卡方检验[90]、握手指纹[91]和二阶马尔可夫链[89]。2007 年，基于 Pearson 的卡方检验和 VoIP 相关流量特性的不可知，Bonfiglio 等[90]提出两种在线加密流量识别方法：第一种是应用比特序列的随机性，从分组帧结构中检测 Skype 的指纹，进而在线识别加密流量；第二种基于 Skype 流量的数据包到达率和数据包长度的随机性作为朴素贝叶斯算法的输入，进而在线识别加密流量。两种方法组合既能有效识别 Skype 语音流量，又能识别应用。2016 年，Husak 等[91]基于 SSL/TLS 握手指纹提出轻量级的在线加密流量识别方法，该方法依据不同客户端 SSL/TLS 握手产生的 ClientHello 消息不同，建立 ClientHello 消息与客户端标识符的相关性字典，然后用标识符识别 SSL/TLS 连接进而识别客户端。该方法能从 95.4% 的 HTTPS 网络流量中识别出客户端类型。

为提高加密条件下基于有效负载方法的准确率，2017 年，Shen 等[89]提出基于二阶马尔可夫链的属性的加密流量识别方法，该方法首先获取网络应用程序指纹，接着使用二阶马尔科夫链构建状态转换模型，然后获得证书包长度和 SSL 第一个应用数据长度，进而改善马尔科夫链的状态多样性，最后识别网络协议流量。在识别准确率方面，比一般的马尔可夫方法平均提高 29%。

在基于有效负载识别加密流量方面，2010 年，Sun 等[92]融合指纹和机器学习识别加密流量，先用指纹匹配识别 SSL/TLS 协议，再用 NB 算法识别 SSL/TLS 网络应用。协议指纹来源于 SSL 记录协议的特殊字段，并用基于流的特征集。协议指纹识别 SSL/TLS 协议准确率为 99%，NB 算法识别加密的 HTTPS 和 TOR 网络应用 F-score 为 94.52%。2014 年，Korczynski 等[88]提出基于一阶齐次马尔可夫链的随机指纹生成方法，可以识别使用 SSL/TLS 的网络协议应用程序，但是需要定期更新随机指纹。该方法首先得到会话期间的消息序列频率并转化为迁移概率，并根据迁移概率参数生成马尔科夫链的随机指纹，最后发现不同的错误配置和不正确的协议实施是识别应用程序的关键因素。2016 年，Yun 等[58]提出基于语义信息，面向文本和二进制网络协议流量识别的 Securitas 方法。首先收集特定协议和非特定协议的跟踪包，用于建模、训练 n-grams 生成器，得到 n-grams 序列，然后通过 n-grams 序列得到协议关键字联合概率分布模型，接着从协议关键字模型抽取网络包的特征，采用 SVM 算法进行网络协议流量识别。

4）统计学特征

基于统计学特征的识别方法是目前研究的热点。首先获取网络协议流量的统计学特征，如分组长度、到达时间、流量持续时间等，然后通过获取分组特征或流量的统计学特征训练分类器进而对网络协议流量进行识别。分类器分为三类：监督[93]；无监督[94]（或聚类）；半监督[95]。基于统计学特征的机器学习识别方法不依赖有效负载，因此能保护个人隐私，避免维护签名数据库。该方法准确率较高，复杂度较低适合网络协议流量在线识别，此外对负载是否加密不敏感，因此可以用于识别网络协议加密流量。

基于统计学特征的识别方法一般在离线条件下先抽取特征，再选择特征，然后训练分类器，最后将经过训练的分类器用于在线或离线分类，基于统计学特征的机器学习识别方法如图1.9所示。

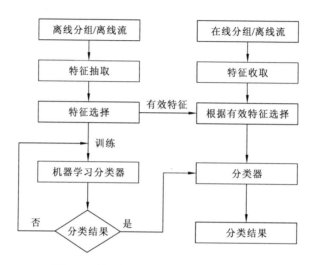

图1.9 基于统计学特征的机器学习识别方法

基于监督的机器学习识别方法用一组训练实例中的标记流量来建立预测模型，如朴素贝叶斯（naive bayesian，NB）。其面临着两个基本问题。

（1）严重依赖于训练数据。当标记训练实例的数量很少或者代表性不强时，识别准确率可能大幅度降低。所以，大多数监督识别器需要大量代表性强的标记训练实例达到高准确率，而在实际应用中，手动标记流量是一项费力耗时的工作，需要很强的专业知识和技能。

（2）不适合处理非静态数据。识别模型及其准确率取决于标记训练实例的静态集合的选择。当应用更新或者识别环境发生变化，导致原有的静态训练集代表性减弱，识别器性能降低。

基于无监督的机器学习识别方法把具有相似特征的实例进行分簇，然后将每个实例映射到向量空间，进而对实例建模。一般用欧几里得距离度量两个实例之间的相似度，距离越小相似度越高，将欧几里得距离小于某个阈值的实例归入同一个分簇。基于无监督的机器学习识别方法可以处理不断变化的网络协议流量，但是不能很好地识别新的网络协议流量。无监督机器学习方法，需要获得高纯度的、远大于实际应用数量的团簇，但团簇与应用之间的数量的差距严重影响实用性。现有的工作试图通过先验知识或预标记的方法把集群映射到应用程序,但是这种映射方法只能合并已知网络协议流量的集群,无法处理未知网络协议流量的集群。

在基于机器学习识别加密流量方面,2010 年,融合 K-means 算法和最邻近(k-nearest neighbor,k-NN)算法,Bar-Yanai 等[96]提出加密数据在线识别方法,它把 K-means 算法生成的分簇作为 k-NN 算法的输入,该识别方法对负载是否加密不敏感,在时间复杂度上识别速度快于 K-means 和 k-NN,在准确率介于 k-NN 算法和 K-means 之间。2017 年,基于小波领袖多重分形形式系统的特征抽取算法和主要成分分析方法,Shi 等[97]提出新的特征选择方法,该方法通过分析特征与分类器的准确率的关系以及不同特征之间的关系消除冗余,得到的特征集鲁棒性更强,准确率更高,复杂度更低,可以用于在线加密流量识别,但是该方法特征集的鲁棒性易受到样本到达时间间隔和持续时间的影响。

在基于机器学习识别加密流量方面,2010 年,Jiang 等[98]应用局部敏感散列提高识别速度并降低统计学特征方法的计算复杂度,是第一个基于机器学习的 10+Gb/s 互联网流量识别算法,在识别多媒体应用方面速度快、准确率高。该方法在流量加工阶段,先抽取输入包特征,然后将训练样本并行地映射到哈希表,再将训练样本散列到散列键,最后得到具有最小距离值的训练样本;在优化组件阶段,使用哈希表生成散列键和训练样本存储块,同时使用对等双向排序网络实现每个时钟周期输出一个排序,对 Skype、IM 和 IPTV 的识别率达到 99%以上,吞吐量达到 80Gb/s。2011 年,Okada 等[99]发现流量加密后的特征发生明显改变,提出统一标识和分离鉴定两种加密流量识别方法,提高加密流量的识别准确率,该方法可以生成非加密流量和加密流量的单一应用标识,并且将加密流量特征转换为非加密流量特征来识别加密流量;分离鉴定方法分别处理加密流量和非加密流量,同时把非加密流量转换成加密流量的训练数据,进而根据非加密流量加密前后特征变化建立近似模型,把加密流量特征转换成非加密流量特征,最终识别加密流量。2016 年,Wang 等[100]针对视频流量大、速度快和持续时间长的特点,通过用下行和上行流量速率作为新特征定义新的 QoS 类,进而构建一个 bag-QoS-words 模型作为用 QoS 特征表示的特定 QoS 局部模式集合,对视频流量进行有效的识别。其中 bag-QoS-words 模型通过预处理视频业务核心 QoS 特征,然后把核心 Qos 特征映射到 Qos 字(word),Qos 字用于表示特定的 QoS 模式;同时构造包含加权计数的 bag-QoS-words,进而构造 bag-QoS-words 字典,用于描述因特网的视频流量。用改进的 K-SVD 方法从训练样本抽取特征集。最后,基于线性支持向量机(support viecor machine,SVM)识别器对视频流量进行识别,识别总体准确率比 NB 和 HMM 方法高。2017 年,Dubin 等[101]提出首个嗅探 ISP 或 Wi-Fi 加密的 HTTP 自适应视频流量节目识别方法,该方法分为预处理阶段、特征抽取阶段和机器学习阶段。在预处理阶段，通过五元组和客户端 Hello 消息中的服务名称指示（SNI）字段得到 YouTube 流量，然后根据突发流量速度特征清除音频包，最后通过 TCP 协议栈来移除 TCP 重传的包；在特征抽取阶段，把视频流量中普遍存在的速度峰值编码为特征；在机器学习阶段，选取懒惰式 k-NN 算法和急切式的 k-NN 算法与 SVM 算法，进行自适应视频流量节目识别。该方法识别视频节目的准确率高于 95%，对网络延迟和丢包具有鲁棒性，并指出现有的加密方式不能够保护用户观看视频的隐私。同一年，基于安卓平台，Orsolic 等[102]开发 YouQ 系统，输入是安卓平台 Web 浏览器上加密的 YouTube 媒体流量，它应用来源于流量的统计特征和来源于 YouQ 系统记录的行为作为相关特征，来识别 YouTube 媒体流量。较少带宽波动的数据集可以提高识别准确率。评估 5 种识别器的分类准确率 OneR（One Rule）、NB、序列最小优化算法（sequential minimal optimization，SMO）、J48 和 Random Forest，其中 Random Forest 识别效率最高。

在基于机器学习识别非加密流方面，主要关注新应用识别的方法[91, 96, 103]、训练集较少的方法[92, 99, 104-107]、特征选择方法[102-103, 108-110]和有效负载方法[101, 111]。

在识别新应用方面，2013 年，Chen 等[109]在半已知网络环境中，应用半监督机器学习方法提出未知发现流量识别框架（traffic identification with unknown discovery，TIUD），能够准确识别半已知网络环境中的流量。TIUD 由未知发现框架和流量精准识别方法组成。未知发现框架在特征处理阶段引入预先标记的训练集，该训练集分为已知集和未知集，然后用 K-means 识别标记训练集和未知流量集得到 k 个簇，再从 k 个簇中选出含有标记集的簇并将它与标记的训练集结合训练二进制识别器。与传统的随机森林识别法、半监督方法、SVM 方法相比，TIUD 方法 F-measure 最高。2014 年，Grimaudo 等[110]基于无监督分类方法和自适应播种方法，提出半自动自学习识别器 SeLeCT，该方法在递归聚类阶段，根据阈值过滤较小的簇得到主端口簇，并被过滤的簇用于下一轮过滤，然后主端口簇作为输入交替进行递归过滤得到随机端口簇；在标记阶段，把簇中出现次数最多的被标记的种子流量标签扩散到整个簇；在自播种阶段，用分层抽样选择被标记的种子，确保一个种子能代表一个簇，然后用于下一轮处理。2015 年，结合监督和无监督的机器学习方法，Chen 等[109]提出 RTC（robust traffic classification）方法，可以识别零日应用产生的 GB 级的未知流量，准确率超过半监督识别法、SVM、BoF（bag of flow），并具有较强的鲁棒性。RTC 方法分为未知发现、基于 BoF 的流量识别和系统更新三个阶段：在未知发现阶段，用 K-means 对包含非零日应用流量和零日应用流量样本分簇，然后使用随机森林抽取零日应用样本；在基于 BoF 的流量识别阶段，将非零日流量样本和零日流量样本作为输入流量识别器并产生相关流量，然后使用 BoF 建模并识别；在系统更新阶段，识别出来的流量如果是新的应用或协议，就把它添加到已知应用或协议的集合中，并且扩展训练数据集并重新训练。

基于少量训练集，2012 年，Zhang 等[112]在少量训练集条件下通过应用 NB 算法和 BoF 模型提高识别器的性能：特征抽取并进行特征离散；在网络协议流量中使用少量训练数据训练 NB 算法，再使用 NB 算法产生一组后验概率作为每个测试流量的预测值；然后使用 BoF 建模网络协议流量，最后分别用求和规则、最大规则、中间规则和多数投票规则进行识别并评估。求和规则是网络协议流量识别的较好选择，而且收敛速度最快，准确率也最高。一年后，他们[113]又提出用于流量识别的新型非参数方法，通过将相关信息引入识别方法中，有效提高识别性能，解决最近邻（nearest neighbor，NN）识别器在训练样本很小时分类性能严重下降的问题，该方法先将捕获的网络追踪包处理成流量，然后抽取相关特征子集构造识别器，接着提出概率框架，产生无参数的 BoF 识别器，对 BoF 中的每个流量综合考虑流量相关特征和统计学特征进行流量识别。在非常少的训练样本的情况下，识别性能显着提高。2013 年，他们[114]提出基于聚类的适合小型训练集的未知流量识别方法，包含流量标签扩散、最邻近聚类识别器和复合识别模块，该方法自动准确地对未标记的流量进行标记，将标记后的流量作为无监督方法的输入，进而得到簇，将其映射到基于应用的类，然后训练最邻近聚类识别器，识别未知流量。该方法提高了 NCC 识别器的效率和稳定性。同年，Zhang 等[115]提出可以通过少量训练数据实现高识别性能的方法，该方法首先使用启发式方法选择相关流量并用 BOF 建模；然后抽取特征并用特征离散处理；接着用 NB 算法为每个流量产生一组后验概率，进而用聚合预测器聚合后验概率并决定最终类。2015 年，Divakaran 等[116]提出自学习智能识别器 SLIC（self-learning intelligent classifier）。SLIC 应用少量的训练样本，自学习并动态重建识别模型，在动态网络中获得较高网络协议流量准确率。SLIC 包含识别器和决策器，k-NN 识别器生成预测 BoF 流量，决策器把满足决策标准的预测 BoF 流量与初始训练集合并作为下一轮识别器的训练集。SLIC 准确率随着自学习轮数逐步提高，但是由于 SLIC 是建立在 k-NN 识别器上的，动态训练集的大小受到计算复杂度的限制。2016 年，Raveendran 等[107]对较少训练样本，提出隐朴素贝叶斯（hidden naive bayes，HNB）和 KSta 方法，提高准确率。该方法先特征抽取，再用基于关联的特征选择（correlation based feature selection，CFS）算法去除无关和冗余特征，得到高度类依赖相关和低互相关的特征子集，然后应用特征离散得到训练集。最后分别用 HNB 和 KSta 识别网络协议流量。

基于特征选择，2011 年，Wang 等[117]基于部分流量存在相关性的假设，提出一种基于约束聚类算法的新型半监督学习方法，其中 COP-K-MEANS 准确率高，且收敛时间短，该方法应用 K-means 算法的三个约束变体（COP-K-MEANS，MPCK-MEANS 和 LCVQE）衡量数据样本之外的背景信息，并用成对的 must-link constraints 描述这种相关性。他们认为流量约束在网络协议流量中广泛存在，其中 must-link constraints 最多，为聚类过算法供有益的指导。2011 年，Li 等[118]提出基于流量统计的半监督支持向量机方法，降低了监督或无监督算法的复杂度，提高准确率。该方法包含三步：①采用基于径向基核函数（radial basis function，RBF）核函数的 SVM 算法从标记流量中选择最具有代表性的流量，然后根据核心参数和惩罚因素移除不支持向量的流量；②采用一致性特征（consistency-based feature，CBF）指标和信息增益（Information gain，IG）指标的顺序正演算法增加特征，得到 CBF 和 IG 特征集，训练 SVM 的两个识别器；③通过②得到的两个识别器，在协同训练过程中，②中得到的两个识别器从未标记的样本中选取具有较高置信度的样本进行标记，将标记样本添加到另一个识别器的标记训练集中，更新另一个识别器的样本，通过不断迭代，获取最终的流量识别器。基于 CBF 和 IG 特征选择的协同训练算法提高识别器的准确率，减少冗余度。2014 年，基于 K-means 方法和隐马尔可夫模型（hidden Markov model，HMM），Fahad 等[119]提出 CluClas 方法，该方法首先进行特征选择，根据对称不确定性消除冗余特征，计算属性之间的相互关系，添加与该属性相关的对称不确定性的总值，计算权重，从全局的角度选择最佳属性；接着用 K-means 将有代表性的训练集划分为 k 个不相交的簇，选择每个簇的质心；最后采用 HMM 进行识别，与 HMM、K-means 相比，CluClas 识别速度快，总体准确率高，识别性能稳定，能用于实时识别，但是建模时间长于其他方法。2017 年，面向 5G 高维网络协议流量识别，Shen 等[97]提出混合特征选择算法。该方法用基于加权熵的 WMI 指标过滤大多数特征，并用基于 Accuracy 方法的封装方法选择特征，能提高 5G 高维流量的识别准确率。2018 年，对于机器学习方法中产生高维度和冗余特征效率低的问题，Shi[120]等提出特征优化方法 EFOA，该方法包含相关性分析、特征生成和冗余分析。相关性分析用基于信息熵的对称不确定性方法移除不相关特征得到相关子集；特征生成用基于无监督学习建立的深度信念网络分析相关特征之间的相互作用，并且生成鲁棒性和区分性强的特征以克服概念漂移问题；冗余分析用加权对称不确定性方法选择具有加权评估标准的最佳特征来处理多级不平衡问题，最终得到特征子集。该方法准确率高，复杂度低。

基于有效负载，2012 年，应用子空间聚类技术，Xie 等[121]提出 SubFlow 方法较好地解决了特征太多导致的半监督学习法识别性能下降的问题，总体准确率高。SubFlow 方法包含签名生成和子空间聚类两个阶段。在签名生成阶段，生成签名（Si，Fi），（Si，Fi）是由流量 Fi 和 Fi 相关特征 Si 组成的集合，在子空间聚类阶段，使用标准聚类算法在每个维度上找到基簇，合并不同维度的基簇，形成高维子空间，再把所有的流量 F 投影到子空间 Si，最后在子空间中使用相应的二进制识别器识别网络协议流量。2013 年，Zhang 等[111]结合流量特征和负载，提出一种无监督识别方法，准确率比 K-means 高；首先引入词袋（BoW）模型来表示流量集群的有效载荷，然后使用潜在语义分析（latent semantic analysis，LSA）方法创建低维概念空间并进行集群相似性分析，最后用基于泛型矩阵理论聚类算法合并 LSA 产生相似的集群。

在其他方面，2010 年，从特征的判别力和离散化两方面，Lim 等[122]对 Naive Bayes、k-NN、C4.5 Decision Tree 和 SVM 算法识别性能进行分析，结果表明 C4.5 在任何情况下都是最优。对于机器学习算法，离散化处理网络协议流量特征是提高识别准确率的基本方法。2012 年，Jin 等[123]开发了面向 10Gb/s 级的网络协议流量识别系统，较好地改善大型网络流量的识别准确性和扩展性。它应用线性二进制识别器，并引入加权阈值采样、逻辑校准和智能数据分区，实现可扩展性；通过结合网络协议流量空间分布信息或统计信息，提高准确性。2017 年，Ding 等[124]提出基于扩展流量向量的识别方法（traffic classification method based on expanding vector，TCEV）。TCEV 根据五元组，按照相关性由强到弱定义了 L3、L2 和 L1 三个等级的 7 种流类型关系。例如，3 s 内客户机用迅雷生成 4 个流 f1、f2、f3 和 f4，其中 f1、f2 和 f3 源端口号相同，f1 和 f2 连接的服务器相同，f3 连接到其他服务器，f4 使用了其他端口号。根据流相关性定义 f1 与 f2 相关等级为 L3，f1、f2 和 f3 相关等级为 L2，所有流之间的相关等级为 L1，然后根据流相关性建造相关流量集并流扩展流向量。TCEV 方法对数据包缺失有很强的鲁棒性，能够显著减少处理数据包的数量与被分类流的数量，特征集合的复杂度低于基于行为的方法。2018 年，为解决 SVM 训练复杂度高和 ISVM 在训练中可能丢失信息的问题，Sun 等[125]提出 AISVM 方法，保留 SV 单元的权值直到权值下降到某个阈值为止，相比 ISVM 的简单丢弃策略，该方法充分利用训练样本，和 SVM、ISVM 相比，AISVM 方法总体准确率高。

安全协议既是网络空间安全的重要组成部分，又是保障网络空间安全的关键。安全协议实施是安全协议的最终表现形式，其安全性分析也越来越受到人们的重点关注。围绕这一热点，首先对安全协议实施安全性分析的意义做了介绍；然后分别按照三个前提条件，即基于能够获取安全协议客户端实施和安全协议服务器端实施、仅能够获取安全协议客户端实施、不能获取安全协议客户端与安全协议服务器端实施，依据安全协议实施安全性分析，采用程序验证、模型抽取、指令分析、网络轨迹、流量识别等主要分析方法，对相关研究成果进行归类、分析、比较、总结和讨论；最后，对全文进行总结并对未来安全协议实施安全性分析的研究方向进行了展望。

　　基于能够获取安全协议客户端实施和安全协议服务端实施的假设，主要研究方法有两种，一种以程序验证技术为主，另一种以模型抽取方法为主。应用程序验证技术对已有安全协议实施的安全性进行分析，分别基于逻辑、基于类型系统、类型系统与逻辑证明相结合，直接分析其安全性。这种方法大部分既没有证明分析过程的正确性，又依赖于在安全协议实施中添加大量的代码注释与断言。模型抽取方法从安全协议实施中抽取协议抽象规范，并且证明抽取方法的正确性，然后用安全协议抽象规范安全性分析工具分析其安全性。此方法被认为是非常有效和合理的，适合用来分析协议实施较小规模的代码。基于该假设分析协议实施安全性难度较小。但是在现实应用场景中，研究者不可能获取协议客户端实施和协议服务器端实施，故实用价值较小。

　　基于仅能够获取安全协议客户端实施的假设，主要通过对获得的安全协议客户端实施进行安全协议模型抽取或者直接对安全协议客户端代码和通信会话进行分析，使用形式化安全协议分析工具对抽取的安全协议抽象模型进行安全性分析或者通过代码和通信分析发现安全协议漏洞，进而对安全协议实施安全性进行分析评估，得到安全协议实施安全性分析结果。因为在大部分实际应用场景中，研究者能得到安全协议客户端实施，基于该假设的研究实用价值很大。

　　基于安全协议客户端实施和安全协议服务器端实施都不能获得的假设，主要研究方法为协议逆向工程。通过分析安全协议会话过程，重构安全协议通信过程从而得到安全协议的格式结构和功能，进而分析安全协议实施的安全性。协议逆向工程主要包含基于网络轨迹的分析和基于指令序列的分析。基于网络轨迹的分析方法首先通过捕获网络数据包，然后对其进行分析，进而还原安全协议的抽象规范，再使用形式化方法验证该规范的安全性，最后得到安全协议实施的安全性分析结果。基于指令序列的分析，通过监控、标记网络数据过程中的指令序列和对内存缓冲区的读写操作，进而还原协议抽象规范，再使用形式化方法验证该规范的安全性，最后得到安全协议实施的安全性分析结果。基于该假设分析协议实施安全性难度最大。在某些实际应用场景中，研究者确实不能够获取协议客户端实施和协议服务器端实施，实用价值较大。网络协议流量识别可以识别流量所属的网络应用或者协议，进而及时发现和处理网络故障和安全漏洞，提高网络服务质量和保障网络空间安全。近几年，网络协议流量识别受到广泛关注并取得了许多重要成果。分别基于四种应用场景：在线加密流量、在线非加密流量、离线加密流量和离线非加密流量对现有相关工作做了归类、分析、比较、总结和讨论。在线流量识别主要关注复杂度和准确率，离线流量识别主要关注准确率。图1.10按四种场景分别对四种技术做出简要的评价。

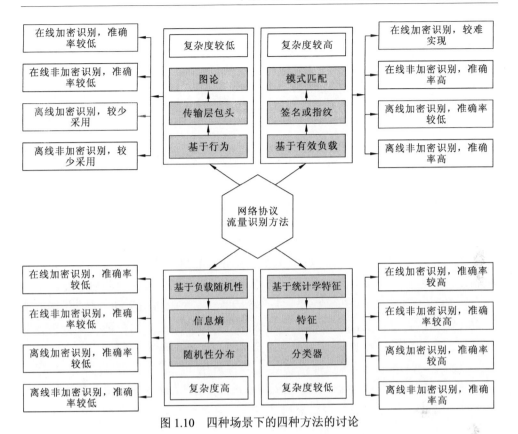

图 1.10　四种场景下的四种方法的讨论

综上讨论，从安全协议实施安全性分析的发展趋势来看，当前和今后一段时间内的相关研究将呈现以下特点。

（1）通过对国内外相关研究工作的分析，发现安全协议实施安全性研究主要集中在其软件实施，没有关注其硬件实施。但是作者认为安全协议实施应该涵盖软件实施和硬件实施。故对安全协议硬件实施的安全性进行分析和研究是一个重要方向。

（2）目前，可以通过获得安全协议客户端实施，对该实施进行代码级分析，结合 API 监控、网络数据流量监控等技术，分析安全协议实施的漏洞，进而评估其安全性。但是较少对安全协议客户端实施采用模型抽取方法，得到安全协议客户端抽象模型，再结合该实施利用黑盒测试的思想推理安全协议服务器端抽象规范模型，进而分析其安全性。

（3）当前安全协议实施安全性分析研究工作大部分是基于 PC 端，较少是基于移动端来进行。目前，移动终端在人们生活中占了不可取代的位置，基于安卓和 IOS 的网络安全应用数不胜数，其安全性应引起重点关注。故基于安卓和 IOS

的安全协议实施安全性研究可作为今后研究工作的一个重点和热点。

（4）当前安全协议实施安全性分析工作基本是对离线的数据进行分析，较少工作涉及安全协议实施安全性的在线分析。在实际应用场景下，在线的安全协议实施安全性分析比离线的安全协议实施安全性分析工作具有更大的实际意义，如在入侵检测等方面。故安全协议实施安全性的在线逆向分析也是未来该领域的一个重点方向。

（5）对安全协议客户端实施和安全协议服务器端实施都不能获得的假设，采用网络轨迹的方法分析安全协议实施安全性，由于捕获的安全协议网络交互数据的不完整性，有可能遗漏很重要的协议消息，具体表现为还原安全协议规范的覆盖率和准确率相对低。故可以使用基于网络轨迹和指令分析相结合的方法，提高抽取安全协议实施抽象规范的准确率和覆盖率。

（6）当前大部分的安全协议实施安全性分析的自动化程度都不高，可以结合机器学习和数据挖掘等技术来提高安全协议实施安全性分析的自动化程度。

（7）安全协议实施安全性分析目标就是得到安全的协议实施，如果生成安全协议实施时，可以证明其生成过程是可信的，那么就不需要对生成的安全协议实施进行安全性分析，这也是得到安全的安全协议实施的一个方向。

（8）根据 Google 技术统计报告[126]，目前应用范围较广的网站中的 55% 以上都部署了 HTTPS 协议，SSL/TLS 在 Android 平台和 MacOS 平台上分别占比增加到 64% 和 75%，安全协议[1, 2]加密流量与伪装流量激增。因此 SSL/TLS 的实施安全性可作为今后研究工作的关注点。

（9）识别新应用。基于负载的识别方法依赖于流量所属的协议规范，实际应用中大量的协议，频繁的更新和不规范的实施都影响到其准确率，目前的解决方法主要依赖于人工，工作量大。基于负载的识别方法需要结合自动化的协议逆向方法[127]和自动化指纹生成方法[128]，从而自动维护指纹库。基于行为的识别方法依赖于某一类应用所共有的行为特征。该方法建立一类应用的行为模型需要搜集大量的数据流量，建模时间很长。模型建立后，由于应用频繁更新，其行为可能发生改变，不能准确对应同一应用的不同版本。基于行为的识别方法识别准确率是粗粒度的，适用于主干网络，未来的研究集中在结合其他识别方法的综合识别方法，综合其他方法的优点已提高准确率并且降低复杂度。基于统计学特征的机器学习方法对于监督识别方法，由于已经训练好的识别器不能识别新应用；无监督的识别方法，由于增加了新应用，导致 k 值发生变化，识别准确率降低。未来的研究方向是低复杂度的、在线自适应的识别方法。

（10）可扩展性。基于行为的识别方法需要用某个网络节点的大量数据构建交互图，但是不同网络节点观察到的网络流量不同，单个用户的行为可能很难识别，而骨干数据可能会显示出无法识别的复杂边缘行为，导致基于行为的识别方法识别准确度受观察点的影响而不稳定，可扩展性[129]差。

基于统计学特征的识别方法应用于不同网络节点时，由于不同网络节点的和不同时间的网络协议应用流量类型组成差别较大，且训练样本的代表性和特征的有效性都是相对于其他训练样本，会产生概念漂移[130]，导致可扩展性差。而如何克服概念漂移，提高机器学习识别方法的可扩展性成为未来的研究方向。

（11）物联网网络流量。随着物联网的发展，即将迎来万物互联的时代。在智慧城市、工业控制、无人驾驶、安防监控、智慧家居等领域将有极大发展，产生种类繁多，数量庞大的网络协议流量，而这些流量的识别将成为新的研究方向。

（12）鲁棒性。在网络服务质量差的环境中，特别是网络节点拥塞或服务器性能下降时，路由器开始丢包，TCP等协议开启拥塞控制，例如视频媒体，通过限速和降低视频分辨率来保证流畅，会直接影响到分组大小特征和分组头部特征的有效性，这对在线识别方法的鲁棒性提出了更高的要求。故鲁棒性是在线网络协议识别的一个研究热点。

（13）高带宽网络流量。互联网的迅速发展，要求流量识别器吞吐量高达数千Gb/s。然而，现有的流量识别引擎最多只支持几十Gb/s吞吐量，因此在高速路由器中现有流量识别引擎成为性能瓶颈。因此，低复杂度、高带宽、高并行的识别方法将是一个研究热点。

随着研究方法的改善和研究技术的成熟，以上13个研究展望必将对安全协议实施安全性的研究产生深远影响。

参 考 文 献

[1] 孟博, 王德军. 安全协议实施自动化生成与验证[M].北京: 科学出版社. 2016.

[2] 孟博, 王德军. 安全远程网络投票协议[M].北京: 科学出版社. 2013.

[3] 孟博, 鲁金钿, 王德军, 等. 安全协议实施安全性分析综述[J]. 山东大学学报(理学版), 2018, 53(1):1-18.

[4] 孟博, 何旭东, 王德军,等. 网络协议流量识别方法研究[J/OL].郑州大学学报(理学版). https://doi.org/10.13705/j.issn.1671-6841.2018264

[5] AVALLE M, PIRONTI A, SISTO R. Formal verification of security protocol implementations: a survey [J]. Formal Aspects of Computing, 2014, 26(1): 99-123.

[6] 雷新锋, 宋书民, 刘伟兵, 等. 计算可靠的密码协议形式化分析综述[J]. 计算机学报, 2014, 37(5):993-1016.

[7] 张焕国, 吴福生, 王后珍, 等. 密码协议代码执行的安全验证分析综述[J].计算机学报, 2017,

40(2):24.

[8] MENG B, HUANG C T, YANG Y T, et al. Automatic generation of security protocol implementations written in Java from abstract specifications proved in the computational model [J]. International Journal of Network Security, International Journal of Network Security, 2017, 19(1): 138-153.

[9] MENG B, YANG Y T, ZHANG J L, et al. PV2JAVA: Automatic generator of security protocol implementations written in java language from the applied PI calculus proved in the symbolic model [J]. International Journal of Security and Its Applications, 2016, 10(11): 211-229.

[10] WANG X H, XU C, JIN W Q, et al. A scalable parallel architecture based on many-core[C] //Proceedings for Generating HTTP Traffic. Applied Science, 2017, 7(2):23.

[11] GOUBAULT-LARRECQ J, PARRENNES F. Cryptographic protocol analysis on real c code[C] //Proceedings of the 6th international conference on Verification, Model Checking, and Abstract Interpretation, Paris, France, Jan.17-19, New York: ACM, 2005:363-379.

[12] RJENS J. Automated security verification for crypto protocol implementations: verifying the jessie project [J]. Electronic Notes in Theoretical Computer Science, 2009, 250(1):123-136.

[13] CHAKI S, DATTA A. ASPIER: An automated framework for verifying security protocol implementations[C] //Proceedings of the 2009 22nd IEEE Computer Security Foundations Symposium. Port Jefferson, New York Jul.8-10, New York: IEEE, 2009:172-185.

[14] BHARGAVAN K, FOURNET C, GORDON A. Modular verification of security protocol code by typing[C] //Proceedings of the 37th annual ACM SIGPLAN-SIGACT symposium on Principles of programming languages. Madrid, Span, Jan.17-23, New York: ACM, 2010:445-456.

[15] BACKES M, MAFFEI M and UNRUH D. Computationally sound verification of source code[C] //Proceedings of the 17th ACM conference on Computer and communications security, Chicago, Illinois, USA, Oct.4-8, New York: ACM, 2010:387-398.

[16] BENGTSON J, BHARGAVAN K, FOURNET C, et al. Refinement types for secure implementations [J]. ACM Transactions on Programming Languages and Systems, 2011, 33(2): Article 8, 45.

[17] DUPRESSOIR F, GORDON A D, JURJENS J, et al. Guiding a General-Purpose C Verifier to prove cryptographic protocols[C] //Proceedings of the 24th IEEE Computer Security Foundations Symposium. Cernay-la-Ville, France, Jun.27-29, New York: IEEE, 2011:3-17.

[18] AIZATULIN M, GORDON A D, JURJENS J. Extracting and verifying cryptographic models from C protocol code by symbolic execution[C]//Proceedings of the 18th ACM conference on Computer and communications security, Chicago, Illinois, USA, Oct.17-21, New York: ACM,

2011:331-340.

[19] SWAMY N, CHEN J, FOURNET C, et al.Secure distributed programming with value-dependent types [J]. ACM SIGPLAN Notices, 2011, 46(9):266-278.

[20] SEAMY N, HRIT C, KELLER C, et al. Semantic purity and effects reunited in F*[C] //Proceedings of 20th ACM SIGPLAN International Conference on Functional Programming, Vancouver, British Columbia, Canada, Aug.31-Sep.2, New York: ACM, 2015:12.

[21] SWAMY N, HRIT C, KELLER C, et al. Dependent types and multi-monadic effects in F*[C] //Proceedings of the 43rd annual ACM SIGPLAN-SIGACT Symposium on Principles of Programming Languages(POPL'16), St.Petersburg, FL, USA, Jan.20-22, New York: ACM, 2016:256-270.

[22] BHARGAVAN K, FOURNET C, GORDON A D, et al. Verified interoperable implementations of security protocols[C]//ACM Transactions on Programming Languages and Systems. New York: ACM, 2008, 31(1) : Article 5, 61.

[23] NICHOLAS O'S. Using elygah to analyses Java implementations of cryptographic protocols[C] // Proceedings of FCS-ARSPA-WITS'08, Pittsburgh, PA, USA, Jun.21-22, New York: IEEE, 2008:211-223.

[24] AIZATULIN M, GORDON A D, JURJENS J. Extracting and verifying cryptographic models from C protocol code by symbolic execution[C]// Proceedings of the 18th ACM conference on Computer and communications security, Chicago, Illinois, USA, Oct.17-21, New York: ACM, 2011:331-340.

[25] BHARGAVAN K, CORIN R, FOURNET C, et al. Automated computational verification for cryptographic protocol implementations [M]//Foundations of Security Analysis and Design VI. Berlin: Springer Berlin Heidelberg, 2011:66-100.

[26] BHARGAVAN K, CORIN R, FOURNET C, et al. Cryptographically verified implementations for TLS[C]//Proceedings of the 15th ACM conference on Computer and communications security, Alexandria, Virginia, USA, Oct.27-31, New York: ACM, 2008:459-468.

[27] AIZATULIN M, GORDON A D, JURJENS J.Computational Verification of C protocol implementations by symbolic execution[C]//Proceedings of the 2012 19th ACM Conference on Computer and Communications Security, Raleigh, North Carolina, USA, Oct.16-18, New York: ACM, 2012:712-723.

[28] LI Z M, MENG B, WANG D J, et al. Mechanized verification of cryptographic security of cryptographic security protocol implementation in Java through model extraction in the computational model [J]. Journal of Software Engineering.2015, 9(1): 1-32.

[29] BHARGAVAN K, BLANCHET B, KOBEISSI N.Verified models and reference

安全协议实施安全性自动化分析与验证

implementations for the TLS 1.3 standard candidate[C]//Proceedings of 38th IEEE Symposium on Security and Privacy, San Jose, May.22-24, New York: IEEE, 2017:20.

[30] 孟博, 何旭东, 张金丽, 等. 基于计算模型的安全协议 Swift 语言实施安全性[J]. 通信学报, 2018, 39(9): 178-190.

[31] 黄笑言, 陈性元, 祝宁,等. 基于状态标注的协议状态机逆向方法[J]. 计算机应用, 2013, 33(12):3486-3489.

[32] G.V.波赫曼. 协议规范、验证及测试的新发展[J]. 通信学报, 1986(4):78-90.

[33] BAI G D , LEI J K, MENG G Z, et al. AUTHSCAN: Automatic extraction of web authentication protocols from implementations[C]// Proceedings of the 20th Annual Network & Distributed System Security Symposium, San Diego, CA United States, Feb.24-27, New York: IEEE, 2013:20.

[34] ZUO C S, WANG W B, WANG R, et al. Automatic forgery of cryptographically consistent messages to identify security vulnerabilities in mobile services[C] // Proceedings of The Network and Distributed System Security Symposium 2016, NDSS'16, San Diego, USA, Feb.21-24, California :Internet Society, 2016:17.

[35] FETT D, KUSTERS R, SCHMITZ G. Analyzing the browserID SSO system with primary identify provider using an expressive model of the web[C]//Proceedings of 20th European Symposium on Research in Computer Security, Vienna, Austria, Sep.21-25, Berlin: Springer-Verlag, 2015:43-65.

[36] PELLEGERINO G, TSCHURTZ C, BODDEN E, et al. jÄk: Using dynamic analysis to crawl and test modern web applications[C]//International Workshop on Recent Advances in Intrusion Detection Research in Attacks, Instructions and Defense, Lecture Notes in Computer Science, Kyoto, Japan, Dec.12, Berlin: Springer-Verlag, 2015:295-316.

[37] YE Q Q, BAI G D, WANG K L, et al. Formal analysis of a single sign-on protocol implementation for android[C]//Proceedings of 20th International conference on Engineering of Complex Computer System, Gold Coast, Australia, Dec.9-12, New York: IEEE, 2015:90-99.

[38] KOBEISSI N, BHARGAVAN K, BLANCHET B. Automatic verification for secure messaging protocols and their implementations: a symbolic and computational approach[C]//Proceedings of 2nd IEEE European Symposium on Security and Privacy, Paris, France, Apr.26-28, New York: IEEE, 2017:16.

[39] ZHOU Y C, EVANS D. SSOScan: automated testing of web applications for single sign-on vulnerabilities[C] //Proceedings of the 23rd USENIX Security Symposium, San Diego California USA, Aug.20-22, New York: ACM, 2014:495-510.

[40] SHERNAN E, CARTER H, TIAN D, et al. More guidelines than rules: Csrf vulnerabilities from

noncompliant OAuth 2.0 implementations[C]//Proceedings of 12th International Conferences on Detection of Intrusions and Malware, and Vulnerability Assessment, DIMVA 2015, Lecture Notes in Computer Science, Milano, Italy, Jul.9-10, Berlin: Springer-Verlag, 2015: 239-260.

[41] SUDHODANAN A, ARMANDO A, CARBONE R, et al. Attack patterns for black-box security testing of multi-party web applications[C]//Proceedings of The Network and Distributed System Security Symposium 2016, NDSS'16, San Diego, USA, Feb.21-24, California :Internet Society, 2016:15.

[42] FETT D, KUSTERS R, SCHMITZ G. SPRESSO: A secure, privacy-respecting single sign-on system for the web[C]// Proceedings of the 22nd ACM SIGSAC Conference on Computer and Communications Security, Denver, Colorado, USA, Oct.12-16, New York: ACM, 2015:1358-1369.

[43] LU J T, YAO L L, HE X D. A security analysis method for security protocol implementations based on message construction [J]. Applied Sciences, 2018, 8(12), 2543.

[44] 吴礼发，王辰，洪征，等.协议状态机推断技术研究进展[J].计算机应用研究，2015, 32(7):1931-1936.

[45] LEE C, BAE J, LEE H. PRETT: Protocol reverse engineering using binary tokens and network traces[C]//IFIP International Conference on ICT Systems Security and Privacy Protection. Springer, Cham, 2018: 141-155.

[46] NARAYAN J, SHUKLAS K S. CLANCY C: A survey of automatic protocol reverse engineering tools [J]. ACM Computing Survey, 2016, 48(3): 40.

[47] DUCHENE J, GUERNIC C L, ALATA E, et al. State of the art of network protocol reverse engineering tools [J]. Journal of Computer Virology and Hacking Techniques, 2017:1-16.

[48] MARSHALL B. Protocol information project [EB/OL]. (2004-10-05)[2019.6.10].

[49] CUI W D, KANNAN J, WANG H L. Discover: Automatic protocol reverse engineering from network trace[C]//Proceedings of the 16th USENIX Security Symposium on USENIX Security Symposium, USENIX Association Berkely, USA, Aug.6-10, New York: ACM, 2007: 14.

[50] TRIFILO A, BURSCHKA S, BIERSACK E. Traffic to protocol reverse engineering[C] //Proceedings of the 2009 IEEE Symposium on Computational Intelligence in Security and Defense Application(CISDA2009), Ottawa, Canada, Jul. 8-10, New York: IEEE, 2009:257-264.

[51] KRUEGER T, KRAMER N, RIECK K. ASAP: Automatic semantics-ware analysis of network payloads[C]//Proceedings of the ECML/PKDD workshop on Privacy and Security issues in Data Mining and Machine Learning (PSDML2010), Barcelona, Catalonia, Sep. 20-24, Berlin : Springer Verlag, 2010 : 50-63.

[52] WANG Y P, LI X J, MENG Y, et al. Biprominer: Automatic mining of binary protocol features[C]

//Proceedings of 12th International Conference on Parallel and Distributed Computing, Applications and Technologies (PDCAT), Gwangju, South Korea, New York: IEEE, 2011:179-184.

[53] WANG Y P, YUN X C, SHAFIQ M Z, et al. A semantics aware approach to automated reverse engineering unknown protocols[C]//Proceedings of 20th IEEE International Conference on Network Protocols (ICNP), Austin, TX, USA, Oct.30-Nov.2, New York: IEEE, 2012:10.

[54] LUO J Z, YU S Z. Position-based automatic reverse engineering of network protocols [J]. Journal of Network and Computer Applications, 2013, 36(3): 1070-1077.

[55] 戴理, 舒辉, 黄荷洁. 基于数据流分析的网络协议逆向解析技术[J]. 计算机应用, 2013, 5: 1217-1221.

[56] ZHANG Z, ZHANG Z B, LEE P P C, et al. ProWord: An unsupervised approach to protocol feature word extraction[C]//Proceedings of IEEE Conference on Computer Communications, IEEE INFOCOM 2014, Toronto, Ontario, Canada, Apr.27-May.2, New York: IEEE, 2014: 1393-1401.

[57] BERMUDEZA I, TONGAONKARA A, Iliofotou M, et al. Towards automatic protocol field inference [J]. Computer Communications, 2016, 84(C):40-51.

[58] YUN X C, WANG Y P, ZHANG Y Z, et al. A semantics-aware approach to the automated network protocol identification [J]. IEEE/ACM Transactions on Networking, 2016, 24(1): 583-595.

[59] TAO S Y, YU H Y, LI Q. Bit-oriented format extraction approach for automatic binary protocol reverse engineering [J]. IET Communications, 2016, 10(6):709-716.

[60] XIAO M M, ZHANG S L, LUO Y P. Automatic network protocol message format analysis [J]. Journal of Intelligent & Fuzzy Systems, 2016, 31(4):2271-2279.

[61] LIM J, REPS T AND LIBLIT B. Extracting output formats from executables[C]//Proceedings of the 13th Working Conference on Reverse Engineering, WCRE'06, Washington, DC, USA Oct.23-27, New York: IEEE, 2006:167-178.

[62] NEWSOME J, BRUMLEY D, FRANKLIN J, et al. Replayer: Automatic protocol relay by binary analysis[C]//Proceedings of 13th ACM conference on Computer and communications security, CCS'06, Alexandria, Virginia, USA, Oct.30-Nov.03, New York: ACM, 2006:311-321.

[63] CABALLERO J, YIN H, LIANG Z K, et al. Polyglot: Automatic extraction of protocol message format using dynamic binary analysis[C]//Proceedings of the 14th ACM conference on Computer and communications Security, Alexandira, Virginia, USA, Oct.7, New York: ACM, 2007:317-329.

[64] WONDRACEK G, COMPARETTI P M, KRUEGEL C, et al. Automayic network protocol

analysis[C]// Proceedings of 16th Annual Network & Distributed System Security Symposium, NDSS'2008, Spa, San Diego, USA, Feb.8-11, California:Internet Society, 2008:18.

[65] LIN Z Q, JIANG X X, XU D Y, et al. Automatic protocol format reverse engineering through context-aware monitored execution[C] //Proceedings of 15th Symposium on Network and Distributed System Security, NDSS'2008, Spa, San Diego, USA, Feb.18, California:Internet Society, 2008:17.

[66] CUI W D, PEINADO M, CHEN K , et al. Tupni: Automatic reverse engineering of input formats[C]//Proceedings of 15th ACM Conference on Computer and Communications Security, CCS'08, Alexandria, Virginia, USA, Oct.27-31, New York: ACM, 2008:391-402.

[67] LUTZ N, TELLENBACH B.Towards revealing attackers' intent by automatically decrypting networking traffic[J]. Mémoire de maıtrise, ETH Zürich, Switzerland, 2008.

[68] COMPARETTI P M, WONDRACEK G, KRUEGEL C, et al. Prospex: Protocol specification extraction[C] //Proceedings of 30th IEEE Symposium on Security & Privacy, Oakland, California, USA, May.17-20, New York: IEEE, 2009:110-125.

[69] WANG Z, JIANG X X, CUI W D, et al. ReFormat: Automatic reverse engineering of encrypted messages[C] // Proceedings of the 14th European conference on Research in computer security, Saint-Malo, France, Sep.21-23, Berlin: Springer- Verlag, 2009:200-215.

[70] CABALLERO J, POOSANKAM P, KREIBICH C, et al. Dispatcher: Enabling active botnet infiltration using automatic protocol reverse-engineering[C]// Proceedings of the 16th ACM Conference on Computer and Communications Security, CCS'09, Chicago, Illinois, USA, Nov.09-13, New York: ACM, 2009:621-634.

[71] LIN Z Q, ZHANG X Y, XU D Y. Reverse engineering input syntactic structure from program execution and its applications [J].IEEE Transaction on Software Engineering, 2010, 36(5):688-703.

[72] LIU M, JIA C F, LIU L, et al. Extracting sent message formats from executables using backward slicing[C]//Proceedings of 4th International Conference on Emerging Intelligent Data and Web Technologies (EIDWT), Xi'an, China, Sep.9-11, New York: IEEE, 2013:377-384.

[73] 石小龙, 祝跃飞, 刘龙, 等. 加密通信协议的一种逆向分析方法[J]. 计算机应用研究, 2015, 1:214-217, 221.

[74] LIN W, FEI J L, ZHU Y F, et al. A method of multiple encryption and sectional encryption protocol reverse engineering[C] //Proceedings of 10th International Conference on Computational Intelligence and Security, IEEE , Yunnan, China, Nov.15-16, 2015:420-424.

[75] LI M J, WANG Y J, HUANG Z J. Reverse analysis of secure communication protocol based on taint analysis[C]//Proceedings of 2014 Communications Security Conference, CSC2014. IEEE

Beijing, China, 2014: 4.

[76] 朱玉娜, 韩继红, 袁霖, 等. 基于熵估计的安全协议密文域识别方法[J]. 电子与信息学报, 2016, 38(8): 1865-1871.

[77] ROWE P D, GUTTMAN J D, LISKOV M D. Measuring protocol strength with security goals[J]. International journal of Information Security, 2016, 15(6):575-596.

[78] DHARMAPURIKAR S, KRISHNAMURTHY P, SPROULL T, et al. Deep packet inspection using parallel bloom filters[C] //High performance interconnects, 2003. Proceedings. 11th symposium on. IEEE, 2003: 44-51.

[79] ALSHAMMARI R, ZINCIR-HEYWOOD A N. A preliminary performance comparison of two feature sets for encrypted traffic classification[J].Springer, 2009, 53:203-210.

[80] KARAGIANNIS T, PAPAGIANNAKI K, FALOUTSOS M. BLINC: Multilevel traffic classification in the dark[C]// Conference on Applications, Technologies, Architectures, and Protocols for Computer Communications. ACM, New York, USA, 2005:229-240.

[81] YU F, KATZ R H, LAKSHMAN T V. Gigabit rate packet pattern-matching using TCAM[C] //Network Protocols, 2004. ICNP 2004. Proceedings of the 12th IEEE International Conference on. IEEE, 2004: 174-183.

[82] CROTTI M, DUSI M, GRINGOLI F, et al. Traffic classification through simple statistical fingerprinting [J]. ACM SIGCOMM Computer Communication Review, 2007, 37(1): 5-16.

[83] MOORE A W, PAPAGIANNAKI K. Toward the accurate identification of network applications[C] //International Workshop on Passive and Active Network Measurement. Springer, Berlin, Heidelberg, 2005: 41-54.

[84] XIONG G, HUANG W T, ZHAO Y, et al. Real-time detection of encrypted thunder traffic based on trustworthy behavior association[M]//Trustworthy Computing and Services. Springer, Berlin, Heidelberg, 2012:132-139.

[85] HUANG N F, JAI G Y, CHAO H, et al. Application traffic classification at the early stage by characterizing application rounds[J]. Information Sciences, 2013, 232: 130-142.

[86] 赵博, 郭虹, 刘勤让, 等. 基于加权累积和检验的加密流量盲识别算法[J]. 软件学报, 2013, 24(8): 1334-1345.

[87] KHAKPOUR A R, LIU A X. An information-theoretical approach to high-speed flow nature identification [J]. IEEE/ACM Transactions on Networking, 2013, 21(4): 1076-1089.

[88] KORCZYNSKI M, DUBA A. Markov chain fingerprinting to classify encrypted traffic[C]// IEEE Conference on Computer Communication. IEEE, Toronto, Canada, 2014:781-789.

[89] SHEN M WEI M W, Zhu L H, et al. Classification of encrypted traffic with second-order Markov chains and application attribute bigrams [J]. IEEE Transactions on Information

Forensics and Security, 2017, 12(8): 1830-1843.

[90] BONFIGLIO D, MELLIA M, MEO M, et al. Revealing skype traffic: when randomness plays with you[C] // Conference on Applications. ACM New York, USA, 2007:37-48.

[91] HUSAK M, ČERMAK M, JIRSIK T, et al. HTTPS traffic analysis and client identification using passive SSL/TLS fingerprinting [J]. EURASIP Journal on Information Security, 2016(1): 6.

[92] SUN G L, XUE Y B, DONG Y F, et al. An novel hybrid method for effectively classifying encrypted traffic[C] // 2010 IEEE Global Telecommunications Conference GLOBECOM 2010. IEEE, Miami, FL, USA, 2010: 1-5.

[93] MOORE A W, ZUEV D. Internet traffic classification using bayesian analysis techniques[C]//ACM SIGMETRICS Performance Evaluation Review. ACM, 2005, 33(1): 50-60.

[94] ERMAN J, ARLITT M, MAHANTI A. Traffic classification using clustering algorithms[C]// Roceedings of the 2006 SIGCOMM workshop on Mining network data. ACM, 2006: 281-286.

[95] ERMAN J, MARTIN A, ARLITT M, et al. Offline/realtime traffic classification using semi-supervised learning[J]. Performance Evaluation, 2007, 64(9-12): 1194-1213.

[96] BAR-YANAI R, LANGBERG M, PELEG D, et al. Real-time classification for encrypted traffic[C] // International Symposium on Experimental Algorithms. Springer, Berlin, Heidelberg, 2010: 373-385.

[97] SHI H T, LI H P, ZHANG D, et al. Efficient and robust feature extraction and selection for traffic classification [J]. Computer Networks, 2017, 119: 1-16.

[98] JIANG W R, GOKHALE M. Real-time classification of multimedia traffic using fpga[C] // Field Programmable Logic and Applications. 2010 International Conference on. IEEE, Milano, Italy, 2010: 56-63.

[99] OKADA Y, ATA S, NAKAMURA N, et al. Application identification from encrypted traffic based on characteristic changes by Encryption[C] // IEEE International Workshop Technical Committee on Communications Quality and Reliability. IEEE, Naples, FL, USA, 2011:1-6.

[100] WANG Z J, DONG Y N, SHI H X, etc. Internet video traffic classification using QoS features[C] //Computing, Networking and Communications (ICNC), 2016 International Conference on. IEEE, 2016: 1-5.

[101] DUBIN R, DVIR A, PELE O, et al. I know what you saw last minute: encrypted HTTP adaptive video streaming title classification[J]. IEEE Transactions on Information Forensics and Security, 2017, 12(12): 3039-3049.

[102] ORSOLIC I, PEVEC D, SUZNJEVIC M, et al. A machine learning approach to classifying YouTube QOE based on encrypted network traffic [J]. Multimedia tools and applications, 2017, 232: 130-142.

[103] CHEN X, ZHANG J, XIANG Y, et al., Wu Jie. Robust network traffic classification [J]. IEEE/ACM Transactions on Networking, 2015, 23(4): 1257-1270.

[104] RIZZI A, IACOVAZZI A, BAIOCCHI A, et al. A low complexity real-time Internet traffic flows neuro-fuzzy classifier [J]. Computer Networks, 2015, 91: 752-771.

[105] SESTITO G S, TURCATO A C, DIAS A L, et al. A method for anomalies detection in Real Time Ethernet data traffic applied to PROFINET [J]. IEEE Transactions on Industrial Informatics, 2017(11): 225-239.

[106] TONG D, QU Y R, PRASANNA V K. Accelerating decision tree based traffic classification on FPGA and multicore Platforms [J]. IEEE Transactions on Parallel and Distributed Systems, 2017, 28(11): 3046-3059.

[107] RAVEENDRAN R, MENON R R. A novel aggregated statistical feature based accurate classification for internet traffic[C]//Data Mining and Advanced Computing. International Conference on. IEEE, Ernakulam, India, 2016: 225-232.

[108] SHAFIQ M, YU X Z, LAGHARI A A, et al. Effective feature selection for 5G IM applications traffic classification [J]. Mobile Information Systems, 2017, Article ID 6805056, 12.

[109] ZHANG J, CHEN X, XIANG Y, et al. Traffic identification in semi-known network environment[C]//Computational Science and Engineering (CSE), 2013 IEEE 16th International Conference on. IEEE, 2013: 572-579.

[110] GRIMAUDO L, MELLIA M, BARALIS E. Self-learning classifier for internet traffic[J]. IEEE INFOCOM, Turin, Italy, c2013, 11(2):423-428.

[111] ZHANG J, XIANG Y, ZHOU W L, et al. Unsupervised traffic classification using flow statistical properties and IP packet payload [J]. Journal of Computer and System Sciences, 2013, 79(5): 573-585.

[112] ZHANG J, CHEN Ch, XIANG Y, et al. Classification of correlated internet traffic flows[C] //Trust, Security and Privacy in Computing and Communications. 2012 IEEE 11th International Conference on. IEEE, Liverpool, UK, 2012: 490-496.

[113] ZHANG J, XIANG Y, YU W, et al. Network traffic classification using correlation information[J]. IEEE Transactions on Parallel and Distributed systems, 2013, 24(1): 104-117.

[114] ZHANG J, CHEN X, XIANG Y, et al. An effective network traffic classification method with unknown flow detection [J]. IEEE Transactions on Network and Service Management, 2013, 10(2): 133-147.

[115] ZHANG J, CHEN X, XIANG Y, et al. Internet traffic classification by aggregating correlated naive bayes predictions [J]. IEEE Transactions on Information Forensics and Security, 2013, 8(1): 5-15.

[116] DIVAKARAN D M, SU L, LIAU Y S, et al. Slic: Self-learning intelligent classifier for network traffic [J]. Computer Networks, 2015, 91: 283-297.

[117] WANG Y, XIANG Y, ZHANG J, et al. A novel semi-supervised approach for network traffic clustering[C]//Network and System Security. 2011 5th International Conference on. IEEE, Milan, Italy, 2011: 169-175.

[118] LI X, QI F, XU D, et al. An internet traffic classification method based on semi-supervised support vector machine[C]// Communications. 2011 IEEE International Conference on. IEEE, Kyoto, Japan, 2011: 1-5.

[119] FAHAD A, ALHARTHI K, TARI Z, et al. CluClas: Hybrid clustering-classification approach for accurate and efficient network classification[C]// 39th Annual IEEE Conference on Local Computer Networks. IEEE, Edmonton, Canada, 2014: 168-176.

[120] SHI H T, LI H P, ZHANG D, et al. An efficient feature generation approach based on deep learning and feature selection techniques for traffic classification[J]. Computer Networks, 2018, 132:81-98.

[121] XIE G W, ILIOFOTOUl M, KERALAPURA R, et al. Sub-Flow: Towards practical flow-level traffic classification[C]//IEEE INFOCOM. Orlando, Florida, USA, 2012: 2541-2545.

[122] LIM Y, KIM H, JEONG J, et al. Internet traffic classification demystified: on the sources of the discriminative power[C]// Proceedings of the 6th International Conference. ACM, New York, USA, 2010: 1-9.

[123] JIN Y, DUFFIELD N, ERMAN J, et al. A modular machine learning system for flow-level traffic classification in large networks[J]. ACM Transactions on Knowledge Discovery from Data, 2012, 6(1): 4.

[124] DING L, LIU J, QIN T, et al. Internet traffic classification based on expanding vector of flow [J]. Computer Networks, 2017, 129: 178-192.

[125] SUN G, CHEN T, SU Y Y, et al. Internet traffic classification based on incremental support vector machines[J]. Mobile Networks and Applications, 2018: 1-8.

[126] HTTPS 使用率—Google 透明度报告 [EB/OL]. [2019.6.11]. https://www.google.com/ transparencyreport/https/met- rics/? hl=zh-CN.The usage of HTTPS-Transparency report of Google [EB/OL].[2019.6.10].

[127] CUI W D, KANNAN J, WANG H J. Discoverer: Automatic protocol reverse engineering from network traces[C]//USENIX Security Symposium. 2007: 1-14.

[128] DAI S F, TONGAOKAR A, WANG X Y, et al. Networkprofiler: Towards automatic fingerprinting of android apps[C]//INFOCOM, 2013 Proceedings IEEE. IEEE, 2013: 809-817.

[129] ZHANG W S, CAO G H. Group rekeying for filtering false data in sensor networks: A

predistribution and local collaboration-based approach[C]//INFOCOM 2005. 24th Annual Joint Conference of the IEEE Computer and Communications Societies. Proceedings IEEE. IEEE, 2005, 1: 503-514.

[130] ZHANG H L, LU G, QASSRAWI M T, et al. Feature selection for optimizing traffic classification [J]. Computer Communications, 2012, 35(12):1457-1471.

[131] NGUYEN T, ARMITAGE G, BRANCH P, et al. Timely and continuous machine-learning-based classification for interactive IP traffic [J]. IEEE/ACM Transactions on Networking, 2012, 20(6): 1880-1894.

[132] (2018, March) nDPI. [Online]. Available:http://www.ntop.org/ products/ndpi/.

第2章 Applied PI 演算与其 BNF 范式

2.1 引 言

2001 年，Abadi 等[1-2]提出形式化语言 Applied PI 演算，用来建模并发进程之间的相互通信。Applied PI 演算借鉴 lambda 演算到应用 lambda 演算的扩展思想，将 PI 演算[3-4]扩展成 Applied PI 演算。Applied PI 演算在 PI 演算的通信与并发结构的基础上，增加了函数和等式原语。消息不仅可以包含名，还可以包含通过函数和名构成的值。Applied PI 演算不仅可以描述标准数据类型，而且可以对安全协议进行形式化建模，故可以分析非常复杂的安全协议。本章首先对 Applied PI 演算的特点进行介绍，然后对其语法和语义、项、普通进程、扩展进程、进程上下文和语义中结构等价关系、内归约关系、观察等价关系、静态等价关系的定义进行了解释，最后对 Applied PI 演算中的 free、new、if、in、out、let、event 等语句的 BNF（Backus normal form，巴克斯范式）范式进行具体解释与分析，为后面应用 Applied PI 演算对安全协议进行形式化建模打下了理论基础。

2.2 Applied PI 演算语法及语义

Applied PI 演算是一种用来建模并发进程之间相互通信的形式化语言，是进行安全协议形式化建模的强有力的工具。例如，使用变量来表示任何类型的值，用名来表示原子值（密钥、随机数），用函数来表示密码学原语。相对于 SPI 演算，Applied PI 演算使用函数来表示通用的密码学原语(加密、解密、数字签名、XOR 等），不需要为每一个密码操作都构造新的密码学原语，具有很好的通用性。

1. 语法和非形式化语义

Applied PI 演算的符号表如表 2.1 所示。

表 2.1   Applied PI 演算符号表

个体常元	$a,b,c,\ldots k,\ldots,m,n,\ldots s$
个体变元	$x,y,z,\ldots$
函数符号	$f,g,h,\ldots enc,dec,\ldots$
进程符号	$P,Q,R,\ldots$
操作符号	$.\ !\ |\ 0$
辅助符号	$(\ )$

首先定义一个有限函数符号集 $\sum$ ，其中每个函数符号都带有参数，参数个数为 0 的函数符号称为符号常量。给定一个 $\sum$ ，无限名集 $\mathbb{N}$ 和无限变量集 V ，Applied PI 演算的项（term）定义如下。

定义（项） Applied PI 演算项的表达式由如下 BNF 语法给出：
$$L,M,N ::= a,b,c,\cdots \big| x,y,z,\cdots \big| f(M_1,\ldots,M_l)$$
式中，$a,b,c \in \mathbb{N}$ ，$x,y,z \in V$ 。

用 a,b,c,m,n 等标识符及其组合表示名字；用 x,y,z 表示变量；有时也使用元语言变量 u,v,w 表示名字和变量；用 f,g,h 表示函数项，每个函数项都带有固定元数的参数，例如， $encrypt(m,k)$ 表示函数 $encrypt$ 有参数 m 和 k 。函数项是用来构造项的。因此，项 M,N,T,V 是变量、名字和函数项。

项 $M = f(M_1,\cdots,M_n)$ ，项 M 有子项 $M_i, i \in \{1,\cdots,n\}$ 。项 $M_i, i \in \{1,\cdots,n\}$ 也可能包含子项。不包含任何子项的项叫作原子项。

项 M 可以表示安全协议中参与者之间交换的消息。变量表示任何消息或值。名字表示某一特定的消息或值。函数项表示从已知消息和值构造新的消息和值。

定义（普通进程） Applied PI 演算普通进程表达式如图 2.1 所示，由 BNF 语法给出。

$P,Q,R ::=$		进程
0		空进程
$P\|Q$		并发进程
$!P$		复制进程
$vn.P$		限制名
$if\ M=N\ then\ P\ else\ Q$		条件
$u(x).P$		消息输入
$\bar{u}\langle N\rangle.P$		消息输出

图 2.1 普通进程

空进程 0 不做任何操作；并发进程 $P|Q$ 同时进行 P 和 Q 的进程操作；复制进程 $!P$ 并发执行无数个 P 进程操作；受限进程 $vn.P$ 首先产生一个新的私有名字

n，然后执行 P 进程操作；条件进程 *if M = N then P else Q* 首先判断条件 $M = N$ 是否为真，如果为真，则执行 P 进程操作，否则执行 Q 进程操作；消息输入进程 $u(x).P$ 准备从通道 u 接收消息，并将接收到的消息与 P 中的 x 绑定，然后执行 P 进程操作；消息输出进程 $\overline{u}\langle N\rangle.P$ 准备从通道 u 输出消息 N，然后执行 P 进程操作。

普通进程中加入主动替换（active substitution），可以得到扩展进程。

定义（扩展进程）　Applied PI 演算扩展进程表达式如图 2.2 所示，用 BNF 范式表示。

$$
\begin{array}{ll}
A, B, C ::= & \text{扩展进程} \\
\quad P & \text{普通进程} \\
\quad A \mid B & \text{并行复合} \\
\quad vn.A & \text{名受限} \\
\quad vx.A & \text{变量受限} \\
\quad \{M/x\} & \text{主动替换}
\end{array}
$$

图 2.2　扩展进程

其中，$\{M/x\}$ 表示用项 M 替换变量。主动替换进程 $\{M/x\}$ 和 SPI 演算的指派进程 *let x = M in*… 功能相似，但是比指派进程表达能力更强，主动替换进程 $\{M/x\}$ 可以作用于任何进程。所以，在对主动替换进程添加受限变量之后，两个进程是等价关系：$vx.(\{M/x\}\mid P) \equiv let\ x = M\ in\ P$。

通常，名和变量都有作用域。作用域由限制名操作和输入操作定界。$fv(A)$ 为自由变量集合，$bv(A)$ 为约束变量集合，$fn(A)$ 为自由名集合，$bn(A)$ 为约束名集合。

对于主动替换进程存在 $fv(\{M/x\}) \stackrel{def}{=} fv(M) \bigcup \{x\}$，$fn(\{M/x\}) \stackrel{def}{=} fn(M)$。

如果进程中的变量或者是约束变量，或者是主动替换定义的变量，那么扩展进程是闭进程。

框架是由 0 进程和形如 $\{M/x\}$ 的主动替换进程通过并行复合和限制组成的扩展进程。用 φ，ψ 表示框架。框架 φ 的域（domain）是指 φ 中主动替换进程 $\{M/x\}$ 没有受限的变量 x 所组成的集合，记作 $dom(\varphi)$。

定义（进程上下文）　进程上下文 C 如图 2.3 所示，由 BNF 范式表示。

$$
\begin{array}{l}
C ::= [\ \ ] \mid P \mid C \mid C \mid P \mid !C \mid vn.C \mid u(x).C \mid \overline{u}\langle N\rangle.C \\
\quad \mid if\ M = N\ then\ P\ else\ C \\
\quad \mid if\ M = N\ then\ C\ else\ P
\end{array}
$$

图 2.3　进程上下文

$C[P]$ 表示把进程 P 填入上下文 C 的洞 $[\ ]$ 所得的进程。赋值上下文就是形如 $C::=v\tilde{n}.([\ \ ]|Q)$ 的上下文。

2. Applied PI 演算语义

定义（结构等价关系） 结构等价关系（Structural equivalence）（$\equiv$）是在扩展进程上最小的等价关系。它在名、变量的 α 换元和赋值上下文下是封闭的。结构等价定义如图 2.4 所示。

$PAR-0$	$A \equiv A\,|\,0$
$PAR-A$	$A\,\big|\,(B\,|\,C) \equiv (A\,|\,B)\,|\,C$
$PAR-C$	$A\,|\,B \equiv B\,|\,A$
$REPL$	$!P \equiv P\,|\,!P$
$NEW-0$	$n.0 \equiv 0$
$NEW-C$	$vu.vv.A \equiv vv.vu.A$
$NEW-PAR$	$A\,|\,vu.B \equiv vu.(A\,|\,B)$
	$\quad when\ u \notin fv(A) \cup fn(A)$
$ALIAS$	$vx.\left\{\dfrac{M}{x}\right\} \equiv 0$
$SUBST$	$\left\{\dfrac{M}{x}\right\}\,|\,A \equiv \left\{\dfrac{M}{x}\right\}\,|\,A\left\{\dfrac{M}{x}\right\}$
$REWRITE$	$\left\{\dfrac{M}{x}\right\} \equiv \left\{\dfrac{n}{x}\right\}\ when\ \Sigma|{-}M = N$

图 2.4 结构等价

由结构等价关系，任何封闭的扩展进程 A 都可以表示成由一个主动替换进程和一个封闭的普通进程组成的进程：$A \equiv v\tilde{n}.\left\{\widetilde{M}/\tilde{x}\right\}|P$。其中，$fv(P)=\varnothing,$ $fv(\widetilde{M})=\varnothing,\{\tilde{n}\}\subseteq fn(\widetilde{M})$。任何封闭的框架 φ 都可以表示成一个主动替换加上若干限制名：$\varphi \equiv v\tilde{n}.\left\{\widetilde{M}/\tilde{x}\right\}$ 其中，$fv(\widetilde{M})=\varnothing,\{\tilde{n}\}\subseteq fn(\widetilde{M})$。集合 $\{\tilde{x}\}$ 是框架 φ 的域。$\varphi \equiv v\tilde{n}.\left\{\widetilde{M}/\tilde{x}\right\}$。

定义（内归约关系） 内归约关系（Internal reduction）（$\rightarrow$）是在结构等价和赋值上下文中封闭的最小关系。内归约关系定义如图 2.5 所示。

$COMM$	$\bar{a}\langle x\rangle.P\,|\,a(x).Q \rightarrow P\,|\,Q$
$THEN$	$if\ M = M\ then\ P\ else\ Q \rightarrow P$
$ELSE$	$if\ M = N\ then\ P\ else\ Q \rightarrow Q$
	$for\ any\ ground\ terms\ M\ and\ N$
	$such\ that\ \Sigma|{-}/\,M = N$

图 2.5 内归约关系

如果 A 可以在通道 a 上发送消息，也就是说，存在某个赋值上下文 $C[\ ]$，使得 $A \to^* C[\bar{a}\langle M\rangle.P]$，定义为 $A \Downarrow a$。

定义（观察等价关系） 观察等价关系（Observational equivalence）$(\approx)$ 是在相同域的封闭扩展进程之间的最大对称关系 R。R 定义如下：如果 $A\,R\,B$ 成立，那么

（1）如果 $A \Downarrow a$，那么 $B \Downarrow a$。

（2）如果 $A \to^* A'$，那么存在 B'，使得 $B \to^* B'$，并且 $A'\,R\,B'$。

（3）对于所有的封闭的赋值上下文 $C[\ ]$，有 $C[A]\,R\,C[B]$。

如果框架 φ 中存在名 $\tilde{n}$ 和主动替换 σ，使得项 M，N 满足条件 $\varphi \equiv v\tilde{n}.\sigma$，$M\sigma = N\sigma$，$\{\tilde{n}\}\cap\big(fn(M)\cup fn(N)\big)=\varnothing$，那么，项 M，N 相等，并且记为 $(M=N)_{\varphi}$。

定义（静态等价关系） 静态等价关系（statically equivalent）$(\approx_s)$ 是封闭框架上的等价关系。静态等价关系的定义如下：如果封闭框架 φ，ψ 满足以下两个条件

（1）$dom(\varphi)=dom(\psi)$；

（2）对于框架中所有的项 M 和 N，如果 $(M=N)_{\varphi}$，那么 $(M=N)_{\psi}$。

那么，框架 φ，ψ 静态等价，记为 $\varphi \approx_s \psi$。

如果封闭扩展进程的框架静态等价，那么封闭扩展进程静态等价，记为 $A \approx_s B$。

2.3　Applied PI 演算 BNF 范式

Applied PI 演算使用变量来表示通道、密钥等各种类型变量的值，用函数来表示加密、签名、解密、验证签名等操作[1-2]，因此 Applied PI 演算的语法简洁清晰。下面给出 Applied PI 演算 term、pattern 、fact、gterm、gfact、real query、hyp、query、func、reduct、freec 与 process 等语句的 BNF 范式[5]，如图 2.6～图 2.17 所示。

$$\left[\!\!\left[\begin{aligned}&\langle term\rangle ::= \langle ident\rangle\big(seq\langle term\rangle\big)\\&|\,\big(seq\langle term\rangle\big)\\&|\,\langle ident\rangle\end{aligned}\right.\right.$$

图 2.6　term 的 BNF 范式

$$\left[\!\!\left[\begin{aligned}&\langle pattern\rangle ::= \langle ident\rangle\big(seq\langle pattern\rangle\big)\\&|\,\big(seq\langle pattern\rangle\big)\\&|\,\langle ident\rangle\\&|= \langle term\rangle\end{aligned}\right.\right.$$

图 2.7 pattern 的 BNF 范式

$$\left[\begin{array}{l} \langle \mathit{fact} \rangle ::= \langle \mathit{ident} \rangle : \mathit{seq} \langle \mathit{term} \rangle \\ \mid \langle \mathit{term} \rangle <> \langle \mathit{term} \rangle \\ \mid \langle \mathit{term} \rangle = \langle \mathit{term} \rangle \end{array}\right]$$

图 2.8　fact 的 BNF 范式

$$\left[\begin{array}{l} \langle \mathit{gterm} \rangle ::= \langle \mathit{ident} \rangle \big(\mathit{seq} \langle \mathit{gterm} \rangle \big) \\ \mid \big(\mathit{seq} \langle \mathit{gterm} \rangle \big) \\ \mid \langle \mathit{ident} \rangle \end{array}\right]$$

图 2.9　gterm 的 BNF 范式

$$\left[\begin{array}{l} \langle \mathit{gfact} \rangle ::= \langle \mathit{ident} \rangle : \mathit{seq} \langle \mathit{gterm} \rangle \\ \mid \langle \mathit{gterm} \rangle <> \langle \mathit{gterm} \rangle \\ \mid \langle \mathit{gterm} \rangle = \langle \mathit{gterm} \rangle \end{array}\right]$$

图 2.10　gfact 的 BNF 范式

$$\left[\!\left[\langle \mathit{realquery} \rangle ::= \langle \mathit{gfact} \rangle \Longrightarrow \langle \mathit{hyp} \rangle \right]\!\right]$$

图 2.11　real query 的 BNF 范式

$$\left[\begin{array}{l} \langle \mathit{hyp} \rangle ::= \langle \mathit{hyp} \rangle \mid \langle \mathit{hyp} \rangle \\ \mid \langle \mathit{hyp} \rangle \,\&\, \langle \mathit{hyp} \rangle \\ \mid \langle \mathit{gfact} \rangle \\ \mid \big(\langle \mathit{hyp} \rangle \big) \\ \mid \big(\langle \mathit{realquery} \rangle \big) \end{array}\right]$$

$$\left[\begin{array}{l} \langle \mathit{hyp} \rangle ::= \langle \mathit{hyp} \rangle \mid \langle \mathit{hyp} \rangle \\ \mid \langle \mathit{hyp} \rangle \,\&\, \langle \mathit{hyp} \rangle \\ \mid \langle \mathit{gfact} \rangle \\ \mid \big(\langle \mathit{hyp} \rangle \big) \\ \mid \big(\langle \mathit{realquery} \rangle \big) \end{array}\right]$$

图 2.12 hyp 的 BNF 范式

$$\left[\begin{array}{l} \langle \mathit{query} \rangle ::= \mathit{ev} : \mathit{seq} \langle \mathit{ident} \rangle \big[; \langle \mathit{query} \rangle \big] \\ \mid \mathit{evinj} : \mathit{seq} \langle \mathit{ident} \rangle \big[; \langle \mathit{query} \rangle \big] \\ \mid \mathit{let} \langle \mathit{ident} \rangle = \langle \mathit{gterm} \rangle \big[; \langle \mathit{query} \rangle \big] \\ \mid \langle \mathit{gfact} \rangle \big[; \langle \mathit{query} \rangle \big] \\ \mid \langle \mathit{realquery} \rangle \big[; \langle \mathit{query} \rangle \big] \end{array}\right]$$

图 2.13 query 的 BNF 范式

$$\left[\!\left[\langle \mathit{func} \rangle ::= \mathit{fun} \langle \mathit{ident} \rangle / n. \right]\!\right]$$

图 2.14　func 的 BNF 范式

$$\left[\!\left[\langle \mathit{reduct} \rangle ::= \mathit{reduc} \langle \mathit{ident} \rangle \big(\mathit{seq} \langle \mathit{term} \rangle \big) = \langle \mathit{term} \rangle . \right]\!\right]$$

图 2.15　reduct 的 BNF 范式

$$\left[\!\left[\langle \mathit{freec} \rangle ::= \big[\mathit{private} \big] \mathit{free}\ \mathit{seq} \langle \mathit{ident} \rangle . \right]\!\right]$$

图 2.16　freec 的 BNF 范式

$$\left[\begin{array}{l} \langle \mathit{process} \rangle ::= \big(\langle \mathit{process} \rangle \big) \\ \mid \langle \mathit{ident} \rangle \\ \mid ! \langle \mathit{process} \rangle \\ \mid 0 \\ \mid \mathit{new} \langle \mathit{ident} \rangle ; \langle \mathit{process} \rangle \\ \mid \mathit{if} \langle \mathit{fact} \rangle \mathit{then} \langle \mathit{process} \rangle \big[\mathit{else} \langle \mathit{process} \rangle \big] \\ \mid \mathit{in} \big(\langle \mathit{term} \rangle , \langle \mathit{pattern} \rangle \big) \big[; \langle \mathit{process} \rangle \big] \\ \mid \mathit{out} \big(\langle \mathit{term} \rangle , \langle \mathit{term} \rangle \big) \big[; \langle \mathit{process} \rangle \big] \\ \mid \mathit{let} \langle \mathit{pattern} \rangle = \langle \mathit{term} \rangle \mathit{in} \langle \mathit{process} \rangle \big[\mathit{else} \langle \mathit{process} \rangle \big] \\ \mid \langle \mathit{process} \rangle \mid \langle \mathit{process} \rangle \\ \mid \mathit{event} \langle \mathit{term} \rangle \big[; \langle \mathit{process} \rangle \big] \end{array}\right]$$

图 2.17　process BNF 范式

　　Applied PI 演算中的变量、常量、表达式、进程、函数及流程控制语句在安全协议形式化建模中占有重要的地位，下面重点介绍这些语句的语法与语义。

　　（1）变量。Applied PI 演算使用 free 或 new 定义变量，而通道的定义可以使用 free，因为 free 可选 private 属性。free 的 BNF 表达为 $\langle freec \rangle ::= [\,private\,]$ $free\ seq\langle ident \rangle$。$seq\langle ident \rangle$ 表示 ident 的队列，private 属性是可选的，若该变量是私有变量，那么攻击者就不能访问。new 的 BNF 范式为 $new\langle ident \rangle$，一次仅可定义一个变量，并且不可定义私有变量。

　　（2）消息输入与输出进程。Applied PI 演算中的消息输入进程的 BNF 范式为 $in\big(\langle term \rangle, \langle pattern \rangle\big)$，对应着 Applied PI 演算进程定义中的 $u\langle V \rangle.Q$，$\langle term \rangle$ 及 $\langle pattern \rangle$ 在 BNF 范式中均给出了相应语法，而在消息输入进程中，$\langle term \rangle$ 对应着通道名，$\langle pattern \rangle$ 对应着数据名；消息输出进程 $out\big(\langle term \rangle, \langle term \rangle\big)$，对应着 Applied PI 演算进程定义中的 $u\langle V \rangle.Q$，$\langle term \rangle$ 在 BNF 范式中均给出了相应语法，而在消息输出进程中，前一个 $\langle term \rangle$ 对应通道名，后一个 $\langle term \rangle$ 对应数据名。

　　（3）事件。$|\,event\langle term \rangle$ 用来定义事件，一般在证明认证性时使用，位置在认证语句前和认证语句后，再结合 query 语句证明认证是否具有认证性，当证明认证性时，query 语句表示为 $ev : seq\langle ident \rangle \Rightarrow ev : seq\langle ident \rangle$，表示询问如果事件 $ev : seq\langle ident \rangle$ 发生，事件 $ev : seq\langle ident \rangle$ 是否发生，其中 $seq\langle ident \rangle$ 的内容即 $seq\langle ident \rangle$ 中的 $\langle term \rangle$，可以证明安全协议是否具有认证性。

　　（4）自定义函数。Applied PI 演算自定义函数的方式非常简单，即 $\langle func \rangle ::= fun\langle ident \rangle / n$，并没有给出函数变量的具体类型，$n$ 则表示函数变量的数目。

　　（5）流程控制语句。Applied PI 演算的流程控制语句主要有两个，即 if-then-else 语句和 let-in-else 语句。由于 let-in-else 语句在 Applied PI 演算中主要用于定义和赋值，极少用到 else 部分，故后文简称为 let-in 语句。

　　if-then-else 语句的 BNF 范式为 $if\langle fact \rangle then\langle process \rangle[\,else\langle process \rangle\,]$，表示选择语句，$\langle fact \rangle$ 表示条件，在 BNF 范式中给出了相应语法规则，then 和 else 后面是不同的 $\langle process \rangle$。$\langle process \rangle$ 语句是 Applied PI 演算的主要组成部分，包含了定义、选择语句及赋值等多个语句，BNF 范式已详细给出语法规则。需要说明的是，为了避免二义性的产生，嵌套的 if-then-else 语句遵循最近匹配优先原则。

　　let-in 语句的 BNF 范式为 $let\langle pattern \rangle = \langle term \rangle in\langle process \rangle[\,else\langle process \rangle\,]$，语句在较多情况下用来赋值，所以省略 else 语句即 $let\langle pattern \rangle = \langle term \rangle in\langle process \rangle$，

$\langle pattern \rangle$ 在 BNF 范式中给出语法规则，其中 $\langle pattern \rangle = \langle term \rangle$ 将 $\langle term \rangle$ 的值赋给 $\langle pattern \rangle$。

参 考 文 献

[1] ABADI M, FOURNET C. Mobile values,new names, and secure communication//Proceeding of the 28th ACM SIGPLAN-SIGACT Symposium on Principles of Programming Languages. London, 2001:104-115.

[2] ABADI M,BLANCHET B, FOURNET C. The applied pi calculus: mobile values, New Names, and secure communication. Journal of the ACM, October 2017, 65(1):1.

[3] MILNER R. Communicating and mobile systems: the π-Calculus. Cambridge: Cambridge University Press, 1999:1-5.

[4] MILNER R, PARROW J, WALKER D. A calculus of mobile processes, parts I and II. Information and Computation,1992,100(1): 1-77.

[5] BLANCHET B. ProVerif: Cryptographic protocol verifier in the formal model.http:inria// prosecco. gforge.fr//personal/bblanche/proverif/. [2019-10-25].

第3章 一阶定理证明器 ProVerif 及应用

3.1 引　言

ProVerif[1]是 2001 年由 Blanchet 开发的基于重写逼近法的一阶定理证明器。它基于 Prolog 语言，可以分析与验证使用 Horn 子句或 Applied PI 演算描述的安全协议，建模各种密码学原语，它包括共享密钥密码学、公钥密钥密码学、数字签名、Hash 函数和 Diffie-Hellman 密钥交换协议等。此外，还解决了模型检测方法固有的缺陷-状态空间爆炸的问题，能够处理无穷状态系统。ProVerif 能够分析与验证保密性[1]（攻击者不能获得秘密）、认证性[2]、一致性[3]、强保密性（当秘密发生变化时，攻击者不能发现秘密的差异）[4]和进程的观察等价[5]。ProVerif 已经成功分析了很多复杂的安全协议[6-13]。首先介绍了一阶定理证明器 ProVerif 的体系结构、语法、输入和输出，以及可以用 ProVerif 进行分析与证明的安全属性。最后应用 ProVerif 自动化分析和验证 OpenID Connect 安全协议，隐私保留的用户身份认证协议 PPMUAS，改进的 OpenID Connect 安全协议和 Mynah 安全协议的安全性。

3.2　一阶定理证明器 ProVerif

1. ProVerif 体系结构

一阶定理证明器 ProVerif 的体系结构如图 3.1 所示，由安全协议输入、分析验证和结果输出三部分组成。

一阶定理证明器 ProVerif 的输入部分主要包括安全协议的形式化描述和安全属性的形式化定义。ProVerif 系统对输入进行初始输入处理，主要是语法检查。输入语言为 Applied PI 演算、扩展的 Applied PI 演算或 Horn 子句。

处理部分负责根据安全协议的形式化描述对要证明的安全属性进行逻辑推导证明，其中包括自动翻译模块和逻辑推导模块。当输入语言为应用 Applied PI 演算或扩展的 Applied PI 演算时，自动翻译模块主要实现安全协议的 Applied PI

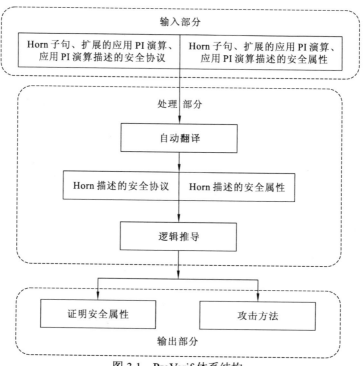

图 3.1　ProVerif 体系结构

演算或扩展的 Applied PI 演算形式化描述到一阶逻辑规则的转换。逻辑推导模块则基于一阶逻辑规则对要证明的安全属性进行推理和验证；当输入语言为 Horn 子句时，处理部分为逻辑推导模块，不需要自动翻译模块。

结果输出部分主要负责输出处理结果。从输出结果可以得知该协议是否满足相应的安全属性，供用户进一步分析。但是 ProVerif 不输出详细的证明过程。如果不满足某安全属性，则 ProVerif 会给出详细的攻击方式。

2. ProVerif 语法

ProVerif 的输入语言为 Applied PI 演算或 Horn 子句，Applied PI 演算的语法参见第 2 章，这里介绍基于 Horn 子句的语法。

定义 Horn 子句（Horn clause）最多只有一个正文字的子句（文字析取式）称为 Horn 子句。

Horn 语法由项（term）、事实（fact）和规则（rule）三部分组成。

项的表达式如图 3.2 所示。

项用来描述协议实体之间相互交换的消息，包括变量（Variable）、名（Name）和函数（Function application）。

$$\left\| \begin{array}{lll} M, N ::= & & 项 \\ x, y, z, i & & 变量 \\ a[M_1, \cdots, M_n] & & 名 \\ f(M_1, \cdots, M_n) & & 函数 \end{array} \right\|$$

图 3.2　项

变量可以描述任意的项。变量分为两类：会话标识符变量集 V_S 和一般变量集 V_O，并且 $V_S \cap V_O = \varnothing$。使用 $i_1, \cdots, i_n$ 等表示会话标识符变量，用 x, y, z 等表示一般变量。

名描述原子值，如随机数和密钥等，将名看作输入消息的函数，若 a 为自由名，则记为 $a[\ ]$。

函数可以用来构建项，如加密函数和 Hash 函数等，函数分为两类：构造函数（Constructor）和析构函数（Destructor）。

构造函数用来描述项中出现的密码学原语，如对称密钥加密函数 $encrypt(m, key)$，该函数表示使用对称密钥 key 加密数据 m。

析构函数用来对项进行操作。析构函数 g 可以定义成一个或几个形如 $g(M_1, \cdots, M_n) = M$ 的等式，其中 $M_1, \cdots, M_n, M$ 是包含变量和构造函数的项。比如，解密函数 $decrypt$ 描述为析构函数 $decrypt(encrypt(m, key), key) = m$，该函数表示拥有对称密钥即可解密该对称密钥加密的数据。

事实的表达式如图 3.3 所示。

事实 F 用谓词 $p(M_1, \cdots, M_n)$ 来描述，表示个体的性质或个体之间联系。ProVerif 的描述语言主要使用了四类谓词：$attacker(M)$、$message(M, M')$、$begin(M, M')$、$end(M, M')$。其中，$attacker(M)$ 表示协议攻击者获得消息 M，$message(M, M')$ 表示消息 M 出现在通道 M' 上，$begin(M, M')$ 和 $end(M, M')$ 表示认证属性的一致性（Correspondence）断言，M 是一致性断言的对应项。

规则的表达式如图 3.4 所示。

$$\left\| \begin{array}{lll} F ::= & & 事实 \\ p(M_1, \cdots, M_n) & & 谓词 \end{array} \right\| \qquad \left\| \begin{array}{lll} R ::= & & 规则 \\ F_1 \wedge \cdots \wedge F_n \to F & & 推理 \end{array} \right\|$$

图 3.3　事实　　　　　　　　　　图 3.4　规则

事实和规则是逻辑推导的基础，事实是逻辑推导的前提假设，规则是逻辑推导的依据。每个规则由前提假设和结论两个部分构成，其中前提假设可以包含若干个事实，结论只能有一个事实，当所有前提假设 $F_1, \cdots, F_n$ 都为真时，结论 F 才为真。不包含前提假设的规则 $\to F$ 简写为 F。

定义（Applied PI 演算到 Horn 子句的转换）　协议 P 的 Applied PI 演算进程到 Horn 子句的转换 $[\![P]\!] \rho h$ 是如图 3.5 所示的一个规则集合。

$$\llbracket 0 \rrbracket \rho h = \varnothing$$

$$\llbracket P|Q \rrbracket \rho h = \llbracket P \rrbracket \rho h \cup \llbracket Q \rrbracket \rho h$$

$$\llbracket !P \rrbracket \rho h = \llbracket P \rrbracket (\rho[i \to i]) h \quad i \text{是一个新的会话标识符}$$

$$\llbracket (\nu a) P \rrbracket \rho h = \llbracket P \rrbracket \left(\rho \left[a \to a \left[\rho(V_O), \rho(V_S) \right] \right] \right) h$$

$$\llbracket M(x).P \rrbracket \rho h = \llbracket P \rrbracket (\rho[x \to x]) \left(h \wedge message(\rho(M), x) \right)$$

$$\llbracket \overline{M}\langle N \rangle . P \rrbracket \rho h = \llbracket P \rrbracket \rho h \cup \left\{ h \Rightarrow message(\rho(M), \rho(N)) \right\}$$

$$\llbracket \text{let } x = g(M_1, \ldots, M_n) \text{ in } P \text{ else } Q \rrbracket \rho h$$

$$= \left\{ \begin{array}{l} \llbracket P \rrbracket \left((\sigma\rho)[x \to \sigma' p'] \right)(\sigma h) \\ g(p_1', \ldots, p_n') \to p' \text{在} def(g) \text{中有定义}, \\ (\sigma, \sigma') \text{是} (M_1, \ldots, M_n) \text{和} (p_1', \ldots, p_n') \text{最一般的合一}, \\ \text{即} \sigma\rho(M_1) = \sigma' p_1', \ldots, \sigma\rho(M_n) = \sigma' p_n' \end{array} \right\} \cup \llbracket Q \rrbracket \rho h$$

图 3.5 规则集

式中，ρ 表示环境，由一系列 Applied PI 演算的名、变量到 Horn 子句的项 p 的映射组成。h 为一系列形如 $message(M, M')$ 的事实组成。$\varnothing$ 表示空集合，$h \wedge F$ 表示将事实 F 并入集合 h，$\rho[u \to p]$ 表示将映射 $u \to p$ 并于环境 ρ，u 为变量或名。$\rho(M)$ 定义为替换：在 ρ 中存在映射 $u \to p$，$\rho(u) = p$，并且 $\rho(f(M_1, \ldots, M_n)) = f(\rho(M_1), \ldots, \rho(M_n))$。集合 h 记录了进程收到的所有消息。

3. 安全属性

设 S 是名字的有限集合。如果对于闭进程 Q，$fn(Q) \subseteq S$，那么闭进程 Q 是 $S - adversary$。

定义（保密性） 设闭进程 P 表示安全协议进程，M 是 P 中需要保密的数据。闭进程 P 保护了秘密 M，当且仅当对于任意的攻击者进程 Q，$P|Q$ 都没有在公开信道 c 上输出 M，即不存在进程 R 和 R'，使得 $P|Q(\to \cup \equiv)^* \overline{c}\langle M \rangle . R | R'$，其中 Q 为任意的 $S - adversary$，$c \in S$。

安全协议的认证属性用一致性断言 $begin(M, M')$ 和 $end(M, M')$ 来建模。令 B_b 是以谓词 $begin(M, M')$ 为原子公式的事实集合，即

$$B_b = \left\{ begin(M_1, M_1'), \cdots, begin(M_n, M_n') \right\}$$

定义（认证性） 设闭进程 P 表示安全协议进程，$begin(M,M')$ 和 $end(M,M')$ 是 P 中用于描述安全协议认证性的任意一对一致性断言，B 是安全协议进程 P 对应的 $Horn$ 子句逻辑规则集合，如果 $end(M,M')$ 关于 $B \cup B_b$ 逻辑可推导，那么一定存在 $begin(M,M') \in B_b$，则称安全协议进程 P 满足认证属性。即对于任意的安全协议攻击者进程 Q，若存在进程 R，使得 $P|Q(\to\cup\equiv)^*$ $end\_ex(M,M')|R$，则 $begin\_ex(M,M')$ 一定在 R 中出现。其中，$begin(M,M')$. $P \to begin\_ex(M,M')|P$，$end(M,M').P \to end\_ex(M,M')|P$，$Q$ 为任意的 $S-adversary$，$c \in S$。

3.3 ProVerif 的输入和输出

1. 启动 ProVerif 的命令行语法格式

`./proverif <选项> <文件名>`

<文件名>是输入文件的名字，<选项>有以下 5 种。

（1）-in <格式>。选择输入格式，比如 horn、horntype、pi、pitype。当-in 选项是缺省的时候，输入格式根据文件的扩展来选择，推荐的输入格式是键入 PI 演算，它与-in 的 PI 类型通信并且当文件扩展名是.pv 的时候，是默认的；也使用非键入 PI 演算来输入，这里当文件扩展名是.pi 的时候，默认输入-in pi；键入 horn 子句，当文件拓展名是.Horntype 的时候，默认选项是-in horn。

（2）-out<格式>。当选择输出格式的时候，可以选择 solve 和 spass 两种格式：solve 格式是分析协议；spass 格式是在当使用 spass 一阶证明理论解析之前停止分析并且输出要求的格式。默认的输出格式是 solve，当我们选择-out spass 这种输出格式时，必须添加选项-o <文件名>来具化将要输出的子句的文件。

（3）TulaFale <版本>。对于 Web 服务器分析工具 TulaFale 来说，版本号就是 TulaFale 的个人偏好版本，目前只支持版本 1.00 版。

（4）-color。在终端上显示支持 ANSI 颜色编码的多种输出，典型的 Unix 中断支持 ANSI 颜色编码。对于网络用户来说，可以在 shell 缓冲用 ANSI 颜色编码来运行 ProVerif，如下：

```
-start s shell with M-x shell
-load the ansi-color library with M-x load-library RET
ansi-color RET
-active ANSIcolor with M-x ansi-color-for-comint-mode-on
-now run ProVerify in the shell buffer.
```

也可以激活缓冲区的 ANSI 通过在自己网络编辑器中默认添加以下内容：

```
(autoload'ansi-color-for-mode-on"ansi-color"nil t)
(add-hook'shell-mode-hook'ansi-color-for-comint-mode-on)
```

（5）-help 或--help。显示命令行选项概要。

2. Horn 子句输入

默认情况下，可执行程序 Proverif 用 Horn 子句作为输入，可以按照以下命令来运行它：

```
./proverif <文件名>
```

这里，<文件名>是指一个包含 Horn 子句的文件。

3. Applied PI 演算输入进程

为了在 ProVerif 输入一个 Applied PI 演算进程，必须添加命令行选项 –in pi 或者用文件拓展名是.pi 的文件。然后，可以通过以下方式来运行 ProVerif：

```
./proverif -in pi <文件名>
```

这里，<文件名>是指一个包含进程的文件。

4. 类型说明

ProVerif 工具的输入分为有类型（typed）输入和无类型（Untyped）输入，这二者输入在具体建模实现过程中可选择其中一种进行建模。如用户选择有类型输入建模时候，语法规则中对其变量则需要添加相应的变量类型，如 Bitstring、private 等。

特定情况，有类型输入，常见的类型有 type、private、channel 及 bitstring 等。type 指示在选择有类型输入时，在输入文件中出现的全局类型用其标志，例如 private 指示某个变量是安全变量，该变量在建模过程中始终是安全性，它经常用来标志隐私信道及私有密钥等，channel 用来标识某个变量为通信信道，Bitstring 用来标识变量为比特串类型。

若在建模过程中选择无类型输入，则无须对相关变量增加类型标识。

3.4 自动化分析 OpenID Connect 安全协议安全性

3.4.1 OpenID Connect 安全协议

OpenID connect 安全协议[14]通过身份认证操作来验证登录终端用户，或确定终端用户是否已经登录，并以一种安全的方式向客户端返回服务器进行身份认证结果，其身份认证的结果可以在身份令牌 ID Token 中返回。

OpenID Connect 安全协议身份认证有三种类型：授权码流、隐式流、混合流，不同的方式决定了身份令牌和访问令牌怎样返回到客户端，其消息流程也有所区别。例如 OpenID Connect 安全协议，选择的身份认证方式是授权码流认证方式，基于该方式的所有令牌都从令牌端点返回；授权服务器向客户端发送授权码，随后客户端可以利用这个授权码直接从令牌端点获得身份令牌和访问令牌，就可以成功地避免将令牌暴露给用户代理或者其他能够访问用户代理的恶意应用程序。采用授权码流认证方式的 OpenID Connect 安全协议消息流程如图 3.6 所示。

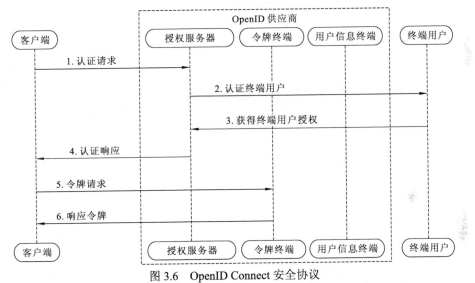

图 3.6　OpenID Connect 安全协议

OpenID Connect 安全协议包括三个角色：客户端、终端用户、OpenID 供应商。客户端通常需要请求访问受保护终端用户的资源的一个应用程序。终端用户是资源拥有者，能够通过授权操作允许客户端访问受服务器保护的资源。OpenID 供应商由授权服务器、令牌端点、用户信息终端三个部分组成：授权服务器能够认证终端用户，当其成功认证终端用户并获取终端用户的授权后，即向客户端发送授权码；令牌端点负责接收客户的令牌请求，并向客户端发送访问令牌及身份令牌；用户信息终端用来接收客户端的用户信息请求，验证客户端发送的访问令牌并做出响应。

1. 客户端向授权服务器发送认证请求

如果客户端需要访问受保护的终端用户的资源，就需要向 OpenID 供应商的授权服务器发送认证请求，认证请求中必须包含域值 scope、响应类型参数 response_type、客户端标识符 client_id、客户端重定向 URI redirect_uri 和状态参数 state。其中 scope 必须包含 openid 域值，也可以包含 profile、email、address 和 phone 这些数据项，分别表示请求终端用户的基本信息、邮件、地址和电话。在发送认证请求时，这些参数作为 OpenID 供应商的重定向 URI 的数据请求参数，Web 浏览器通过 HTTP 机制重定向到 OpenID 供应商的授权服务器。

OpenID 供应商收到客户端的认证请求之后，授权服务器通过核查请求中是否包含必备参数，并且这些参数的用法是否符合协议规范来验证该请求是否有效。如果请求有效，则授权服务器根据请求中使用的参数值来做出响应，否则，授权服务器必须返回一个错误响应。

2. 授权服务器认证终端用户并获得授权

当客户端发送的认证请求有效时，授权服务器需要根据请求中使用的参数值来认证终端用户，或者确定终端用户是否已经获得认证。如果终端用户没有被认证过，授权服务器必须认证终端用户；如果终端用户已经获得认证，授权服务器必须在响应客户端的认证请求之前，获得终端用户的授权。

当授权服务器需要认证终端用户并获得授权时，就向终端用户发送请求认证消息（Authentication_message），请求认证资源拥有者的身份。终端用户收到认证请求消息 Authentication_message 后，若同意授权，则向授权服务器发送自己的用户名和密码。授权服务器收到该用户名和密码后，与其存储的用户名和密码进行验证，如果验证成功，则表明授权服务器已成功认证终端用户并获得终端用户的授权。

3. 授权服务器响应认证请求

当授权服务器获得终端用户的授权之后，生成授权码（authorication code），并将其与认证请求中的客户端标识符和重定向 URI 进行绑定，然后将产生的授权码和认证请求中的参数 state 作为请求参数添加到客户端的重定向 URI 中，Web 浏览器通过 HTTP 机制重定向到客户端，从而将产生的授权码发送到客户端。

如果终端用户认证失败或者终端用户不同意授权，授权服务器需要通过认证请求中的重定向 URI 向客户端返回错误提示信息。

4. 客户端发送令牌请求

当客户端获得授权服务器发送的授权码之后，需要向 OpenID 供应商发送令牌请求，将授权许可类型 grant_type（在授权码流中，它的值为"authorization_code"）、授权服务器发送的授权码 code、客户端标识符 client_id 和密码

client_secret、客户端重定向 URI redirect_uri 一起作为令牌请求参数，添加到
OpenID 供应商的 URI 中，发送给 OpenID 供应商，从而获得已经授权的终端用户
的身份令牌和访问令牌。只有获得了访问令牌，客户端才能够访问终端用户的资
源。在 OpenID 供应商的令牌端点响应令牌请求之前，需要验证客户端的身份，
从而确认该客户端得到了授权服务器的授权，因此，令牌请求中需要添加客户端
的身份信息。

5. 令牌端点响应令牌请求

OpenID 供应商的令牌端点接收到客户端的令牌请求之后，需要验证客户端的
身份凭证，确保客户端标识符和密码正确且存在绑定关系；验证授权码是否有效，
并且，授权码是否发送给了得到授权的客户端，即授权码与客户端标识符和客户
端重定向 URI 是否存在绑定关系；验证令牌请求中的客户端地址 redirect_uri 参数
值与认证请求中的客户端地址 redirect_uri 的值是否相同；验证授权码是用来响应
OpenID Connect 认证请求而发布的，从而决定令牌端点响应令牌请求时是否需要
发送身份令牌。当确认客户端发送的令牌请求有效且该客户端得到了终端用户的
授权，OpenID 供应商的令牌端点对客户端返回令牌请求响应，即向客户端发送身
份令牌 id_Token、访问令牌 access_Token、令牌类型参数 Token_type（值为
"Bearer"）、访问令牌的有效期限 espires_in 及域值 scope。身份令牌即 ID Token，
用来将用户的认证信息从授权服务器发送到客户端。访问令牌即 Access Token，
客户端可以通过向 OpenID 供应商的用户信息终端发送访问令牌，来访问得到授
权的终端用户的资源。

3.4.2 应用 Applied PI 演算对 OpenID Connect 安全协议

形式化建模

1. 函数和等式理论

本节介绍使用 Applied PI 演算来模拟 OpenID Connect 协议用到的函数和等
式理论。图 3.7 描述了 OpenID Connect 协议中的函数和等式理论。

使用 fun sign(x,PR) 用私钥 PR 和验证算法 versign(x, PU) 对消息 X 签名，以便
用公钥 PU 验证数字签名 x，并用公钥 PU 来验证数字签名 X 中的恢复
fun decsign(x, PU) fun PR(b) 函数接受私有值 b 作为输入并生成私钥作为输出。
fun PU(b) 该函数接受公钥值 b 作为输入并生成公钥作为输出。

2. 进程

OpenID Connect 的完整进程包含四个进程: 主进程、End_User 进程、OpenID Provider 进程和 Relay Part 进程。

OpenID 主进程由 End_User 进程、OpenID Provider 进程和 Relay Part 进程组成, 如图 3.8 所示。

```
fun sign(x,PR).
fun PR(b).
fun PU(b).
fun versign(x,PU).
fun decsign(x,PU).
equation versign(sign(x,PR),PU)=x.
equation decsign(sign(x,PR),PU)=x
```

图 3.7   函数与等式理论

```
OpenID=
!processOP|!processRP|!processEU
```

图 3.8   主进程

End_User 进程如图 3.9 所示。首先, 它通过来自 in(c,m2) 声明的语句 Process OP 的自由通道 c 接收 message2, 然后检查参数 ask_authentication 是否与 message2 相同, 并生成自己的用户名 username , userpassword 用户密码 userpassword 和 secretX 。最后, 它生成包含 username and userpassword 的 authorization 消息并通过自由通道 c 发送给 OpenID Provider 进程进行处理。

```
processEU=              (*****Process E_U********)
in(c,m2);              (*******E_U recieves message2 from OP******)
if ask_authentication=m2 then
let secretX=userpassword in
let authorization = (username,userpassword) in
out(c,authorization).      (****E_U sends message3 to OP****)
```

图 3.9   end_User 进程

OpenID Provider 进程如图 3.10 所示。首先, 从 Relay Part 进程接收 mesasge1 并从消息 m1 中提取参数 client_id_op,response_type_op,scope_op,redirect_uri_op, state_op , 之后如果 response_type_op 等于 code_id_token 且 scope_op 等于 code , 创建包含 ask_authentication 的消息 authenticationE_U , 并通过自由通道 c 发送到 End_User 进程, 从 End_User 进程接收到 message3 , 并从 m3 消息得到精确的 username_op and userpassword_op , 如果 username_op 和 userpassword_op 与存储在 OP 中的 username 和 userpassword 匹配, 它将创建参数 code_op 和 id_token_op , 并用私钥 keyop2 签名, 然后发送包含参数 code_op,id_token_op, signedM4 的生成的消息 authorizationResp , 再通过自由通道 c 将此消息发送给 Relay Part 进程, 从 RP

接 收　message5 ，并从　message5　接 收 到 grant_type ，code_op ，redirect_uri_op ，
client_secret_op 和 client_id_op ，并检查 grant_type 和 code_op 的值是授权码，然后
创建参数 access_token_op ，id_token_op ，token_type_op ，expires_in_op ，并使
用带有 OP 的私钥 keyop1 的数字签名进行签名，它生成包含参数 access_token_op ，
id_token_op ，token_type_op ，expires_in_op 和 signedMessage 的 消 息 token_
response ，并通过自由通道 c 将此消息发送给 Relay Prat。

```
processOP=                    (*****Process OP**********)
in (c,m1);           (*****OP recieves message1 from RP******)
let (client_id_op,response_type_op,scope_op,redirect_uri_op,state_op)=m1 in
if scope_op=scope then
if response_type_op=code_id_token then
new ask_authentication;
let authenticationE_U=ask_authentication in
out(c,authenticationE_U);         (*******OP sends message2 to End_User*******)

in(c,m3);           (********OP recieves message3 from End_User*******)
let (username_op,userpassword_op)=m3 in
if username_op=username then
if userpassword_op=userpassword then
new code_op;new id_token_op;
let signedM4=sign((code_op,id_token_op),PR(keyop2)) in
let authorizationResp=(code_op,id_token_op,signedM4) in
out(c,authorizationResp);   (*******OP sneds message4 to RP*******)

in(c,m5);           (*******OP recieves message5 from RP*******)
let(grant_type_op,code_op,redirect_uri_op,client_secret_op,client_id_op)=m5 in
if grant_type_op=code then
if code_op=code then
new access_token_op;new id_token_op;new token_type_op;new expires_in_op;
let signedMessage=sign((access_token_op,id_token_op,token_type_op,expires_in_op),PR(keyop1)) in
let token_response=(access_token_op,id_token_op,token_type_op,expires_in_op,signedMessage)in
out(c,token_response).      (**OP sends m6 which was signed to RP**)
```

图 3.10　OpenID Provider 进程

Relay part 进程如图 3.11 所示。首先生成包含 client_id ，response_type ，scope ，
redirect_uri 和 state 的消息 authenticationRe ，然后将此消息发送给 OpenID Provider
进程，通过自由通道 c 接收来自 OP message3 m4 ，从 m4 得到精确的 code_rp ，
id_token_rp 和 signedM4 ，再通过 OpenID Provider 的 keyop2 公钥的数字签名验证
已签名的消息 signedM4 ，然后生成包含声明参数 grant_type_rp ，code_rp ，
redirect_uri_rp ，client_id ，client_secret 的消息 tokenrequest ，并通过自由通道 c 将
此消息发送给 OpenID Provider ，最后，Relay part 进程接收来自 OpenID Provider
发送的消息 m6 ，从 m6 中得到精确的 access_token_rp ，id_token_rp ，token_type_rp ，

expiress_in_rp 和 signedMessage1 。最后通过 OP 的 keyop1 公钥验证已签名的消息 signedMessage1 ，如果验证成功，创建一个 finished 参数并通过自由通道发送，然后协议结束。

```
let processRP=                    (********Process RP **********)
new client_id;new response_type;new scope;new redirect_uri;new state;
let authenticationRe=(client_id,response_type,scope,redirect_uri,state) in
out(c,authenticationRe);   (**RP sends message1 to OP**)

in(c,m4);              (******RP recieve message4 from OP******)
let (code_rp,id_token_rp,signedM4)=m4 in
if versign((signedM4),PU(keyop2))=(code_rp,id_token_rp) then

new grant_type_rp;new code_rp;new redirect_uri_rp;
new client_secret_rp;new client_id_rp;
let tokenrequest=(grant_type_rp,code_rp,redirect_uri_rp,client_secret_rp,client_id_rp) in
out(c,tokenrequest);    (**RP sends m5 to OP**)

in(c,m6);
let (access_token_rp,id_token_rp,token_type_rp,expires_in_rp,signedMessage1)=m6 in
if versign(signedMessage1,PU(keyop1))=(access_token_rp,id_token_rp,token_type_rp,expires_in_rp) then
new finished;
out(c,finished).   (*************Finished*************)
```

图 3.11   Relay Part 进程

3.4.3   利用 Proverif 验证 OpenID Connect 安全协议秘密性和认证性

使用 ProVerif 中的 query attacker:secretX. 语句来验证以前在 OP 中注册的用户名（userpassword）的秘密性。ProVerif 使用非单射协议来建模认证性，如表 3.1 所示，用 query ev:e1==>ev:e2 来建模认证性。在事件 e1 发生之前已执行事件 e2 并且事件 e1 已经被执行时为真。

表 3.1   认证性

非单射一致性	认证性
ev:endauthusera_s(x)==>ev:beginaauthusera_s(x)	授权服务器认证终端用户
ev:endautha_suser(x)==>ev:beginaautha_suser(x)	终端用户认证授权服务器
ev:endauthRPE_p(x)==>ev:beginaauthRpE_p(x)	令牌端点认证依赖方
ev:endauthE_pRP(x)==>ev:beginaauthE_pRP(x)	依赖方认证令牌端点

输入格式可以选择由 Horn 子句或者 Applied PI 演算。这里使用 Applied PI 演算作为输入。Applied PI 演算的模型必须转化为 ProVerif 的语法和 ProVerif 在 PI 演算中的输入。图 3.12～图 3.15 是 OpenID Connect 协议的 ProVerif 输入。

```
query attacker:secretX.

query ev:endauthusera_s(x)==>ev:beginauthusera_s(x).
(**authorization server authenticates End_User**)
query ev:endautha_suser(x)==>ev:beginautha_suser(x).
(**End_User authenticates authorization server**)
query ev:endauthRPE_p(x)==>ev:beginauthRpE_p(x).
(**Token Endpoint authenticates RP**)
query ev:endauthE_pRP(x)==>ev:beginaauthE_pRP(x).
 (**RP authenticates Token Endpoint**)
```

图 3.12　在 ProVerif 中查询保密和身份验证

```
.......
if ask_authentication=m2 then
event endautha_suser(m2);
let secretX=userpassword in
let authorization = (username,userpassword) in
event beginauthusera_s(authorization);
out(c,authorization).
```

图 3.13　ProVerif 中的 End_User 进程

```
......
event endauthE_pRP(signedM4);
    ......
let tokenrequest=(grant_type_rp,code_rp,redirect_uri_rp,client_secret_rp,client_id_rp) in
event beginauthRpE_p(tokenrequest);
out(c,tokenrequest);
    ......
```

图 3.14　ProVerif 中的 Relay Part 进程

```
......
let authenticationE_U=ask_authentication in
event beginautha_suser(authenticationE_U);
out(c,authenticationE_U);
    ......
if userpassword_op=userpassword then event endauthusera_s(m3);
    ......
let authorizationResp=(code_op,id_token_op,signedM) in
event beginaauthE_pRP(signedM);
out(c,authorizationResp);
    ......
event endauthRPE_p(m5);
    ......
if ask_authentication=m2 then event endautha_suser(m2);
let secretX=userpassword in
let authorization = (username,userpassword) in
event beginauthusera_s(authorization);
out(c,authorization).
```

图 3.15　ProVerif 中的 OpenID Provider 进程

3.4.4 分析结果

使用 ProVerif 运行 OpenID Connect 的输入，结果如图 3.16～图 3.20 所示。如图 3.16 所示，通过 query attacker:secretX 执行结果可以发现，由于 secretX 是以明文方式发送的，secretX 结果没有保密性，攻击者很容易监视自由通道 c 得到 secretX，所以 secretX 没有保密。为了解决这个问题，我们可以使用一些安全机制，如数字签名。

图 3.16　秘密性结果

图 3.17 显示了 query ev:endautha_suser(x)==>ev:beginaautha_suser(x) 结果，表明 End_User 无法验证授权服务器。因为它是授权服务器发送 ask_authentication 参数采用的明文，故可以被攻击者获得，所以可以使用加密或数字签名来解决问题。

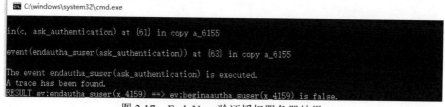

图 3.17　End_User 验证授权服务器结果

图 3.18 表明了 query ev:endauthusera_s(x)==>ev:beginaauthusera_s(x) 结果，可以发现授权服务器不能验证终端用户，因为当终端用户发送 username 和 userpassword 给授权服务器时，没有使用安全措施，可以使用加密或者数字签名来提高安全性。

图 3.19 显示了 query ev:endauthRPE_p(x)==>ev:beginaauthRpE_p(x) 结果，可以发现结果是 false 的，表明令牌端点无法验证图 3.19 中的依赖方，因为当依赖方发送消息 tokenrequest 给 OP 时没有采用任何安全方法，可以使用数字签名来增强安全性。

```
in(c, (username, userpassword)) at {14} in copy a_7602

event(endauthusera_s((username, userpassword))) at {18} in copy a_7602

The event endauthusera_s((username, userpassword)) is executed.
A trace has been found.
RESULT ev:endauthusera_s(x_6168) ==> ev:beginaauthusera_s(x_6168) is false.
```

图 3.18　授权服务器验证 End_User 结果

```
in(c, (a_4009, a_4010, a_4011, a_4012, a_4013)) at {25} in copy a_4017

event(endauthRPE_p((a_4009, a_4010, a_4011, a_4012, a_4013))) at {27} in copy a_4017

The event endauthRPE_p((a_4009, a_4010, a_4011, a_4012, a_4013)) is executed.
A trace has been found.
RESULT ev:endauthRPE_p(x_2221) ==> ev:beginaauthRpE_p(x_2221) is false.
```

图 3.19　令牌端点验证 Relay Part 结果

图 3.20 显示了 query ev:endauthE_pRP(x)==>ev:beginaauthE_pRP(x) 结果，可以发现结果为 true，表明依赖方可以认证令牌端点，因为它采用了数字签名安全机制。

```
-- Query ev:endauthE_pRP(x_69) ==> ev:beginaauthE_pRP(x_69)
Completing...
Starting query ev:endauthE_pRP(x_69) ==> ev:beginaauthE_pRP(x_69)
goal reachable: begin:beginaauthE_pRP(sign((code_op_19[m3_16 = (username[],userpassword[]),m1_8 = (client_id_op_2216,
code_id_token[],scope[],redirect_uri_op_2217,state_op_2218),!1 = @sid_2219],id_token_op_20[m3_16 = (username[], userpa
ssword[]),m1_8 = (client_id_op_2216,code_id_token[],scope[],redirect_uri_op_2217,state_op_2218),!1 = @sid_2219]),PR(k
eyop2_7[]))) & attacker:client_id_op_2216 & attacker:redirect_uri_op_2217 & attacker:state_op_2218 -> end:endauthE_pR
P(sign((code_op_19[m3_16 = (username[],userpassword[]),m1_8 = (client_id_op_2216,code_id_token[],scope[],redirect_uri
_op_2217,state_op_2218],!1 = @sid_2219],id_token_op_20[m3_16 = (username[],userpassword[]),m1_8 = (client_id_op_2216,
code_id_token[],scope[],redirect_uri_op_2217,state_op_2218],!1 = @sid_2219]),PR(keyop2_7[])))
RESULT ev:endauthE_pRP(x_69) ==> ev:beginaauthE_pRP(x_69) is true.
```

图 3.20　Relay Part 验证了令牌端点的结果

3.5　自动化分析 PPMUAS 身份认证协议安全性

3.5.1　PPMUAS 身份认证协议

随着大数据及其应用的快速发展，通过大数据挖掘和分析可以发现许多敏感信息，如用户隐私信息、医疗保健信息等，因此大数据安全和隐私也变得尤为重要，并受到了人们的关注，特别是对用户隐私的身份认证协议的保护已成为一个重要的研究领域[11]。PPMUAS[15] 是 2016 年由 Chandra 等基于面向云环境，利用大数据特征，提出的一个隐私保护的多因素移动用户身份认证协议。它是第一个实现了用户身份认证和用户隐私保护的认证协议，该协议具有认证性和隐私性，PPMUAS 消息流程如图 3.21 所示。

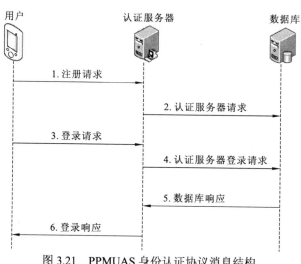

图 3.21　PPMUAS 身份认证协议消息结构

1. 用户注册请求

用户注册时向认证服务器发送一条注册请求消息 1（Registration request）。该消息包含用户身份码 Idi、用户代号 i、用户配置文件 Cupi 和 Rpwi。Rpwi 由哈希函数 Hash 对用户口令 Pwi、随机数 bi 进行散列生成；Cupi 由模糊哈希函数 FuzzyHash 和同态加密函数 FH_Enc 生成。模糊哈希函数 FuzzyHash 对 Pwi、U_OlInfo 和 U_BrInfo 进行散列，同态加密函数 FH_Enc 对 U_KeySD、U_AMM 和 U_GM 进行加密，最后把消息 1 发送给认证服务器。其中，U_OlInfo 是用户在线信息，U_BrInfo 是用户浏览器信息，U_KeySD 是用户击键动力学信息，U_AMM 是加速度计测量信息，U_GM 是陀螺仪测量信息。

2. 认证服务器注册请求

认证服务器接收到注册请求消息 1 后，通过哈希函数 Hash 对 Idi、Rpwi 和 i 进行散列得到 Vi 并存储到认证服务器中；同时产生消息 2（Authentication server request）。该消息包含 α、Rpupi 和 i。其中，α 由随机数 ri 和用户特定秘钥 kn 通过公钥 k1 加密得到，Rpupi 通过以下方法得到：首先通过置换函数 Permute(P)重新排列用户加密文件 Cupi 得到 Pupi，再将 Pupi 与 ri 进行异或运算(XOR)，最后生成消息 2 发送给数据库。数据库用 k1 解密得到 ri 和 kn。Pupi 由 Rpupi 和 ri 通过 XOR 计算得到，最后将 ri、kn 和 Pupi 保存到数据库，用户的注册完成。

3. 用户登录请求

用户登录时，输入身份 IDi，口令 Pwi，计算生成 Cpui'，然后产生消息 3（Login request）。该消息包含 IDi、Rpwi、Cupi'和 i，最后把消息 3 发送给认证服务器。

4. 认证服务器登录请求

认证服务器收到消息 3（Login request）后，首先通过哈希函数散列计算得到 Vi'，并与认证服务器中的 Vi 进行对比，若 Vi 与 Vi'相同，则生成消息 4（Authentication server login request）。该消息包含 α'、Rpupi'和 i，其中 α'由随机数 ri'和用户 Ui 的秘钥 knn 通过数据库的公钥 kn 加密生成；Rpupi'通过以下方法得到：首先通过 permute 函数对用户加密文件 Cupi'进行处理得到 Pupi'，再将 Pupi'与随机数 ri'进行 XOR 计算生成 Rpupi'，最后把消息 4（Authentication server login request）发送给数据库。

5. 数据库响应

数据库在收到认证服务器登录请求消息 4（Authentication server login request）后，首先用私钥解密得到 ri'和 knn。然后用 Rpupi'和 ri'通过 XOR 计算得到 Pupi'，接着通过对比 Pupi'与 Pupi，若误差在 Δt 内则表示是合法用户，产生消息 5（Database response）返回给认证服务器。若超出阈值则拒绝认证服务器接入。该消息包含参数 yes 或 no。

6. 登录响应

认证服务器在收到消息 6（Login response），检查消息参数，若是 yes 则允许用户接入服务，若是 no 则拒绝用户接入服务。

3.5.2　应用 Applied PI 演算对 PPMUAS 身份认证协议形式化建模

1. 函数和等式理论

这部分介绍使用 Applied PI 演算来模拟 PPMUAS 身份认证协议用到的函数

和等式理论，图 3.22 描述了 PPMUAS 身份认证协议中的函数和等式理论。

2. 进程

完整的 PPMUAS 协议进程主要包含 User 进程、As 进程和 DB 进程。它们共同构成了主进程，如图 3.23 所示。

```
fun FuzzyHash/1
fun Hash/2
fun FH_Enc/1
fun Hashone/3
fun P/1
fun XOR/2
fun adec/2
fun aenc/2
fun Pu/1
fun HW/2
equation adec(aenc(x,Pu(y)),Pu(y))=x
equation HW(x,y)=(x,y)
equation XOR(XOR(x,y),y)=x
```

图 3.22 函数和等式理论

```
process
out(c1,k1)
out(c1,Pwi)
out(c1,bi)
(!processUser|!processAs|!processDB)
```

图 3.23 主进程

使用 Applied PI 演算建模的用户进程如图 3.24 和图 3.25 所示。

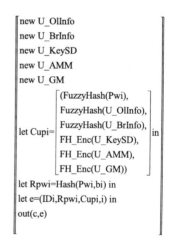

```
new U_OlInfo
new U_BrInfo
new U_KeySD
new U_AMM
new U_GM
         (FuzzyHash(Pwi),
          FuzzyHash(U_OlInfo),
let Cupi= FuzzyHash(U_BrInfo),  in
          FH_Enc(U_KeySD),
          FH_Enc(U_AMM),
          FH_Enc(U_GM))
let Rpwi=Hash(Pwi,bi) in
let e=(IDi,Rpwi,Cupi,i) in
out(c,e)
```

图 3.24 用户进程(A)

```
new U_OlInfo
new U_BrInfo
new U_KeySD
new U_AMM
new U_GM
         (FuzzyHash(Pwi),
          FuzzyHash(U_OlInfo),
let Cupi= FuzzyHash(U_BrInfo),  in
          FH_Enc(U_KeySD),
          FH_Enc(U_AMM),
          FH_Enc(U_GM))
let Rpwi=Hash(Pwi,bi) in
let e=(IDi,Rpwi,Cupi,i) in
out(c,e)
```

图 3.25 用户进程(B)

注册阶段：用户进程使用 new 语句生成用户的个人隐私信息。然后使用模糊哈希和同态加密分别对参数进行计算，通过 let in 语句将生成的用户个人隐私文件赋值给 Cupi，同时将用户输入口令 Pwi 与随机数 bi 进行哈希列，散列值用 let in 语句赋值给 Rpwi，最后通过公开信道 c 把注册消息 e 发送给认证服务器进程。

登录阶段：用户再次执行与注册阶段相同的工作，将登录消息 e′发送给认证服务器进程。若登录成功则会通过信道 c 接收到认证服务器返回的登录响应。

认证进程如图 3.26 和图 3.27 所示。

```
let processAs=
in(c,m1)
new ri
new kn
let (IDi,Rpwi,Cupi,i)=m1 in
let Vi=Hashone(IDi,Rpwi,i) in
let Pupi=P(Cupi) in
let Rpupi=XOR(Pupi,ri) in
let a=aenc((ri,kn),Pu(k1)) in
let DB=(a,Rpupi,i) in
out(c,DB)
```

图 3.26　认证进程（A）

```
in(c,m3)
new yeah
let (IDi,Rpwi,Cupi',i)=m3 in
let Vi'=Hashone(IDi,Rpwi,i) in
if Vi'=Vi then
new ri'
new knn
let Pupi'=P(Cupi') in
let Rpupi'=XOR(Pupi',ri') in
let a'=aenc((ri',knn),Pu(kn)) in
let DB'=(a',Rpupi',i) in
out(c,DB')
in(c,yes)
out(c,ticket)
```

图 3.27　认证进程（B）

注册阶段：通过公开信道 c 收到消息 m1，通过对 Rpwi、用户 Idi 和用户代号 i 进行哈希运算得到散列值 Vi 并存储在认证服务器本地，同时用户个人隐私文件 Cpui 通过 P 运算得到 Pupi，Pupi 与随机数 ri 进行异或运算得到 Rpupi，最后 ri、kn 与 Pu(k1)做对称加密得到 α，通过公开信道 c 将 α、Rpupi 和 i 一起发送给数据库。

登录阶段：首先通过接收到的登录消息 m3 计算出散列值 Vi′，与注册阶段存储的 Vi 进行比较。若相同则通过 new 语言生成随机数 ri′和秘钥 knn，个人隐私文件 Cpui′通过 P 运算得到 Pupi′，Pupi′与 ri′进行异或运算得到 Rpupi′，最后 ri′、knn 与 Pu(kn)做对称加密得到 α′，通过公开信道 c 将 α′、Rpupi′和 i 一起发送给数据库。

数据库进程如图 3.28 和图 3.29 所示。

```
let processDB=
in(c,m2)
let (a_d,Rpupi_d,i_d)=m2 in
let (ri_d,kn_d)=adec(a_d,Pu(k1)) in
let Pupi_d=XOR(Rpupi_d,ri_d) in
```

图 3.28　数据库进程（A）

```
in(c,m4)
let (a'_d,Rpupi'_d,i_d)=m4 in
let (ri'_d,knn_d)=adec(a'_d,Pu(kn_d)) in
let Pupi'_d=XOR(Rpupi'_d,ri'_d) in
if HW(Pupi'_d,Pupi_d)=(Pupi'_d,Pupi_d) then
new yes
out(c,yes)
```

图 3.29　数据库进程（B）

注册阶段：通过公开信道 c 收到消息 m2，通过对称解密 adec(a_d,Pu(k1))得到 ri 和 kn，然后异或运算得到 Pupi，致此用户完成在数据库的注册。

登录阶段：与注册阶段相同，首先通过对称解密 adec(a′_d,Pu(kn_d))得到 ri′

和 knn，然后通过异或运算得到 Pupi′，再通过 HW 函数比较 Pupi 与 Pupi′，若两值相等，则说明用户的隐私文件匹配，与注册用户一致，最后通过公开信道 c 返回给认证服务器 yes。

3.5.3　利用 Proverif 验证 PPUMAS 身份认证协议秘密性和认证性

ProVerif 应用非单射一致性来建模认证性，因此应用 ev: event one==>ev:event two 来建模认证性。如果事件 ev: event one 被执行，那么事件 ev:event two 必定被执行。PPUMAS 身份认证协议认证性建模如表 3.2 所示，应用 Proverif 中 query attacker:Pwi 验证用户口令 Pwi 的秘密性。

表 3.2　认证性

非单射一致性	认证性
ev:endauthAs_User(x) ==>ev:beginaauthAs_User(x)	认证服务器、认证用户
ev:endauthUser_As(x) ==>ev:beginaauthUser_As(x)	用户认证、认证服务器
ev:endauthDB_As(x) ==>ev:beginaauthDB_As(x)	数据库认证验证服务器
ev:endauthAs_DB(x) ==>ev:beginaauthAs_DB(x)	认证服务器验证数据库

ProVerif 的输入有 Horn 子句和 Applied PI 演算两种方式，这里选择 Applied PI 演算作为输入，Applied PI 演算输入必须转化为 ProVerif 的语法才能输入 ProVerif 工具运行，图 3.30 所示为转化后的 ProVerif 输入及添加验证认证性的事件查询。

3.5.4　分析结果

应用 ProVerif 运行 PPMUAS 协议的 ProVerif 格式的输入，结果如图 3.31～图 3.33 所示。query attacker：Pwi 运行结果如图 3.31 所示，其结果是 true，证明用户口令 pwi 具有秘密性。因为用户用对口令 pwi 进行哈希散列，得到的是口令摘要值，将摘要值发送给认证服务器攻击者无法获得口令。

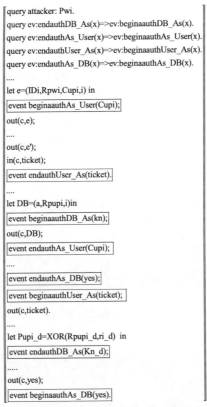

```
query attacker: Pwi.
query ev:endauthDB_As(x)=>ev:beginaauthDB_As(x).
query ev:endauthAs_User(x)=>ev:beginaauthAs_User(x).
query ev:endauthUser_As(x)=>ev:beginaauthUser_As(x).
query ev:endauthAs_DB(x)=>ev:beginaauthAs_DB(x).
....
let e=(IDi,Rpwi,Cupi,i) in
event beginaauthAs_User(Cupi);
out(c,e);
....
out(c,e');
in(c,ticket);
event endauthUser_As(ticket).
....
let DB=(a,Rpupi,i)in
event beginaauthDB_As(kn);
out(c,DB);
event endauthAs_User(Cupi);
....
event endauthAs_DB(yes);
event beginaauthUser_As(ticket);
out(c,ticket).
....
let Pupi_d=XOR(Rpupi_d,ri_d) in
event endauthDB_As(Kn_d);
.....
out(c,yes);
event beginaauthAs_DB(yes).
```

图 3.30 PPMUAS 协议 ProVerif 输入

图 3.31　　Pwi 秘密性

　　图 3.32 中(a)和(b)分别是数据库对认证服务器认证性和对数据库认证性的建模分析结果，其中对认证服务器的认证结果为"true"，表明数据库对认证服务器的认证性得到了验证。因为认证服务器发送消息 4（Authentication server login request）给数据库，消息 4（Authentication server login request）中包含 α′、Rpupi′和 i，其中 Rpupi′由认证服务器生成。数据库在收到消息 4（Authentication server login request）后，首先用私钥解密得到 ri′和 Rpupi′，然后用 Rpupi′和 ri′生成 Pupi′，

再与数据库中的 Pupi 进行比较，如果相同，则表明消息 4（Authentication server login request）由认证服务器产生。因此，数据库可以认证服务器。

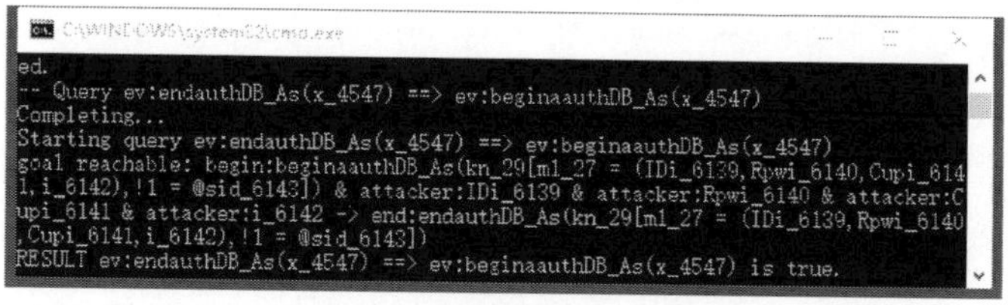

（a）数据库对认证服务器的认证结果

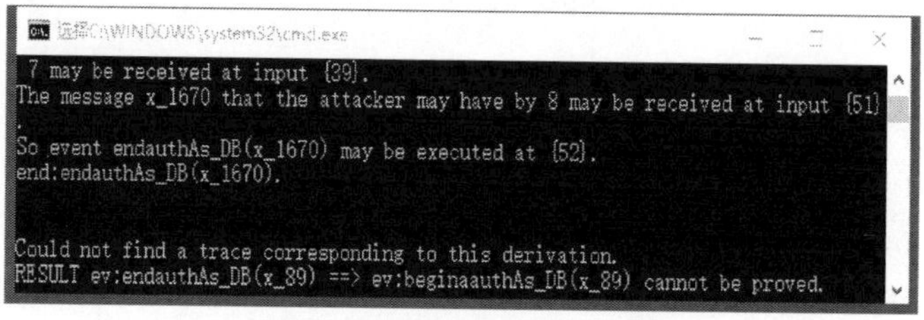

（b）认证服务器对数据库的认证结果

图 3.32　认证服务器与数据库相互认证结果

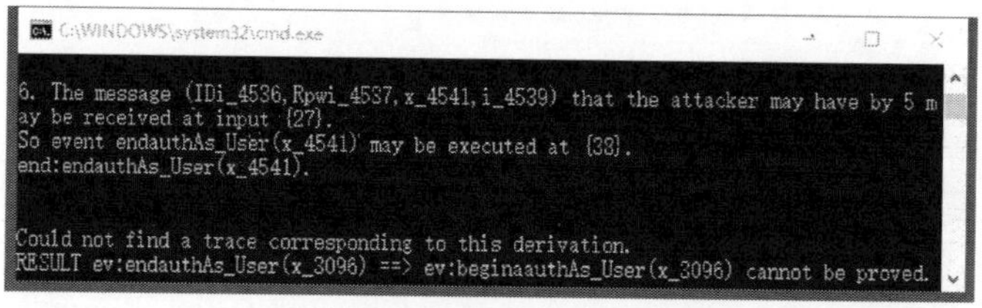

（a）认证服务器对用户的认证结果

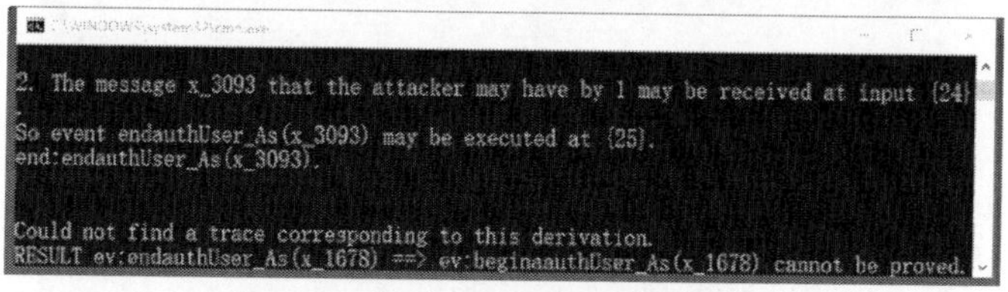

（b）用户对认证服务器的认证结果

图 3.33　认证服务器与用户相互认证结果

认证服务器对数据库的认证结果是"Cannot be proved"，表明认证服务器不能实现对数据库的认证，因为数据库返回给认证服务器的消息 Database response 只有一个参数 yes/no，并且消息没采取安全机制，故攻击者通过监控公开信道可以直接发起冒充攻击。因此，认证服务器不能认证数据库服务器。

图 3.33 中（a）和（b）分别是认证服务器对用户认证性和用户对认证服务器认证性的建模分析结果，两者的结果均为"Cannot be proved"，说明认证服务器

和用户之间不能相互认证。因为用户对发送给认证服务器的消息 3（Login request）未做任何安全处理，攻击者可以监控公开信道，得到消息 3（Login request）的内容，进而发起冒充攻击，所以，不能实现认证服务器认证用户；并且认证服务器发送给用户的消息 6（Login response）中只包含一个参数 ticket/reject，并且消息未做任何安全处理，攻击者通过监控公开信道得到消息，进而发起冒充攻击，因此不能实现用户认证服务器。

3.6　自动化分析改进的 OpenID Connect 安全协议认证性

3.6.1　改进的 OpenID Connect 安全协议

改进的 OpenID Connect 安全协议[12]同样定义了三个角色，分别是终端用户（end user，EU）、OpenID 服务提供方（OpenID provider，OP）及 OpenID 依赖方（relay part，RP），其中 OpenID 服务提供方又包含令牌端点（Token endpoint，TE）、授权服务器（Authentication server,AS）及用户信息端点，令牌端点主要负责生成和发送 Token，授权服务器主要负责对认证请求做出响应并授权，用户信息端点主要存储用户在 OpenID 提供方注册时留下的个人相关信息，在通常应用场景中，RP 是客户端，EU 是用户个人，OP 是 OpenID 服务提供者。改进的 OpenID Connect 协议的消息结构如图 3.34 所示。

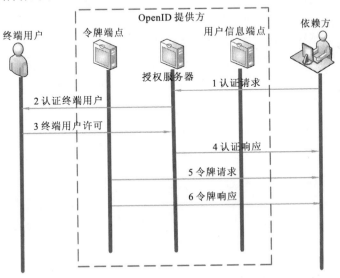

图 3.34　改进的 OpenID Connect 协议消息结构

1. RP 认证请求

为访问 EU 存储在 OP 上受保护的资源，RP 向 OP 发送一个身份认证请求消息 1（Authentication resquest），该消息包含五个主要参数：客户端 id（client_id）；授权方式的响应类型（response_type）；访问域值（scope）；重定向地址（redirect_uri）及请求；反馈之间的状态值（state），当协议使用混合流的方式进行身份认证时，response_type 的值是 code_id_Token。RP 对这些参数进行数字签名后通过消息 1（Authentication resquest）发送给授权服务器。

2. 认证 EU 请求

当授权服务器收到消息 1（Authentication resquest）后，首先验证该消息的数字签名，若验证成功，则根据 OAuth2.0 的参数确认规则来确认所有参数的完整性和用法是否合法。若参数合法，授权服务器就产生认证 EU 的请求消息 2（Authenticate end_user），该消息包含认证参数 ask_authentication，授权服务器对该参数签名后通过消息 2（Authenticate end_user）发送给 EU。若验签失败，则授权服务器返回一个验签失败消息给 RP。

3. OP 获得授权

当 EU 收到消息 2（Authenticate end_user）后，首先验证消息 2（Authenticate end_user）的数字签名，验签成功，则对其参数进行确认，若验签失败，则 EU 返回一个验签失败消息给授权服务器。如果 EU 同意授权给授权服务器，它会产生授权消息 3（End_user grant），该消息主要包含之前 EU 在 OP 端注册时的用户名（username）和用户口令（password）。首先 EU 对用户口令用 OP 的公钥 PU(keyopl)通过函数 aenc(x,PU)加密得到密文 encP，然后将密文 encP 和 username 经过数字签名后通过消息 3（End_usergrant）发送给授权服务器。在改进的 OpenID Connect 协议中，参数 password 由主进程通过隐私信道 c1 分别发送给 EU 和 OP。

4. 认证响应

当授权服务器收到消息 3（End_usergrant）后，首先验证消息 3（End_usergrant）的数字签名，验证成功后再根据得到的密文 encp1 用自己的私钥 PR(keyop1)通过函数 adec(x,PR) 解密密文 encp1，检查解密得到的口令明文是否与注册时的 password 一致，若一致，则说明 EU 用户同意授权，那么授权服务器产生包含授权码 code 及身份令牌 id_Token 的认证响应消息 4（Authentication response），授权服务器再通过数字签名对这两个参数进行签名后通过消息 3（End_usergrant）发送给 RP。若验签失败，则授权服务器返回验签失败消息给 EU。

5. 令牌请求

当 RP 收到消息 3（End_usergrant）后，首先验证这个消息的数字签名，检查授权码 code 是否正确且未使用过，若验证成功，则产生令牌请求消息 5（Token resquest），该消息主要包含参数 grant_type、客户 id（client_id）、重定向地址 redirect_uri、RP 与 OP 共享的密钥 client_secret，其中 grant_type 的值为 code，这表明 RP 需要用授权码 code 在令牌端点换取访问令牌 access_Token，client_id 与消息 1（Authentication resquest）的 clien_id 一致。最后 RP 将这些参数进行签名再通过消息 5（Token resquest）发送给令牌端点。若验签失败，RP 则返回一个验签失败消息给授权服务器。

6.令牌响应

当令牌端点收到消息 5（Token resquest）后，首先验证该消息的数字签名，检查授权类型 grant_type 和授权码 code 的值，验签成功后产生令牌响应消息 6（Token response），该消息主要包含参数 access_Token、令牌类型 Token_type、身份令牌 id_Token 及 access_Token 的生命周期 expiress_in，其中 id_Token 与消息 3（End_usergrant）中的 id_Token 保持一致，Token_type 值为 Bear。若验签失败，则令牌端点返回一个验签失败消息给 RP。然后令牌端点对这些参数进行数字签名后通过消息 5（Token request）发送给 RP。RP 收到令牌消息 5（Token request）后，首先验证该消息的数字签名，若验证结果为真，协议通信到此结束。否则 RP 返回一个验签失败消息给令牌端点。

3.6.2　应用 Applied PI 演算对改进的 OpenID Connect 安全协议形式化建模

应用 Applied 演算是用来形式化建模并发进程之间相互通信的形式化语言，它在 PI 演算的通信与并发结构的基础上，增加了函数和等式原语。消息不仅包含名还可以是通过函数和名构成的值。Applied PI 演算使用函数来表示通用的密码学原语，例如加密、解密、数字签名等，不需要为每一个密码操作都构造新的密码学原语，具有很好的通用性，所以可以建模和分析非常复杂的安全协议。

1. 函数与等式理论

使用 Applied PI 演算来建模改进的 OpenID Connect 协议，图 3.35 描述了改进的

OpenID Connect协议的函数及等式理论。

进程用私钥PR通过函数fun sign(x,PR)来签名消息X，用公钥PU通过函数fun versign(x,PU)来验证数字签名消息X。用公钥PU通过函数fun aenc(x,PU)来加密消息X，用私钥PR通过函数fun adec(x,PR)解密消息X。通过函数fun PR(b)接收私有值b作为输入并产生私钥作为输出，同理通过函数fun PU(b)接收共有值b作为输入并产生公钥作为输出。

2. 进程

完整的改进的OpenID Connect协议进程主要包含三个进程：OP进程、RP进程及EU进程。它们共同构成了主进程，如图3.36所示。

```
fun sign(x,PR).
fun aenc(x,PU).
fun adec(x,PR).
fun versign(x,PU).
fun PR(b).
fun PU(b).
(*Digital signature*)
equation versign(sign(x,PR(y)),PU(y))=x.
(*public key encryption*)
equation adec(aenc(x,PU(y)),PR(y))=x.
```

图3.35   函数与等式理论

```
OpenID=
!processOP|!processRP|!processEU
```

图3.36   主进程

EU进程的形式化建模如图3.37所示，首先EU通过隐私信道c1接收从主进程发来的password，再通过公开信道c接收OP进程发来的签名消息m2，然后用OP的公钥PU(Keyop1)通过函数fun versign(x,PU)来验证m2的数字签名，如果验证结果为真，则用OP的公钥PU(Keyop1)对password进行加密得到密文encP，最后对encP和用户名进行数字签名从而产生消息authorization并通过公开信道c发送该消息给OP。

```
processEU=              (*****Process E_U********)
in(c1,mp);      (*E_U recieves password from main process*)
in(c,m2);      (*******E_U recieves message2 from OP******)
let (ask_authenticatione,signaskm2)=m2 in
if versign(signaskm2,PU(keyop1))=(ask_authenticatione) then
let password=mp in
let encP=aenc((mp),PU(keyop1)) in
let signgM=sign((encP,username),PR(keyeu)) in
let authorization = (encP,username,signgM) in
out(c,authorization).    (****E_U sends message3 to OP****)
```

图3.37   EU进程

OP 进程的形式化建模如图 3.38 所示，OP 通过信道 c 接收 RP 发来的签名消息 m1，然后通过 RP 的公钥 PU(keyrp1) 用函数 fun versign(x,PU) 验证数字签名，若签名得到验证，则生成消息 authenticationE_U，其参数是经过数字签名的 ask_authentication。首先经过公开信道 c 把此消息发送给 EU，OP 分别通过隐私信道 c1 和公开信道 c 接收主进程发来的 password 和签名消息 m3，再用 EU 的公钥 PU(keyeu) 通过函数 fun versign(x,PU) 验证数字签名消息 signgM3，若验证结果为真，则 OP 通过自身的私钥 PR(keyop1) 用函数 fun adec(x,PR) 解密密文 encP1，若成功解密则产生授权码 code_op 及身份令牌 id_Token_op 并对这两个参数进行签名后得到授权响应消息 authorization Resp，再经由信道 c 发送该消息给 RP，最后 OP 接收 RP 发来的签名消息 m5，先用 RP 的私钥 PR(keyrp2) 通过函数 fun versign(x,PU)，若验签成功，则生成如下参数：访问令牌 access_Token_op、id_Token_op、Token

```
processOP=                    (*****Process OP**********)
in (c,m1);          (*****OP recieve message1 from RP******)
let (client_id_op,response_type_op,scope_op,redirect_uri_op,
    state_op,SignedARM1)=m1 in
if versign(SignedARM1,PU(keyrp1))=(client_id_op,response_type_op,
                        scope_op,redirect_uri_op,state_op) then
new ask_authentication;
let signask=sign((ask_authentication),PR(keyop1)) in
let authenticationE_U=(ask_authentication,signask) in
out(c,authenticationE_U);       (*******OP sends message2 to End_User*******)
in(c1,mp1);    (*OP recives the password from main process*)
in(c,m3);   (********OP recieve message3 from End_User*******)
let (encP1,username_op,signgM3)=m3 in
if versign(signgM3,PU(keyeu))=(encP1,username_op) then
let password=mp1 in
f adec(encP1,PR(keyop1))= (mp1) then
new code_op;new id_token_op;
let signedM=sign((code_op,id_token_op),PR(keyop1)) in
let authorizationResp=(code_op,id_token_op,signedM) in
out(c,authorizationResp);   (*******OP sneds message4 to RP*******)
in(c,m5);          (*******OP recieve message5 from RP*******)
let(grant_type_op,code_op,redirect_uri_op,client_secret_op,client_id_op,
                        signM5)=m5 in
if versign(signM5,PU(keyrp2))=(grant_type_op,code_op,redirect_uri_op,
                client_secret_op,client_id_op) then
new access_token_op;new id_token_op;new token_type_op;new expires_in_op;
let signedMessage=sign((access_token_op,id_token_op,token_type_op,
                expires_in_op),PR(keyop1)) in
let token_response=(access_token_op,id_token_op,token_type_op,expires_in_op,
                signedMessage)in
out(c,token_response).    (**OP sends m6 which was signed to RP**)
```

图 3.38　OP 进程

类型 Token_type_op 及 access_Token 生命周期 expiress_in_op，然后用 OP 的私钥 PR(keyop1) 对以上参数进行数字签名后得到令牌响应消息 token_response 并通过公开信道 c 将该消息发送给 RP。

RP 进程的形式化建模如图 3.39 所示，首先 RP 产生消息参数：客户端身份标识 client_id_rp、响应类型 response_type_rp、访问域值 scope_rp、重定向地址 redirect_uri_rp 及认证状态 state_rp，对这些参数签名后验证请求消息 authenticationRe 并通过公开信道 c 发送该消息给 OP。RP 接收 OP 进程发来的签名消息 m3，再用 OP 的公钥 PU(keyop1) 通过函数 fun versign(x,PU) 对 m3 进行签名确认，若确认结果为真，则产生参数：授权类型 grant_type_rp，授权码 code_rp、重定向地址 redirect_uri、RP 与 OP 共享密码 client_secret_rp 及客户端身份标识 client_id_rp，RP 对以上参数用 RP 的私钥进行 PR(keyrp2) 签名后得到令牌请求消息 Tokenrequest 并通过公开信道 c 发送该消息给 OP，最后 RP 接收 OP 发来的签名后消息 m6 并用 OP 的公钥 PU(keyop1) 通过函数 fun versign(x,PU) 确认其数字签名，若签名得到确认，则 RP 通过信道 c 输出 Finished，至此协议通信结束。

```
processRP=                    (*****Process RP **********)
new client_id_rp;new response_type_rp;new scope_rp;
new redirect_uri_rp;new state_rp;
let SignedMAR=sign((client_id_rp,response_type_rp,scope_rp,
                redirect_uri_rp,state_rp),PR(keyrp1)) in
let authenticationRe=(client_id_rp,response_type_rp,scope_rp,
redirect_uri_rp,state_rp,SignedMAR) in
out(c,authenticationRe);   (**RP sends message1 to OP**)
in(c,m4);           (***RP recieve message4 from OP***)
let (code_rp,id_token_rp,signedM4)=m4 in
if versign(signedM4,PU(keyop1))=(code_rp,id_token_rp) then
new grant_type_rp;new code_rp;new redirect_uri_rp;
new client_secret_rp;new client_id_rp;
let signM4=sign((grant_type_rp,code_rp,redirect_uri_rp,
            client_secret_rp,client_id_rp), PR(keyrp2)) in
let tokenrequest=(grant_type_rp,code_rp,redirect_uri_rp,
            client_secret_rp,client_id_rp, signM4) in
out(c,tokenrequest);   (**RP sends m5 to OP**)
in(c,m6);
let (access_token_rp,id_token_rp,token_type_rp,expires_in_rp,
            signedMessage1)=m6 in
if versign(signedMessage1,PU(keyop1))=(access_token_rp,id_token_rp,
                    token_type_rp,expires_in_rp) then
new finished;
out(c,finished).   (***************Finished***************)
```

图 3.39   RP 进程

3.6.3　利用 ProVerif 验证改进的 OpenID Connect 安全协议

认证性

在 ProVerif 中，使用 query attacker(password) 来验证口令（password）的秘密性，使用非单射性来建模认证性，如表 3.3 所示，使用 query ev:e1==>ev:e2 来建模认证性，query ev:e1== >ev:e2 的含义为：当事件 e1 执行并且事件 e2 在其之后执行时候结果为真。在表 3.3 中，语句 ev:endauthusera_s（x）==>ev:beginaauthusera_s（x）用来建模授权服务器对 EU 的认证性；ev:endautha_suser（x）==>ev:beginaautha_suser（x）用来建模 EU 对授权服务器的认证性；ev:endauthRPE_p（x）==>ev:beginaauthRpE_p（x）用来建模令牌端点对 RP 的认证性；ev:endautha_sRP（x）==>ev:beginaautha_sRP（x）用来建模 RP 对授权服务器的认证性；ev:endauthRPa_s（x）==>ev:beginaauthRPa_s（x）用来建模授权服务器对 RP 的认证性；ev:endauthE_pRP（x）==>ev:beginaauthE_pRP（x）用来建模 RP 对令牌端点的认证性。

表 3.3　认证性

非单射一致性	认证性
ev:endauthusera_s（x）==>ev:beginaauthusera_s（x）	授权服务器验证终端用户
ev:endautha_suser（x）==>ev:beginaautha_suser（x）	终端用户验证授权服务器
ev:endauthRPE_p（x）==>ev:beginaauthRpE_p（x）	令牌端点验证 OpenID 依赖方
ev:endautha_sRP（x）==>ev:beginaautha_sRP（x）	OpenID 依赖方验证授权服务器
ev:endauthRPa_s（x）==>ev:beginaauthRPa_s（x）	授权服务器验证 OpenID 依赖方
ev:endauthE_pRP（x）==>ev:beginaauthE_pRP（x）	OpenID 依赖方验证令牌端点

ProVerif 的输入有 Horn 子句和 Applied PI 验算两种方式，建模选择 Applied PI 演算作为输入，Applied PI 演算输入必须转化为 ProVerif 的语法才能输入 Proverif 运行，图 3.40 所示为转化后的 ProVerif 输入及添加验证认证性的事件查询。

3.6.4　分析结果

将图 3.40 中 ProVerif 语句输入 ProVerif 执行，输出结果如图 3.41～图 3.44 所示。图 3.41 显示 password 秘密性形式化建模分析的结果是 true，证明口令具有秘密性，是安全的。在改进的 OpenID Connect 协议中，EU 首先用 OP 的公钥 PU(keyop1) 对口令 password 进行加密得到密文 encP，再将此密文同用户名使用

query ev:endauthusera_s(x)==>ev:beginauthusera_s(x).
 (**authorization server authenticates End_User**)
query ev:endautha_suser(x)==>ev:beginaautha_suser(x).
(**End_User authenticates authorization server**)
query ev:endauthRPE_p(x)==>ev:beginaauthRpE_p(x).
 (**End_point authenticates RP**)
query ev:endautha_sRP(x)==>ev:beginaautha_sRP(x).
 (**RP authenticates authorization server**)
query ev:endauthRPa_s(x)==>ev:beginaauthRPa_s(x).
 (*authorization server authenticates RP*)
query ev:endauthE_pRP(x)==>ev:beginaauthE_pRP(x).
(**RP authenticates End point**)
 ......
event beginaauthRPa_s(SignedMAR);
out(c,authenticationRe);   (**RP sends message1 to OP**)
 ......
event endautha_sRP(signedM4);
 ......
event beginaauthRpE_p(signM4);
out(c,tokenrequest);   (**RP sends m5 to OP**)
 ......
event endauthE_pRP(signedMessage1);
new finished;
out(c,finished).   (**********Finished************)
 ......
event beginaautha_suser(signask);
out(c,authenticationE_U); (**OP sends message2 to End_User**)
 ......
if adec(encP1,PR(keyop1))= (mp1) then
event endauthusera_s(signgM3);
 ......
event beginaautha_sRP(signedM);
out(c,authorizationResp);   (*OP sneds message4 to RP*)
 ......
event endauthRPE_p(signM5);
 ......
event beginaauthE_pRP(signedMessage);
out(c,token_response).   (**OP sends m6 which was signed to RP**)
let processEU=   (*****Process E_U*******)
 ......
if versign(signaskm2,PU(keyop1))=(ask_authenticatione) then
event endautha_suser(signaskm2);
 ......
let authorization = (encP,username,signgM) in
event beginaauthusera_s(signgM);
out(c,authorization).   (****E_U sends message3 to OP****)

图 3.40 改进的 OpenID Connect 协议 ProVerif 输入

自己的私钥 PR(keyeu) 签名后通过授权消息发送给 OP，OP 收到授权消息后先验证消息的数字签名再对密文使用自己的私钥 PR(keyop1) 进行解密，在这个过程中，攻击者无法获得口令。

图 3.41   password 秘密性

图 3.42 中（a）和（b）是 RP 对 Token Endpoint 认证性和 Token Endpoint 对 RP 认证性的建模分析结果，两者结果均为 true，说明令牌端点对 RP 的认证性及 RP 对令牌端点的认证性都得到验证，即 RP 与 Token Endpoint 之间具有相互认证性。在改进的 OpenID Connect 协议中，RP 发送到令牌端点的令牌请求消息 Token_request 前，RP 用自己的私钥 PR(keyrp2) 对令牌请求消息中的参数进行数字签名，在令牌端点接收到该签名消息之后使用 RP 的公钥 PU(keyrp2) 验证该数字签名，从而使令牌端点对 RP 的认证性得到验证。同样，在令牌端点发送到 RP 的令牌响应消息 Token_response 前，令牌端点使用 OP 的私钥 PR(keyop1) 对响应消息中的参数都进行数字签名之后发送到 RP，RP 收到该消息之后用 OP 的公钥 PU(keyop1) 验证该数字签名，从而使 RP 对令牌端点的认证性得到验证。

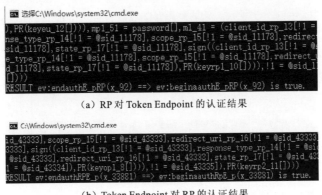

（a）RP 对 Token Endpoint 的认证结果

（b）Token Endpoint 对 RP 的认证结果

图 3.42   RP 与 Token Endpoint 相互认证结果

图 3.43 中（a）和（b）是授权服务器对 RP 认证性和 RP 对授权服务器认证性的建模分析结果，两者的结果均为 true，说明授权服务器对 RP 及 RP 对授权服务器的认证性都得到验证，即授权服务器与 RP 之间具有相互认证性。在改进的 OpenID Connect 协议中，RP 发送到授权服务器的认证请求消息 authenticationRe

前，RP 用自己的私钥 PR(keyrp1) 对认证请求消息的参数签名，授权服务器收到该签名消息之后用 RP 的公钥 PU(keyrp1) 验证该了签名，从而使授权服务器对 RP 的认证性得到验证。授权服务器发送到 RP 的认证响应消息前，授权服务器用 OP 的私钥 PR(keyop1) 对该消息参数进行数字签名，RP 收到该签名消息后用 OP PU(keyop1) 验证了该数字签名，从而使 RP 对授权服务器的认证性得到验证。

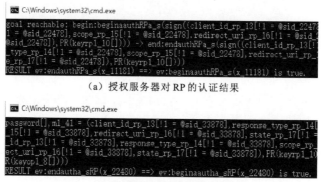

（a）授权服务器对 RP 的认证结果

（b）RP 对授权服务器的认证结果

图 3.43　授权服务器与 RP 相互认证结果

图 3.44 中（a）和（b）是授权服务器对 EU 认证性和 EU 对授权服务器的建模分析结果，两者的结果均为 true，表明授权服务器对 EU 及 EU 对授权服务器的认证性都得到验证，即授权服务器与 EU 之间具有相互认证性。在改进的 OpenID Connect 协议中，EU 发送给授权服务器的 authorization 消息前，EU 首先对口令 password 用 OP 的公钥 PU(keyop1) 进行加密后得到密文 encP，EU 用自己的私钥 PR(keyeu) 再对 encP 及 username 进行数字签名之后再通过授权消息发送到授权服务器，授权服务器收到该消息后用 OP 的公钥 PR(keyop1) 验证了签名，从而使授

（a）授权服务器对 EU 的认证结果

（b）EU 对授权服务器的认证结果

图 3.44　授权服务器与 EU 相互认证结果

权服务器对 EU 的认证性得到验证。授权服务器发送到 EU 的 authentication 消息前，授权服务器用 OP 的私钥 PR(keyop1) 对参数 ask_authentication 进行数字签名之后发送给 EU，EU 收到该签名消息后用 OP 的公钥 PU(keyop1) 验证了该签名，从而使 EU 对授权服务器的认证性得到验证。

3.7 自动化分析 Mynah 安全协议认证性

3.7.1 Mynah 安全协议

随着软件定义网络（software defined network，SDN）的推广和应用，安全问题也日益凸显。Openflow 是 2008 年由 Mcknown 教授提出的 SDN 协议标准，也是目前应用最为广泛的 SDN 协议，用以解决传统传输控制协议/互联网协议（transmission control protocol/internet protocol，TCP/IP）网络架构中存在的性能瓶颈问题。在 Openflow 协议标准中，采用传输层安全协议（transprot layer security，TLS）作为信息加密的手段[3]。然而由于 TLS 协议本身结构复杂，实现困难，且效率较低，所以在控制器端和设备厂商之间没有实现 TLS 协议，通信数据也未做任何加密处理。在实际的网络环境中，控制器和交换机的连接可能跨越多个物理网络，硬件和软件都面临着各种潜在的攻击，攻击者可以冒充正常交换机获取控制器的通信数据，从而攻击整个网络。因此实现控制器和交换机之间的认证性是当务之急。Mynah 安全协议[16] 是 2015 年提出的轻量级认证协议，旨在解决 SDN 网络中数据转发层面的认证性缺失问题。Openflow 协议使用 DPID（DatapathID，数据路径标识符）对数据通路进行标识，而 DPID 在同一个交换机中可能存在重复，控制器因此而产生逻辑错误，将同一消息的多个副本发送至 DPID 相同的信道，从而泄露通信数据。Mynah 协议利用 Openflow 现有的消息结构，以 DPID 为基础生成会话密钥，并以该会话密钥作为加密密钥对 Openflow 消息进行加密和认证。

Mynah 安全协议基于 OpenFlow 协议旨在解决 DPID 重复并提供基于 DPID 的身份验证的安全服务。 OpenFlow 协议使用 DPID 作为数据平面的标识符，但不提供任何标识手段来验证交换机的 DPID。Mynah 安全协议消息结构如图 3.45 所示。

1. Hello 和 Hello 响应

在交换机和控制器建立 TCP 连接之后，交换机首先发送消息 Hello 至控制器，控制器应答对称消息 Hello Response 给交换机，以确定双方使用的 Openflow 协议

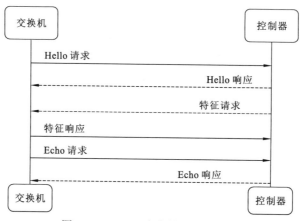

图 3.45　Mynah 安全协议消息结构

版本。由于 Openflow 协议不断地变更，每一次更新版本后，协议消息项和之前的版本存在一定差异，因此必须统一通信的协议版本，才能进行后续的消息发送，避免因为协议格式的区别造成通信混乱。Hello 消息包含发送方所能支持的 Openflow 协议的最高版本，交换机和控制器在接收到对方的 Hello 消息之后，将对方所能支持的最高版本和本地支持的最高版本进行比较，最终以版本较低的一方为最终使用的版本。若协商过程失败，则返回一个 Hello Failed 错误消息给对方并终止该连接。

2. 特征请求和特征响应

确定协议版本后，控制器向交换机发送 Feature Request 消息，请求获得交换机的配置参数和其他相关信息。在 SDN 网络架构中，由控制器明确数据包的匹配规则和数据流向，一台控制器同时管理多个交换机的流表更新，因此在连接建立过程中需要保存交换机的独立信息作为识别标志，避免发送的指令相互干扰。交换机收到 Feature Request 后，向控制器发送 Feature Reply 消息。 Feature Reply 消息包含操作，基于 DPID 的身份验证等。

3. Echo 请求和 Echo 应答

交换机发送 Feature Reply 消息，并指示 switch-controller 可以执行基于 DPID 的身份验证。交换机可以在 Echo Request 消息中发送其会话密钥，会话密钥取决于 DPID，使用非对称密钥算法或对称密钥算法加密。交换机将使用公钥加密的 SessionKey 封装到 Echo Request 消息中，并将其发送到控制器。在控制器收到 Echo Request 消息后，它首先检查 DPID 以验证交换机的身份，然后使用相应的私钥解密 SessionKey，然后控制器检查 DPID，时间戳和事务 ID 是否有效（如果三个参数中的任何一个无效，则控制器拒绝来自的连接开关。如果所有信息都有效但具有相同 DPID 的连接，则控制器仍拒绝连接），最后控制器生成 DPID 验证消息并将其封装到 Echo Reply 消息中，该消息使用 SessionKey 加密，并将其发送到交换机。

3.7.2　应用 Applied PI 演算对 Mynah 安全协议形式化建模

1. 函数与等式理论

图 3.46 描述了 Mynah 安全协议函数及等式理论。

用公钥 PU 通过函数 senc（x,PU）来加密消息 x，用公钥 PU 通过函数 sdec（x,PU）来解密消息 x。用公钥 PU 通过函数 aenc（x,PU）来加密消息 x，用私钥 PR 通过函数 adec（x,PR）解密消息 x，通过函数 PR（y）接收私有值作为输入并产生私钥作为输出，同理通过函数 PU（y）接收共有值作为输入并产生公钥作为输出。

2. 进程

完整的 Mynah 安全协议进程主要包含两个进程：Switch 进程和 Controller 进程，它们共同构成了主进程，如图 3.47 所示。

```
Fun aenc(x, PU).
Fun adec(x, PR).
Fun senc(x, PU).
Fun sdec(x, PU).
Fun PU(y).
Fun PR(y).

equation adec(aenc(x, PU(y)), PR(y)) = x.
equation sdec(senc(x, PU(y)), PU(y)) = x.
```

图 3.46　函数与等式理论

```
main process = (processSwitch | processController)
```

图 3.47　主进程

交换机进程的形式化建模核心代码如图 3.48 所示。首先通过公开信道 c 发送协议版本号 msgVersionS 至 Controller 进程，然后通过公开信道 c 接收从 Controller 进程接收控制器的协议版本号 msgVersionC，进行消息版本协商，版本确定后，Switch 进程通过公开信道 c 接收配置信息请求 Feature Request，生成应答 Feature Reply，将自身的 DPID 通过公开信道 c 发送至 Controller 进程。Controller 进程接收到该 DPID 后，Switch 进程使用 DPID，时间戳 timestamp 和事务序列 xid3 生成会话密钥 sessionKey，使用非对称加密算法加密得到 secretKey 后通过公开信道 c 发送至 Controller 进程，然后从 Controller 进程通过公开信道 c 接收控制器加密的消息，使用之前已有的 sessionKey 和对称解密算法解密 secretMessage，若解密成功则验证密钥的正确性，通过公开信道 c 输出 Finished，至此协议通信结束。

```
let processSwitch ≜
new msgVersionS;new msgTypeHelloS;new xid1;
 out(c,(msgVersionS,msgTypeHelloSxid1));
 in(c, (=msgVersionCon,=msgType1,=xidRly1));
 in(c,(=msgType2,=xidRly2));
 new msgTypeFeaReply;
 out(c,(msgTypeFeaReply,xidRly2,datapathID))
 new timestamp;new xid3;new msgTypeEchoReq;
 let sessionkeyS=getSessionKey(timestamp,xid3,datapathID) in
 let secretKey=aenc(sessionkeyS,PU(keyop1)) in
 out(c,(msgTypeEchoReq,xid3,secretKey)) ;
 in(c,=msgType3,=xidRly3,=secretMessage);
 if sdec(secretMessage,PR(sessionkeyS))=OPmessage then
 out(c,finished).
```

图 3.48　Mynah 安全协议 Switch 建模

　　控制器进程的形式化建模核心代码如图 3.49 所示。首先通过公开信道 c 发送协议版本号 msgVersionC 至 Switch 进程，然后通过公开信道 c 接收从 Switch 进程接收交换机的协议版本号 msgVersionS，进行消息版本协商，这一过程与 Switch 进程类似，版本确定后，Controller 进程通过公开信道 c 立即发送 Feature Request 请求，并等待接收 Switch 进程的应答 Feature Reply。在接收到的 Feature Reply 应答中，Controller 进程获得发送方 Switch 进程的 DPID 并保存，然后通过公开信道 c 接收 Switch 进程的加密会话密钥 sessionKey，使用私钥 PR（keyop1）解密 secretkey 获得会话密钥 SessionKeyC，将会话密钥中的 DPID 与之前保存的 DPID 比对验证，若验证成功，则使用 SessionKeyC 对参数 OPmessage 进行加密并通过公开信道 c 发送至 Switch 进程。

```
let processController≜
 new msgVersionC;new msgTypeHelloC;new xid4;
 out(c,(msgVersionC,msgTypeHelloC,xid4) );
 in(c,(=msgVersionSw,=msgType4,=xidRly4));
 new msgTypeFeaReq,new xid5;
 out(c,(msgTypeFeaReq,xid5));
 in(c,(=msgType5,=xidRly5,=datapathID));
 in(c,(=msgType6,=xidRly6,=secretkey));
 let sessionkeyC=adec(secretkey,PR(keyop1)) in
 new msgTypeEchoReply;new flag4;
 let secretMessage=senc(OPmessage,PR(sessionkeyC)) in
 new msgTypeEchoReply,new xidRly6,new flag4;
 out(c,(msgTypeEchoReply,xidRly6,flag4,secretMessage)).
```

图 3.49　Mynah 安全协议 Controller 建模

3.7.3　利用 ProVerif 验证 Mynah 安全协议认证性

在 ProVerif 中，使用 query attack（OPmessage）验证消息项 OPmessage 的保密性，使用非单射一致性来建模认证性，Mynah 安全协议模型认证性目标如表 3.4 所示。将图 3.50～图 3.51 中 ProVerif 语句输入 ProVerif 执行，得到 Mynah 安全协议的协议模型分析输出结果，如图 3.52～图 3.54 所示。

表 3.4　认证性目标

非单射一致性	认证性
ev:endauthcon_sMynah（x）==>ev:beginaauthcon_sMynah（x）	验证控制器对交换机的认证性
ev:endauthswit_cMynah（x）==>ev:beginaauthswit_cMynah（x）	验证交换机对控制器的认证性

```
fun aenc / 2.
fun adec / 2.
fun senc / 2.
fun sdec / 2.
fun PU / 1.
fun PR / 1.
fun getSessionKey / 3.

equation adec(aenc(x,PU(y)),PR(y)) = x.
equation sdec(senc(x,PU(y)),PU(y)) = x.
```

图 3.50　ProVerif 函数与等式

```
query attacker : OPmessage.
query ev : endauthcon_sMynah(x) ==>
ev : beginaauthcon_sMynah(x). (**Controller authenticates Switch **)
query ev : endauthswit_cMynah(x) ==>
ev : beginaauthswit_cMynah(x). (**Switch authenticates Controller **)
......
    event beginaauthswit_cMynah(echoRequest);
    out(c, echoRequest) ;
......
    in(c,echoReply);
    event endauthcon_sMynah(echoReply);
......
    in(c,echoRequest);
    event endauthswit_cMynah(echoRequest);
......
    event beginaauthcon_sMynah(echoReply);
    out(c,echoReply).
```

图 3.51　Mynah 安全协议 ProVerif 输入

3.7.4　分析结果

图 3.52 是 OPmessage 保密性形式化建模分析的结果，其结果是 true，证明消息项具有保密性。根据 Mynah 安全协议的规范，交换机在 Echo Request 消息中发送会话密钥，会话密钥使用非对称密钥算法加密。交换机使用公钥加密的 SessionKey 封装到 Echo equest 消息中并将其发送到控制器，在控制器收到 Echo equest 消息后，它首先检查 DPID 以验证交换机的身份，然后使用相应的私钥解密 SessionKey，攻击者无法获取私钥，从而无法解密获得消息项 OPmessage。

图 3.52　OPmessage 保密性

图 3.53 是 ev:endauthcon_sMynah (x)==>ev: beginaauthcon_sMynah (x) 的建模认证结果，图 3.54 是 ev:endauthswit_cMynah (x)==>ev:beginaauthswit_cMynah (x) 的建模认证结果，结果均为 false，表明交换机和控制器无法相互验证。根据 Mynah 安全协议的规范，交换机和控制器之间没有认证机制。

图 3.53　控制器对交换机的认证建模分析结果

图 3.54　交换机对控制器的认证建模分析结果

DPID重复的问题原因在于DPID未被分类，从而攻击者可以获取DPID，然后使用DPID尽早启动通信。根据Mynah安全协议的规范，攻击者生成Echo Request消息并发送它到控制器，控制器检查DPID，时间戳和事务ID是否有效，如果三个参数中的任何一个无效，则控制器拒绝来自交换机的连接，如果所有信息都是有效但具有相同DPID的连接，控制器仍拒绝连接。由于DPID是未使用过的，因此控制器生成DPID验证消息，将其封装到Echo Reply消息中并将其发送到交换机，所以Mynah安全协议无法解决Datapath Duplication攻击。

参 考 文 献

[1] BLANCHET B. An efficient cryptographic protocol verifier based on prolog rules//Proceeding of the 14th IEEE Computer Security Foundations Workshop. Cape Breton, 2001:82-96.

[2] BLANCHET B. From secrecy to authenticity in security protocols//Proceeding of the 9th International Static Analysis Symposium, Madrid, 2002:342-359.

[3] ABADI M, BLANCHET B. Computer-Assisted verification of a protocol for certified email//Proceeding of the 10th International Static Analysis Symposium. An Diego, 2003:316-335.

[4] BLANCHET B. Automatic proof of strong secrecy for security protocols//Proceeding of the 2004 IEEE Symposium on Security and Privacy. California, 2004:86-100.

[5] BLANCHET B, ABADI M, FOURNET C. Automated verification of selected equivalences for security protocols//- Proceeding of the 20th IEEE Symposium on Logic in Computer Science. Chicago, 2005:331-340.

[6] MENG B, HUANG W, LI Z M, et al. Automatic verification of security properties in remote Internet voting protocol with Applied Pi calculus. International Journal of Digital Content Technology and itsApplications, 2010, 4(7): 88-107.

[7] MENG B. Refinement of mechanized proof of security properties of remote Internet voting protocol in Applied PI calculus with ProVerif. Information Technology Journal, 2011, 10(2): 293-334.

[8] 孟博，王德军. 安全协议实施自动化生成与验证.北京：科学出版社，2016: 54-68.

[9] 孟博，王德军. 安全远程网络投票协议.北京：科学出版社，2013: 141-145.

[10] LU J T, ZHANG J L, WAN Z Y, et al. Automatic Verification of Security of OpenID Connect Protocol with ProVerif, 3PGCIC, 2016: 209-220.

[11] 孟博，唐获野，陈双. 基于符号模型自动分析隐私保留的用户身份认证协议安全性.中南民族大学(自然科学版), 2019,38(1):138-143.

[12] 鲁金铷，何旭东，孟博. 改进的 OpenID Connect 协议及其安全性分析.计算机应用，2017,

37(5):1347-1352.

[13] YAO L L, LIU J B, WANG D J, et al. Formal analysis of SDN authentication protocol with mechanized protocol verifier in the symbolic model .International Journat of Network Secarity. 2018, 20(6): 1125-1136.

[14] OpenID Connect Core 1.0 incorporating errata set 1[EB/OL].http://OpenID.net/specs/OpenID-connect-core-1_0.- html#toc (2014.11.08) [2018.11.16].

[15] VORUGUNTI C . PPMUAS: A privacy preserving mobile user authentication system for cloud environment utilizing big data features[C].IEEE International Conference on Advanced Networks and Telecommunications Systems. IEEE, 2017:1-6.

[16] KANG J W , PARK S H, YOU J. Mynah: Enabling lightweight data plane authentication for sdn controllers[C]//Computer Communication and Networks (ICCCN), 2015 24th International Conference on. IEEE, 2015: 1-6.

第4章　概率进程演算 Blanchet 演算与其 BNF 范式

4.1　引　　言

2008 年，Blanchet[1]提出 Blanchet 演算。它是基于 PI 演算和其他几种演算[2-5]的思想。Blanchet 演算可以与基于计算模型的自动化安全协议证明器 CryptoVerif[1]结合，进而对安全协议和密码原语的安全性进行建模和分析。本章首先对 Blanchet 演算的标记、语法、类型系统、观察等价、一致性断言等进行介绍，然后对类型、条件、项、事件、查询项、函数、通道、模式、输出进程、输入进程的 BNF 范式进行分析。

4.2　Blanchet 演算语法及语义

在 Blanchet 演算中，消息是位串，密码原语可看作是位串到位串的函数的序列。Blanchet 演算具有概率学语义，并且所有进程的运行都是多项式时间的。观察等价是证明安全属性过程中使用到的主要技术之一，基本思想是：如果攻击者能够区分进程 Q 和 Q' 的可能性是可忽略的，那么进程 Q 观察等价于进程 Q'，即 $Q \approx Q'$。以演算[2-5]为基础，Blanchet 演算增加了一种新的功能，进程执行过程中所有变量的值都存储在数组中，这是协议验证过程实现自动化的关键，例如，$x[i]$ 表示进程索引编号为 i 中的 x 变量的值。数组代替链表，而链表经常用在安全协议的手工证明方面。考虑 MAC 安全性的定义，通常安全性定义了攻击者伪造 MAC 成功概率是可忽略的，也就是说，所有正确的 MAC_s 都是经过调用 MAC 生成算法获得的。所以，在安全性证明过程中，有一个链表保存 MAC 算法中处理过的参数，当要证明消息 m 的 MAC 时，可以另外检查消息 m 是否在链表中。在 Blanchet 演算中，MAC 生成算法使用过的参数都保存在数组中，可以通过遍历这个数组来寻找消息 m，相对于人工论证中的链表，数组不需要对插入其中的值进行附加的说明，这消除了许多细微且难以自动化的语法转换，可以更方便地通过等式来表示数组元素之间的关系。

1. 标记

$\left\{ M_1\big/x_1, M_2\big/x_2, \cdots, M_m\big/x_m \right\}$ 表示用项 M_j 替换 x_j,其中 $j \leq m$，集合 S 的阶用符号 $|S|$ 来表示。如果 S 是一个有限集，$x \xleftarrow{R} S$ 表示在集合 S 中随机选择一个元素且把它的值赋给 x。如果 A 是一个概率算法，那么 $x \longleftarrow A(x_1, \cdots, x_m)$ 表示随机选择项 r，且在 r 下运行 $A(x_1, \cdots, x_m)$ 的结果赋给 x，另外，$x \longleftarrow M$ 表示一个简单的赋值操作。

2. 语法和非形式化语义

Blanchet 演算包含通道名的可数集 c，存在一个从通道到整数的映射 $maxlen_\eta$，$maxlen_\eta(c)$ 表示通道 c 上发送的消息的最大长度，η 表示指定的安全参数，大于 $maxlen_\eta(c)$ 长度的消息会被自动分段后再发送出去，对任一通道 c，$maxlen_\eta(c)$ 是 η 的多项式表示（这是所有进程运行在多项式时间内的一个重要的保证）。$I_\eta(n)$ 表示在给定的一个安全参数 η 下对整数变量 n 的变换，$I_\eta(n)$ 是一个函数，输入为 n，输出为一整数，该函数在以 η 为参数的多项式时间内运行。类型符号 T，对于安全参数 η 的每一个实际值，每种类型 T 对应于一个元素集合 $I_\eta(T)$，$bitstring$ 是所有位串的集合，$\perp$ 表示空位串，集合 $I_\eta(T)$ 是在多项式时间下可识别的，也就是说，存在一个多项式时间复杂度算法用于判断一个元素是否在集合 $I_\eta(T)$ 内，$fixed-length$ 属性的类型表示该类型的变量具有相同的长度。$large$ 属性表示集合 $I_\eta(T)$ 集合内的元素数量极多，即 $1\big/|I_\eta(T)|$ 小到可以忽略不计，Blanchet 演算定义了几种常用的类型，$bool$ 类型的变量可取值集合 $I_\eta(bool) = \{true, false\}$，$false$ 是 0，$ture$ 是 1，其他还有 $I_\eta(bitstring) = Bitstring \bigcup \{\perp\}$，$I_\eta([1,n]) = \{1, I_\eta(n)\}$。

f 表示函数符号，一个函数符号意味着一个类型转换 $f: T_1 \times \cdots \times T_m \to T$。每个 f 对应于 $I_\eta(T_1) \times \cdots \times I_\eta(T_m)$ 到 $I_\eta(T)$ 中的函数集合 $I_\eta(f)$ 中的一个函数，且其中任一函数 $I_\eta(f)(x_1, \cdots, x_m)$ 是多项式时间可计算的。Blanchet 演算定义了一些特定函数关系，例如，$M = N$ 用于判断是否等价，$M \neq N$ 用于判断是否不等价，$M \vee N$ 表示逻辑或，$M \wedge N$ 表示逻辑与，$\neg M$ 表示逻辑非。

在 Blanchet 演算中，项如图 4.1 所示，表示位串或在其上的计算。索引 i 是一个整数，在并发环境下用于区分同一个进程的不同拷贝，变量 $x[M_1, \cdots, M_m]$ 表示 m 维数组 x 中的索引为 $M_1, \cdots, M_m$ 的变量的值。函数应用 $f[M_1, \cdots, M_m]$ 返回输入为 $M_1, \cdots, M_m$ 的函数 f 的输出结果。

Blanchet 演算包含两种类型的进程：输入进程 Q（图 4.2）和输出进程 P（图 4.3），输入进程 Q 负责在通道接收消息。输出进程 P 负责内部计算和在通道上发送消息。$Q|Q'$ 是两个进程的并行组合；$!^{i\leq n}Q$ 表示进程的 n 个拷贝并行运行，且每个进程对应一个不同的索引 $i\in[1,n]$；$newChannel\ c;Q$ 新建一个私有通道 c 然后执行进程 Q。关于输入进程的语法 $c[M_1,L,M_l](x_1[\tilde{i}]:T_1,L,x_k[\tilde{i}]:T_k);P$ 会在后面和输出进程的语法一起进行解释。

$$
\begin{aligned}
M,N ::= \quad &\text{项}\\
i \quad &\text{索引}\\
x[M_1,\cdots,M_m] \quad &\text{变量访问}\\
f[M_1,\cdots,M_m] \quad &\text{函数}
\end{aligned}
$$

图 4.1　项

$$
\begin{aligned}
Q ::= \quad &\text{输入进程}\\
0 \quad &\text{空}\\
Q|Q' \quad &\text{并行复合}\\
!^{i\leq n}Q \quad &\text{复制}\\
newChannel\ c;Q \quad &\text{通道约束}\\
c[M_1,L,M_l](x_1[\tilde{i}]:T_1,L,x_k[\tilde{i}]:T_k);P \quad &\text{输入}
\end{aligned}
$$

图 4.2　输入进程

$$
\begin{aligned}
P ::= \quad &\text{输出进程}\\
\overline{c[M_1,\cdots M_l]}\langle N_1,\cdots,N_k\rangle;Q \quad &\text{输出}\\
new\ x[i_1,\cdots,i_m]:T;P \quad &\text{随机数}\\
let\ x[i_1,\cdots,i_m]:T=M\ in\ P \quad &\text{赋值}\\
if\ defined(M_1,\cdots M_l)\wedge M\ then\ P\ else\ P' \quad &\text{条件}\\
find\ \left(\oplus_{j=1}^{m}u_{j1},\cdots,u_{jm_j}[\tilde{i}]\leq n_{jm_j}suchthat\ defined(M_{j1},\cdots,M_{jlj})\wedge M_j\ then\ P_j\right)\ else\ P \quad &\text{数组查询}\\
event\ e(M_1,\cdots,M_m);P \quad &\text{事件}
\end{aligned}
$$

图 4.3　输出进程

$new\ x[i_1,\cdots,i_m]:T;P$ 表示随机选择集合 $I_\eta(T)$ 中一个元素，并把它赋值给变量 $x[i_1,\cdots,i_m]$，然后执行进程 P，Blanchet 演算中使用到的所有的随机数必须以类似 $new\ x[i_1,\cdots,i_m]:T$ 的形式获得，new 可看作是确定性函数。Blanchet 演算还有其他一些函数标记表示确定性函数，这使得语法操作更易于自动化。

$let\ x[i_1,\cdots,i_m]:T=M\ in\ P$ 表示把 M 的值赋给 $x[i_1,\cdots,i_m]$。

$find\ \left(\oplus_{j=1}^{m}u_{j1},\cdots,u_{jm_j}[\tilde{i}]\leq n_{jm_j}suchthat\ defined(M_{j1},\cdots,M_{jlj})\wedge M_j\ then\ P_j\right)\ else\ P$ 表示数组查找，为了方便，原始的多元组 $i_1,\cdots,i_m$ 用符号 $\tilde{i}$ 代替。先对一个较简单的形式进行说明：

$find\ u\leq n\ suchthat\ defined(x[u])\wedge(x[u]=a)\ then\ P'else\ P$

该语句用来判断数组 x 中某元素已定义且它的值等于 a，如果存在这样的索引 u，执行进程 P'，否则执行进程 P。可以发现 find 操作具有访问数组的能力。

接着，再介绍稍微复杂一些的 find 语句：find $u_1[\tilde{i}] \leqslant u_1, \cdots, u_m[\tilde{i}] \leqslant n_m$ such that defined$(M_1, \cdots, M_l) \wedge M$ then P' else P。该语句能判断是否存在多元索引 $u_1, \cdots, u_m$ 使得项 $M_1, \cdots, M_l$ 已定义且 M 为真，如果检查成功的话，执行进程 P'，否则执行进程 P。再进一步对每一项扩展 m 个分支，试图寻找分支 $j \in [1, m]$ 存在 u_{jm_j}，使得 $M_{j1}, \cdots, M_{jl_j}$ 已定义且 M_j 为真，如果成功，执行进程 P_j，如果所有的分支都不能满足条件则执行进程 P，如果存在多个 j 满足条件，则随机选择其中一个执行。

最后，介绍输出进程 $c[M_1, \cdots M_l]\langle N_1, \cdots, N_k\rangle; Q$，其中通道 $c[M_1, \cdots, M_m]$ 由通道名 c 和索引 $M_1, \cdots, M_m$ 组成。使用 newChannel $c; Q$ 可以定义一个攻击者不能访问和监视的私有通道 c（在手工形式化证明中使用，不能在作为 CryptoVerif 的输入），其中 $M_1, \cdots, M_m$ 的语义类似于终端 IP 地址和端口号。当执行 $c[M_1, \cdots M_l]\langle N_1, \cdots, N_k\rangle; Q$ 后，会有一个输入 $c[M_1', \cdots, M_m']$ 来接收输出，其中多元组 $M_1', \cdots, M_m'$ 和 $M_1, \cdots, M_m$ 完全相同，并且具有同等数量的 k 个变量。如果找不到匹配的接收通道，输出进程就会阻塞，否则，会随机选择并运行一个满足条件的 $c[M_1', \cdots, M_l']\big(x_1[\tilde{i}]: T_1, \cdots, x_k[\tilde{i}]: T_k\big); P$。Blanchet 演算建模为每个输出进程对应多个输入进程，如果需要发送多个消息，可以在连续的输出之间插入虚输入（不用于接收有效的消息，只用作启动），攻击者发送消息到这些虚输入通道，可以引起和控制多个消息连续的输出。

输入和输出基于通道，攻击者可以通过控制通道来控制网络，比如 $!^{i \leqslant n} c[i](x[i]: T), \cdots, c'[i'] < M > \cdots$，攻击者可以通过选择 i'，来指定并发进程中的哪一个进程接收消息。

当 find 和 if 存在语句 else yield $<>; 0$，那么它的 else 分支可以省略。

变量定义方式有四种：赋值、输入、约束及数组查找。在 Blanchet 演算中对数组用了省略形式，若进程的索引为 $i_1, \cdots, i_m$，变量 $x[i_1, \cdots, i_m]$ 直接用 x 表示。可以发现，并行进程中的变量都是以数组的形式存在，只不过省略了其中的索引。

定理 1 每个变量（对应不同索引）最多只定义一次。

进程 Q_0 满足定理 1 当且仅当：

（1）每次定义变量，如 $x[i_1, \cdots, i_m]$，其中 $i_1, \cdots, i_m$ 是当前进程的索引号；

（2）若出现同一变量 $x[i_1, \cdots, i_m]$ 的多次定义，那么它们定义的位置一定处在 find 或 if 的不同分支中。

定理 2 保证变量在访问前已经被定义。即进程 Q_0 对变量 $x[i_1, \cdots, i_m]$ 的访问满足：

（1）语法上在 $x[i_1,\cdots,i_m]$ 的定义之后；

（2）find 操作内部的 defined 条件使用到；

（3）或者是在公式（1）中的 M_j 或 P_j。

CryptoVerif 在初始 *Game* 中使用定理 1 和定理 2，并且也会用在每次 *Game* 转换后新生成的 *Game* 中。

一个函数 $f:T_1\times\cdots\times T_m\to T$ 被称为是多射的，当这个函数是单射的并且它对应的逆函数是多项式时间的。也就是，存在函数 $f^{-1}:T\to T_j(1\leqslant j\leqslant m)$，使得 $f_j^{-1}\big(f(x_1,\cdots,x_m)\big)=x_j$，其中 f_j^{-1} 是多项式时间可计算的。如果 f 是多射的，定义结构 let $f(x_1,\cdots,x_m)=M$ in P else Q 可看作一种简化形式，具有如下性质：

let $y:T=M$ in

let $x_1:T_1=f_1^{-1}(y)$ in

$\cdots$

let $x_m:T_m=f_m^{-1}(y)$ in

if $f(x_1,\cdots,x_m)=y$ then P else Q

更一般的结构为 let $N=M$ in P else Q，其中 N 包括多射函数和变量。$var(P)$ 表示进程 P 中使用到的变量的集合，$fc(P)$ 表示进程 P 中的自由通道的集合。

3. 类型系统

Blanchet 演算定义了类型系统用于检查函数中参数类型是否满足要求及数组使用是否正确。

类型检查算法分为两步：

第一步，建立一个类型环境 ε，用于变量名 x 到类型的映射 $[1,n_1]\times\cdots\times[1,n_m]\to T$，其中类型为 T 的 $x[i_1,\cdots,i_m]$ 定义在 $!^{i_1\leqslant n_1},\cdots,!^{i_m\leqslant n_m}$ 并发进程中，CryptoVerif 工具会检查变量 $x[i_1,\cdots,i_m]$ 的值是否在 $\varepsilon(x)$ 中，以判断变量 $x[i_1,\cdots,i_m]$ 的定义是否正确。

第二步，在类型环境 ε 内，通过一个简易的类型系统对进程进行类型检查。在环境 ε 中，$\varepsilon\vdash Q$ 表示进程 Q 满足良类型化。

定理 3（类型化）　进程 Q_0 满足定理 3 仅当 Q_0 对应的类型环境 ε 是良类型化的，且 $\varepsilon\vdash Q_0$。

要求攻击者进程良类型化，并不是限制它的计算能力，因为攻击者经常定义一个类型转换函数 $f:T'\to T$ 而绕过类型系统。类似地，类型系统同样不限制安全协议的种类，因为协议可能包含类型转换函数，这个类型系统只是说明安全协议每一步需要使用位串的集合。

4. 形式化语义

Blanchet 演算语义用一种概率规约关系来定义，范式 $E, M \Downarrow a$ 表示在环境 E 中项 M 的值为位串 a ，$\Pr[Q \to_\eta \bar{c} <a>]$ 表示进程 Q 通过通道 c 输出位串 a 的概率（若 c 为进程 Q 内隐私通道，则 $\Pr[Q \to_\eta \bar{c} <a>]=0$ ）。

形式化语义的基本性质是：对于每一个进程，存在一个概率多项式时间图灵机用于模拟进程 Q （进程是运行在多项式时间内，因为进程的并发数和消息的长度都是多项式约束的），同样，可以通过 new 选择随机数和定义一个表示图灵机的函数能够模拟一个概率多项式时间图灵机。

5. 观察等价

攻击者建模为包含 [ ] 的进程，攻击者 C 是由 [ ]，或 $newChannel\, c; C$ ，或 $Q|C$ ，或 $C|Q$ 构成。$C[Q]$ 表示用进程 Q 代替 C 中的 [ ]。下面解释观察等价，如图 4.4 所示，这里的观察等价的定义也适用于其他一些不同的演算[1]。

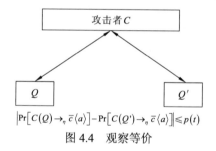

$$\left| \Pr\left[C(Q) \to_\eta \bar{c}\langle a \rangle \right] - \Pr\left[C(Q') \to_\eta \bar{c}\langle a \rangle \right] \right| \leq p(t)$$

图 4.4 观察等价

定义（观察等价） Q 和 Q' 为两个进程，V 表示变量集合，假定 Q 和 Q' 满足定理 1，2 和 3，V 中的变量在 Q 和 Q' 中以相同的类型定义。攻击者 C 对于 Q，Q'，V 是可接受的，当且仅当 $\mathrm{var}(C) \cap \left(\mathrm{var}(Q) \cup \mathrm{var}(Q') \right) \subseteq V$ 且 $C[Q]$ 满足定理 1，2，3 （$C[Q']$ 也满足这些定理）。我们称 Q 和 Q' 在变量集 V 下观察等价，如图 4.4 所示，可以表示为 $Q \approx^V Q'$ ，对 Q，Q'，V 可接受的攻击者 C ，对通道 c 和位串 a ，概率绝对差 $\left| \Pr\left[C[Q] \to_\eta \bar{c} <a> \right] - \Pr\left[C[Q'] \to_\eta \bar{c} <a> \right] \right|$ 的值是可忽略的。

显然，攻击者想区分 Q 和 Q' ，如果区分成功，攻击者会输出成功标识，例如，若识别出为某进程为 Q 则执行 $\bar{c} <0>$ ，相反，如果识别出为其为 Q' ，则执行 $\bar{c} <1>$ 。当 Q 和 Q' 满足 $Q \approx^V Q'$ ，攻击者区分出 Q 和 Q' 的概率是可忽略的。

攻击者 C 能够通过 find 查找和验证 Q 和 Q' 中的变量，但 C 只能处理 Q 和 Q' 中属于集合 V 的变量（一般情况下，演算不具有可以直接访问 Q 和 Q' 内部变量的构造）。由观察等价的定义，可以得到下面的引理。

引理　 $\approx^V$ 表示一种等价关系，且 $Q \approx^V Q'$ 可以看作，对 Q，Q'，V 和 $V' \subseteq V \cup (\mathrm{var}(C) \cap (\mathrm{var}(Q) \cup \mathrm{var}(Q')))$ 下可接受的攻击者 C 满足 $C[Q] \approx^{V'} C[Q']$。$C[Q] \approx^{V'} C[Q']$ 代表 $\Pr\left[C[Q] \to_\eta \bar{c} < a > \right] = \Pr\left[C[Q'] \to_\eta \bar{c} < a > \right]$，其中若 V 为空，那么以上表达式可以分别简化为 $Q \approx_0 Q'$。

6. 一致性断言

在安全协议分析方面，一致性（Correspondence）断言可以用来建模这样的安全属性：如果某些事件发生了，那么其他事件也一定发生了。每个事件对应着安全协议中的某一个点。一致性可以分为单射一致性和非单射一致性。非单射一致性指如果某些事件发生了，那么另外一些事件最少发生了一次。单射一致性指如果某些事件发生了 n 次，那么另外一些事件也最少发生了 n 次。下面给出单射一致性和非单射一致性的概念[1]。

7. 非单射一致性

非单射一致性是这样一种属性：如果某些事件发生了，那么另外一些事件最少发生了一次。Blanchet对其进行推广，使逻辑公式 $\psi \Rightarrow \phi$ 中可以包含事件。公式 ϕ 如图4.5所示，由非数组的项 M、事件 $\mathrm{event}(e(M_1, \cdots, M_1))$、公式的并 $\phi_1 \wedge \phi_2$、或 $\phi_1 \vee \phi_2$ 组成。公式 ψ 仅仅包含事件和事件的并操作。环境 ρ 把变量映射成字符串。

$$
\begin{array}{lll}
\phi ::= & & \text{公式} \\
\quad M & & \text{项（非数组）} \\
\quad \mathrm{event}(e(M_1, \cdots, M_1)) & & \text{事件} \\
\quad \phi_1 \wedge \phi_2 & & \text{并} \\
\quad \phi_1 \vee \phi_2 & & \text{或}
\end{array}
$$

图 4.5　公式 ϕ

定义　 $\varepsilon \mapsto \psi \Rightarrow \phi$ 表示事件序列 ε 满足一致性 $\psi \Rightarrow \phi$ 当且仅当对所有的 ρ 及 $\mathrm{var}(\psi)$，存在 ρ，$\varepsilon|\text{-}\psi$，那么对 $\mathrm{var}(\phi)$，ρ 的扩展 ρ' 存在 ρ'，$\varepsilon|\text{-}\phi$。直觉地，如果 ε 满足 ψ，而且 ε 满足 ϕ，那么事件序列 ε 满足 $\psi \Rightarrow \phi$。ψ 中的变量是约束变量。

定义　当且仅当对所有的赋值上下文 C 接受 (Q,V)，$\Pr[\exists(C,\varepsilon)$，

$\text{initConfig}\big(C[Q]\big)\overset{\varepsilon}{\longrightarrow}C\wedge\varepsilon\vee\psi\Rightarrow\phi]$ 是可忽略的，那么对公共变量 V 进程 Q 满足一致性 $\psi\Rightarrow\phi$。直觉地，对攻击者上下文 C，如果当发生事件序列 ε 不满足 $\psi\Rightarrow\phi$ 的概率是可忽略的，那么进程满足 $\psi\Rightarrow\phi$。

8. 单射一致性

单射一致性指如果某些事件发生了 n 次，那么另外一些事件也最少发生了 n 次。包含单射事件 $\text{inj-event}\big(e(M_1,\cdots,M_m)\big)$ 公式 ϕ 是 Blanchet 演算构成部分。

定义 $\varepsilon\mapsto\psi\Rightarrow\phi$ 表示事件序列 ε 满足一致性 $\psi\Rightarrow\phi$，当且仅当存在点单射 F，对所有的 $\text{var}(\phi)$，ψ^T 满足 ρ，$\varepsilon\,|-^{\psi^T}\psi$，存在 ρ 的扩展 ρ'，$\text{var}(\phi)$ 满足 ρ'，$\varepsilon\,|-F\big(\psi^T\big)\Rightarrow\phi$。直觉地，如果根据 ψ^T 建模的执行步骤，ε 满足 ψ，根据 $F\big(\psi^T\big)$ 建模的执行步骤，ε 满足 ϕ，那么事件序列 ε 满足 $\psi\Rightarrow\phi$。因为 F 是一个点单射，所以此定义是正确的。

4.3 Blanchet 演算 BNF 范式

Blanchet 演算是一种建立抽象安全协议抽象模型的建模语言，语法规则比较简洁。其主要语句的 BNF 范式[1]如图 4.6～图 4.17 所示。

$$
\left[
\begin{array}{l}
x,y\in ident, T\in type\\
simpleterm :=\\
\qquad x[:T]\\
\qquad |\,f(seq\langle x\rangle)
\end{array}
\right.
$$

图 4.6　类型的 BNF 范式

$$
\left[
\begin{array}{l}
cond :=\\
\qquad \langle simpleterm\rangle\\
\qquad |\,\langle simpleterm\rangle = \langle simpleterm\rangle\\
\qquad |\,\langle simpleterm\rangle <> \langle simpleterm\rangle\\
\qquad |\,\langle simpleterm\rangle\,||\,\langle simpleterm\rangle\\
\qquad |\,\langle simpleterm\rangle\,\&\&\,\langle simpleterm\rangle
\end{array}
\right.
$$

图 4.7 条件的 BNF 范式

$$
\left[
\begin{array}{l}
term :=\\
\qquad new\,x:T;\\
\qquad |\,let\,y:T = simpleterm\ in\\
\qquad |\,if\,\langle cond\rangle\ then\,\langle term\rangle\,[else\,\langle term\rangle]\\
\qquad |\,find\,\langle simpleterm\rangle\,suchthat\,defined\,\langle cond\rangle\,then
\end{array}
\right.
$$

图 4.8　项的 BNF 范式

$$
\left[
\begin{array}{l}
event :=\\
\qquad [inj]\,x[seq\langle T\rangle].
\end{array}
\right.
$$

图 4.9　事件的 BNF 式

$$
\begin{bmatrix}
queryterm := \\
\quad \langle event \rangle \\
\quad | \langle simpleterm \rangle \\
\quad | \langle queryterm \rangle \& \& \langle queryterm \rangle \\
\quad | \langle queryterm \rangle \| \langle queryterm \rangle
\end{bmatrix}
$$

图 4.10　查询项的 BNF 范式

$$
\begin{bmatrix}
query := \\
\quad query \; secret \; x. \\
\quad | query \; secret1 \; x. \\
\quad | query \; \langle event \rangle ==> \langle queryterm \rangle.
\end{bmatrix}
$$

图 4.11　查询的 BNF 范式

$$
\begin{bmatrix}
funtion := \\
\quad fun \; ident(seq\langle T \rangle) : T \; [compos].
\end{bmatrix}
$$

图 4.12　函数的 BNF 范式

$$
\begin{bmatrix}
channel := \\
\quad \langle indent \rangle [seq\langle term \rangle]
\end{bmatrix}
$$

图 4.13　通道的 BNF 范式

$$
\begin{bmatrix}
channels := \\
\quad channel \; seq\langle indent \rangle.
\end{bmatrix}
$$

图 4.14　通道序列的 BNF 范式

$$
\begin{bmatrix}
pattern := \\
\quad x \\
\quad | = \langle term \rangle \\
\quad | seq\langle x \rangle \\
\quad | seq\langle pattern \rangle
\end{bmatrix}
$$

图 4.15　模式的 BNF 范式

$$
\begin{bmatrix}
outprocess := \\
\quad x[;outprocess] \\
\quad | event \; y[seq\langle x \rangle][;outprocess] \\
\quad | new \; x : T[;outprocess] \\
\quad | let \; \langle pattern \rangle = \langle term \rangle [in\langle outprocess \rangle][else\langle outprocess \rangle] \\
\quad | if \; \langle cond \rangle \; then\langle outprocess \rangle \, [else\langle outprocess \rangle] \\
\quad | find \; \langle simpleterm \rangle \; suchthat \; defined \; \langle cond \rangle \; then[else\langle outprocess \rangle] \\
\quad | out(\langle channel \rangle, \langle term \rangle)[;\langle inprocess \rangle]
\end{bmatrix}
$$

图 4.16　输出进程的 BNF 范式

$$
\begin{bmatrix}
inprocess := \\
\quad 0 \\
\quad | in(\langle channel \rangle, \langle pattern \rangle)[;\langle outprocess \rangle] \\
\quad | \langle inprocess \rangle | \langle inprocess \rangle \\
\quad | ! \langle ident \rangle \langle inprocess \rangle
\end{bmatrix}
$$

图 4.17　输入进程的 BNF 范式

作为 CryptoVerif[1]的输入的安全协议 Blanchet 演算实施，主要包括以下九个部分。

1. 参数设置

Blanchet 演算能够支持并发会话建模，该部分设置了参与会话实体的个数。语法规则为 $param \; N$，N 表示参与实体的副本数。

2. 类型定义

Blanchet 演算定义的基础类型很少，很多数据类型都只能通过自定义类型来实现。其语法规则是 $type \langle ident \rangle.$，其中 $ident$ 是标识符，即符合 Blanchet 演算词法规则的词，在此则为类型的名字。

3. 常量定义

在安全协议中可能会用到某些数据类型的常量，故 Blanchet 演算对常量提供了支持。定义某一数据类型常量的语法为 $const \langle ident \rangle : T.$，同样 $ident$ 在此表示为常量名，T 则为常量的数据类型。

4. 函数定义

Blanchet 演算支持自定义函数。与程序开发语言的函数不同，Blanchet 演算的函数不需要提供具体的实现，而只需对其输入参数类型和输出参数类型进行说明和限定，不同的参数组合代表着不同的函数。定义函数的语法如图 4.12 的 *funtion* 项。其中 seq 表示一个序列，如 $seq \langle T \rangle$ 表示数据类型的序列，$seq \langle T \rangle = \langle T_1, T_2, \cdots, T_n \rangle$。

5. 密码原语声明

对安全协议使用的密码方案进行声明。密码原语是 Blanchet 演算最重要的特点，它与具体的密码算法无关，是对协议中使用的密码方案的抽象，是已被严格证明具有某些安全属性的密码算法。它提供了加密、认证或者散列时所需的数据类型、密钥生成算法、加解密算法等。在 CryptoVerif 的预定义文件中已对其进行了定义，所以在 Blanchet 演算实现协议模型时只需对其进行声明即可使用。

6. 事件和安全目标定义

事件表示一种行为的执行或者发生，与认证性的证明有关。$event\ A \Longrightarrow event\ B$ 表示在事件 A 发生之前事件 B 一定已经发生。安全目标是对安全属性的形式化，其语法如图 4.11 的 *query* 项所示。$query\ \sec ret\ x$ 和 $query\ \sec ret1\ x$ 表示询问 x 的保密性和一次保密性，$query\ \langle event \rangle \Longrightarrow \langle queryterm \rangle$ 用于证明认证性。

7. 通道定义

语法为图 4.14 所示的 *channels* 项，定义了所需的所有数据传递通道。

8. 协议参与主体

Blanchet 演算中协议参与主体表示为一个进程。进程由输出进程 *outprocess* 或是输入进程 *inprocess* 组成。 *inprocess* 和 *outprocess* 的语法在图 4.16 和图 4.17 已给出，其中包含了协议实体交互的动作，如消息的发送 *out*($\langle channel \rangle, \langle term \rangle$) 和接收 *in*($\langle channel \rangle, \langle pattern \rangle$)、事件发生 *event y*[*seq*$\langle x \rangle$]、产生新的数据 *new x*:*T*、赋值 *let* $\langle pattern \rangle = \langle term \rangle$ 和条件判断 *if* $\langle cond \rangle$ *then* $\langle outprocess \rangle$ 等。

9. 初始化进程

初始化进程是 CryptoVerif 执行的入口，与程序开发语言的 main 函数类似。初始化进程是对一些基本信息的初始化，如密钥（公钥和私钥）生成等。CryptoVerif 由初始化进程构建初始 Game，对其进行化简和观察等价，最终获得安全目标的证明。

参 考 文 献

[1] BLANCHET B. A computationally sound mechanized prover for security protocols. IEEE Transactions on Dependable and Secure Computing, 2008, 5(4):193-207.

[2] LAUD P. Secrecy types for a simulatable cryptographic library//Proceedings of the 12th ACM conference on Computer and communications security, Alexandria, 2005:26-35.

[3] LINCOLN P, MITCHELL J, MITCHELL M, et al. A probabilistic poly-time framework for protocol analysis// Proceedings of the 5th ACM conference on Computer and communications security, San Francisco, 1998:112-121.

[4] LINCOLN P, MITCHELL J, MITCHELL M, et al. Probabilistic polynomial-time equivalence and security protocols//Proceedings of the World Congress on Formal Methods in the Development of Computing Systems, Toulouse, 1999:776-793.

[5] MITCHELL J C, RAMANATHAN A, SCEDROV A, et al. A probabilistic polynomial-time process calculus for the analysis of cryptographic protocols. Theoretical Computer Science, 2006, 353(13):118-164.

第 5 章　自动化安全协议证明器 CryptoVerif 及应用

5.1　引　　言

自动化安全协议证明器 CryptoVerif[1]可以在一个主动攻击者和 n 次协议会话环境中证明安全协议和密码原语安全性，其中密码原语是位串的函数，攻击者是多项式时间图灵机。自动化安全协议证明器 CryptoVerif 是第一个基于计算模型，主要用来证明安全协议和密码原语安全性的强大的自动化工具。CryptoVerif 已经成功地用于验证 FDH 签名、PKINIT for Kerberos、标记语言（makeup language，ML）协议实施、公钥 Kerberos 协议、安全传输层（Transport Layer Security,TLS）协议实施、Diffie-hellman 协议、可否认认证协议、电子支付协议、网络投票协议、OpenID Connect 安全协议、OAuth2.0 安全协议、改进的 OAuth2.0 安全协议、TLS 1.3 握手协议等[2-20]。本章首先从 CryptoVerif 的结构、证明目标、语法三个方面对自动化证明工具 CryptoVerif 进行介绍，然后应用 Blanchet 演算对 TLS 1.3 握手协议进行形式化建模，最后应用 CryptoVerif 分别对 TLS 1.3 握手协议的安全性进行自动化分析，验证 TLS 1.3 握手协议的认证性，并给出对应的分析结果。

5.2　自动化安全协议证明器 CryptoVerif

5.2.1　结构

自动化安全协议证明器 CryptoVerif[1]证明过程是一系列的 *Game* 转换过程，为了把初始 *Game* 经过若干次转换变成满足安全属性的最终 *Game*，其中重要的一类转换需要应用密码原语安全性定义。Blanchet 用观察等价 $L \approx R$ 为每个密码原语的安全性进行建模，L 和 R 是一系列的函数（输入为函数的参数，输出为运行结果），$L \approx R$ 表示可以把调用 L 的进程 Q 转换为调用 R 的进程 Q'。Blanchet 用观察等价 $L \approx R$ 的形式对若干密码原语的安全性进行了定义，如对称加密算法、公钥加密算法、数字签名算法、摘要算法。除此之外，其他类型的转换都可看作是语法转换，语法转换是为了更好地应用密码原语的安全定义。密码原语安全性定义转换和语法转换相结合实现 *Game* 转换。CryptoVerif 具有可靠性，该工具能够证明出某安全协议的一个安全属性，那么在密码原语安全性定义正确前提下，该安全属性一定满足。

为了证明安全协议安全性，CryptoVerif 使用启发式证明策略执行 *Game* 转换[2]。在应用语法或密码原语安全性转换失败后，工具会检查该转换必需的前提条件是否全部满足，若某些条件不满足，会先对该条件进行转换，直到所有的条件都满足。这种策略使得协议证明过程可以完全自动化。CryptoVerif 也可交互模式工作，可以人工指定应用转换，通过密码原语函数和相关的密钥来指定要使用的特定密码原语的安全假设，使用启发式策略来推断中间可能要使用到的语法转换。交互模式对于某些基于公钥密码机制的安全协议十分必要，因为在某些情况下，可能同时有几个密码原语的安全定义可以使用，但只有其中的一个能够引出正确的证明。

1. *Games*方法

Blanchet 演算的证明过程是一个 *Game* 转换过程，CryptoVerif 工具的输入为初始 *Game* ，经过若干次转换操作，得到最终 *Game* ，并在最终 *Game* 上验证目标模型，从而判定协议能否满足特定的安全属性。本节将对 *Game* 转换的规则进行介绍，图 5.1 描绘了用 *Game* 序列证明安全性的思路。

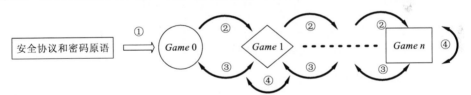

图 5.1　*Game* 序列语法转换

① 建模要证明的安全协议或密码原语安全性。

② 通常通过观察等价、失败事件、桥接步骤以及产生新的攻击*Game*在两个连续*Game*之间进行转换。

③ 评估两个连续攻击*Games*之间的变化。

④ 在*Game*中检查期望的安全性，如果原始序列和最终序列之间的改变非常小以至于能够被"忽略"，证明完成且所期望的安全性也得到证明。

2. 产生证明过程

CryptoVerif 中进程演算表示为 *Games* ，在图 5.2 中证明过程表示为一系列 *Games* 。初始 *Game* 建模安全协议以及需要证明的安全属性，在一个证明序列中，两个连续 *Games* 是观察等价的，这意味着攻击者不能计算区分它们。CryptoVerif

通过密码原语的安全定义或者语法转换将一个 *Game* 转换为另一个 *Game*，在证明序列的最后一个 *Game* 中，所期望的安全性得到证明，连续 *Game* 之间的转换具有多项式时间图灵机的不可区分性。

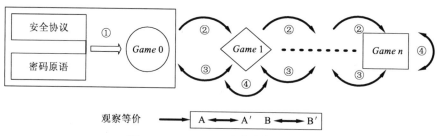

图 5.2　CryptoVerif 中安全性的证明

① 使用 Blanchet 演算建模要证明的安全协议，然后通过 CryptoVerif 证明初始 *Came* 具有所期望的安全性。它是真实协议与攻击者相互作用的结果。

② 在计算模型假设下，通过转换，每个转换是一个重写规则，产生一个等价或者几乎等价的 *Came*，包括密码原语的安全性定义和语法转换；连续 *Cames* 之间，*Came* 通过转换产生新的 *Came*。两个连续 *Came* 之间，攻击者攻击成功的概率差异是可忽略的或者是有界的。

③ 基于观察等价计算区分两个连续 *Came* 的概率。

④ 无论期望的安全性是否被证明，在证明的开始和每次成功转换的最后都进行简化和测试。最后的 *Came* 是"理想的"：在该 *Game* 中期望的安全性是显而易见的，那么在该 *Came* 中攻击者的优势通常是 0。

3. 证明技术

在 CryptoVerif 中证明技术叫作 *Game* 转换，转换将描述初始安全协议的进程转换为期望的安全性可以直接证明的进程，转换 *Game*0 为另一个观察等价的 *Game*，转换中使用如下技术。

1）密码原语的安全性定义

通过观察等价 $L \approx R$ 作为一个公理给出。这些等价上下文的内部使用 $Game1 \approx Context[L] \approx Context[R] \approx Game2$。这种形式化的定义对一些密码原语是通用的。最终 *Game* 可以使用这种观察等价进行多次转换获得。

密码原语使用观察等价 event server(x)==>client(x)，其中 G 形式化定义为

$$G := !^{i \le n} \text{new } y_i : T_i; \cdots; \text{new } y_i : T_i; (G_1, \cdots, G_m); (x_1 : T_1, \cdots, x_i : T_i) \to FP$$

$$FP := M; \text{new } x[\tilde{i}] : T; FP; \text{let } x[\tilde{i}] : T = M \text{ in } FP;$$

$$\text{find}\begin{pmatrix} \oplus_{j=1}^{m} u_j[\tilde{i}] \\ \le u_j \text{ suchthat defined}(M_{j_1}, \cdots, M_{j_l}) \\ \wedge M \text{ then } FP_j \end{pmatrix} \text{ else } FP$$

式中 $(x_1 : T_1, \cdots, x_i : T_i) \to FP$ 表示输入参数为 $x_1 : T_1, \cdots, x_i : T$，输出的是函数 FP 计算后的结果；观察等价 $(G_1, \cdots, G_m) \approx (G_1', \cdots, G_m')$ 表示攻击者可区分等式左右两边函数的概率可以忽略。从形式化的角度，函数可以认为是进程的另外一种表达形式，即在一个通道上接收相关的参数，输出计算结果；$[FP]_i^{\tilde{j}}$ 表示函数进程 FP 到输出进程的转换，$[G]_i^{\tilde{j}}$ 表示函数组 G 到输入进程的转换，$!^{i \leq n} \mathrm{new}\ y_1 : T_1; \cdots;$ $\mathrm{new}\ y_i : T_i; (G_1, \cdots, G_m)$ 输入和输出在通道 c_j 使得攻击者能够跟踪到随机数 $y_1, \cdots, y_i$。 $(x_1 : T_1, \cdots, x_i : T_i) \to FP$ 在通道 c_j 上接收输入参数，经过 FP 处理过后，结果通过通道 c_j 输出；$(G_1, \cdots, G_m) \approx (G_1', \cdots, G_m')$ 可以看作 $[(G_1, \cdots, G_m)] \approx [(G_1', \cdots, G_m')]$ 的简化形式。其他一些函数的类似表示方法如下：

$$\left[(x_1 : T_1, \cdots, x_i : T_i) \to FP\right]_i^{\tilde{j}} = c_j \left[\tilde{i}\right](x_1 : T_1, \cdots, x_i : T_i); [FP]_i^{\tilde{j}}$$

$$\left[M\right]_i^{\tilde{j}} = \overline{c_j \left[\tilde{i}\right]} < M >$$

$$\left[\mathrm{new}\ x[\tilde{i}] : T; FP\right]_i^{\tilde{j}} = \mathrm{new}\ x[\tilde{i}] : T; [FP]_i^{\tilde{j}}$$

$$\left[\mathrm{let}\ x[\tilde{i}] : T = M\ \mathrm{in}\ FP\right]_i^{\tilde{j}} = \mathrm{let}\ x[\tilde{i}] : T = M\ \mathrm{in}\ [FP]_i^{\tilde{j}}$$

$$\left[\mathrm{find}\left(\oplus_{j=1}^m u_j[\tilde{i}] \leq n_j\ \mathrm{suchthat}\ \mathrm{defined}\left(M_{j1}, \cdots, M_{jlj}\right) \wedge M_j\ \mathrm{then}\ FP_j\right) \mathrm{else}\ FP\right]_i^{\tilde{j}}$$

$$= \mathrm{find}\left(\oplus_{j=1}^m u_j[i] \leq n_j\ \mathrm{suchthat}\ \mathrm{defined}\left(M_{j1}, \cdots, M_{jlj}\right) \wedge M_j\ then\ [FP_j]_i^{\tilde{j}}\right) \mathrm{else}\ [FP]_i^{\tilde{j}}$$

对攻击者 C，使用等价关系 $L \approx R$，把进程 Q_0（观察等价于 $C[[L]]$）转换为 Q_0'（观察等价于 $C[[R]]$）。为了证明 $Q_0 \approx^V C[[L]]$，工具能保证具有以下的属性。

（1）对于 $M \in \mathbf{M}$，存在函数 L 输出结果项 N_M，存在替换 σ_M，使得 $M = \sigma_M N_M$。如果在 Q_0 中得到 M，那么可在对应的 $C[[L]]$ 中得到 N_M。

（2）S 中的变量不在 V 中，在 Q_0 中定义，并且出现在 $M = \sigma_M N_M \in \mathbf{M}$ 中。

（3）$\tilde{i}$，$\tilde{i}'$ 分别是 L 中 N_M 和 Q_0 中 M 对应的当前拷贝编号序列，其中存在映射函数 $mapIdx_M$，负责把 Q_0 中数组 M 中元素的索引映射到 L 中 N_M 中对应元素的索引，比如 Q_0 中数组 M 索引号 $\tilde{i}' = \tilde{a}$ 对应 $C[[L]]$ 中 N_M 索引号 $\tilde{i} = mapIdx_M(\tilde{a})$。因此可以说，$\mathrm{newChannel}\ c; Q$，$\sigma_M$ 和 $mapIdx_M$ 分别关联 Q_0，L 中的项和变量：

对于所有的 $M \in \mathbf{M}$ ，所有 N_M 中的 $x\left[\tilde{i}''\right]$ ，即 $(\sigma_{Mx})\left\{\tilde{a}\big/\tilde{i}'\right\}$ 对应于

$x\left[\tilde{i}''\right]\left\{mapIdx_M^{(\tilde{a})}\big/\tilde{i}'\right\}$ ，Q_0 的一个执行路径上的 $(\sigma_{Mx})\left\{\tilde{a}\big/\tilde{i}'\right\}$ 的值和 $C[[L]]$ 上对应

迹的 $x\left[\tilde{i}''\right]\left\{mapIdx_M^{(\tilde{a})}\big/\tilde{i}'\right\}$ 的值相等。

2）语法转换

（1）经过 $RemoveAssign(x)$ 与 Simplify，可以得到一系列 $Games : Games0 \approx Game1 \approx \cdots \approx GameM$ ，也就是 $Game0 \approx GameM$ 。

（2）$RemoveAssign(x)$ 是替换操作，如通过 let $x[i_1,...,i_l]:T = M$ in P 形式定义 x ，在对 $Game$ 执行转换 $RemoveAssign(x)$ 后，$Game$ 中的 $x[i_1,\cdots,i_l]$ 会替换成项 M 。若 x 被多次定义，直接在 $Game$ 中使用 M 替换 $x[i_1,\cdots,i_l]$ ，比如在 find 操作中，操作前并不知道调用的是哪一个 $x[i_1,\cdots,i_l]$ 。若 x 只有一个定义时，可以在 $Game$ 的任何地方使用 $M\left\{M_1\big/i_1,\cdots,M_l\big/i_l\right\}$ 替换 $x[M_1,\cdots,M_l]$ 。为了满足定理 2，在 find 条件中增加了 defined 条件。通过检查该条件，如果在初始 $Game$ 中定义 $x[M_1,\cdots,M_l]$ ，那么在其转换后的 $Game$ 中的 find 条件也能够确定该变量已定义。当 $x \in V$ 时，x 的定义会保持。当 x 在转换后没有使用到，会删除对它的定义。如果 x 只在 defined 条件的测试中使用到，会使用一个常量替换它的定义（重要的是定义 x 的位置，而不是它的值）。

（3）Simplify 表示化简等价方法。对当前 $Game$ 进行化简，根据对象的不同，该规则也不同。

（4）用户自定义的函数关系等式：表达式 $\forall x_1:T_1,\cdots,\forall x_m:T_m,M$ 表示在任意的环境 E 下，任何 $j \leq m$ ，$E(x_j) \in I_\eta(T_j)$ 满足 $E,M \Downarrow true$ 。①进程中的等式：例如，P' 为 P 经过 Simplify 后的进程，在进程 P' 中 $M = true$ ，那么等价于在 P 中 $M = true$ ，而在 P' 中 $M = false$ 等价于在 P 中 $M = false$ 。②发生碰撞的低可能性。例如若有对 x 的一个定义 new $x:T$ 且 T 是一个 large 类型，那么等式 $x[M_1,\cdots,M_m] = x[M_1',\cdots,M_m']$ 且 $M_1 = M_1',\cdots,M_m = M_m'$ 同时成立的概率几乎为零。

（5）CryptoVerif 工具使用上述规则对进程 $Game$ 进行简化，例如，若 $M = true$ ，那么语句 if M then P else P' 可以简化为标记 P ，同理，通过应用 Simplify 后，标记 find 的所有 f 分支也会被删除掉。

4. 证明策略

在证明的开始和成功密码转换之后，无论期望的安全性是否被证明，CryptoVerif 都会执行 Simplify 操作和测试，如果结果被证明则停止。为了执行密码原语转换和语法转换，证明策略依赖于 Advice 的思想。

Advice 是指 CryptoVerif 企图应用所有的等价作为公理，它表示密码原语的安全假设。它将等价的左边转换为等价的右边。如果成功转换，那么所获得的 *Game* 被简化。当转换失败时，为了使得转换成功将返回使用语法转换，叫作启发式转换。然后 CryptoVerif 使用该转换和重试初始转换。

5. CryptoVerif 的输入和输出

CryptoVerif 的输入脚本可以看作原始 *Game*，协议模型通过 CryptoVerif 使用转换直到能满足目标安全条件的最终 *Game*。CryptoVerif 的输入是 Blanchet 演算[1]，是应用 PI 演算的变种，此种 PI 演算对每个复制进程是多项式有界的，关于详细 Blanchet 演算的内容参见第 4 章。因此，进程表示为一个多项式时间图灵机，与攻击者通过有限的位串来交互。攻击者建模为多项式时间图灵机。在这个脚本中，通过类型、函数声明、等式、不等式和基于等价的 *Game* 来引入密码假设。

一般来说输入包括以下三个部分。

（1）密码原语的安全假设。

（2）初始 *Game*。

（3）所要证明的属性。

CryptoVerif 的输出一般也由以下三个部分组成。

（1）每个期望属性是错误的(负面的)概率。

（2）证明过程中的 *Game* 序列。

（3）一个 *Game* 之间转换的简单说明。

CryptoVerif 工作有两种模式：全自动模式和交互模式。交互模式要求使用者输入命令去指导要执行 *Game* 转换，该模式适用于应用了非对称密码原语的安全协议。

5.2.2　证明目标

1. 保密性

定义（单次会话安全性）　如果 $Q|Q_x \approx Q|Q_x{}'$，则进程中满足单次会话安全性，其中

$$c \notin fc(Q), u_1, \cdots, u_m, y \notin \mathrm{var}(Q), \varepsilon(x) = [1, n_1] \times \cdots \times [1, n_m] \to T$$

$$Q_x = c\left(u_1 : [1, n_1], \cdots, u_m : [1, n_m]\right); \ if \ defined\left(x[u_1, \cdots, u_m]\right) \ then \ \overline{c} < x[u_1, \cdots, u_m] > .$$

$$Q'_x = c\left(u_1 : [1, n_1], \ldots, u_m : [1, n_m]\right); \ if \ defined\left(x[u_1, \ldots, u_m]\right) \ then \ \mathrm{new} \ y : T; \overline{c} < y > .$$

满足单次会话安全性的协议，攻击者不能区分开输出秘密值的进程和输出随机数的进程。

定义（强安全性） 如果 $Q | R_x \approx Q | R'_x$，则进程 Q 中变量 x 满足强安全性，其中：

$$c \notin fc(Q), u_1, \cdots, u_m, y \notin \mathrm{var}(Q), \varepsilon(x) = [1, n_1] \times \cdots \times [1, n_m] \to T, I_\eta(n) \ge I_\eta(n_1) \times \cdots \times I_\eta(n_m):$$

$$R_x = !^{i \le n} c\left(u_1 : [1, n_1], \ldots, u_m : [1, n_m]\right); \quad if \ defined\left(x[u_1, \ldots, u_m]\right) \ then \ \overline{c} < x[u_1, \ldots, u_m] > .$$

$$R'_x = !^{i \le n} c\left(u_1 : [1, n_1], \cdots, u_m : [1, n_m]\right); \quad if \ defined\left(x[u_1, \cdots, u_m]\right) \ then$$

$$find \ u' \le n \ such that \ defined(y[u'], u_1[u'], \cdots, u_m[u']) \ \wedge u_1[u'] = u_1 \wedge \cdots \wedge u_m[u'] = u_m$$

$$then \ \overline{c} < y[u'] > else \ \mathrm{new} \ y : T; \overline{c} < y > .$$

满足强安全性的协议，攻击者不能区分输出不同索引对应秘密值的进程和输出独立随机数的进程，是比单次会话安全性更强的属性。

2. 认证性

Blanchet 演算中使用非单射一致性和单射一致性建模认证性，非单射一致性和单射一致性是两个具有不同特性的对应关系。

定义（非单射一致性） 若一些事件发生了，那么另外一些事件至少发生了一次。这里的事件可以看作程序的一个断点，即协议执行路径上的一节点。对于任意的 x, y, z，如果事件 $e_B(x, y, z)$ 发生，那么事件 $e_A(x, y, z)$ 已发生。可表示为

$$event\left(e_B\left(x, y, z\right)\right) \Rightarrow event\left(e_A\left(x, y, z\right)\right)$$

对于任意的 x，如果事件 $e_1(x)$ 和 $e_2(x)$ 发生，那么事件 $e_3(x)$ 已发生，或存在 y 且 $e_4(x, y)$ 和 $e_5(y, z)$ 已发生可表示为

$$event\left(e_1\left(x\right)\right) \wedge event\left(e_2\left(x\right)\right) \Rightarrow event\left(e_3\left(x\right)\right) \vee \left(event\left(e_4\left(x, y\right)\right) \wedge event\left(\left(e_5\left(y, z\right)\right)\right)\right)$$

定义（单射一致性） 若一些事件发生了 n 次，那么另外一些事件至少发生了

n 次，如每次事件 $e_B(x,y,z)$ 的发生对应于不同的事件 $e_A(x,y,z)$ 的发生可表示为

$$inj\text{-}event\left(e_B(x,y,z)\right) \Rightarrow inj\text{-}event\left(e_A(x,y,z)\right)$$

事件 $e_1(x)$ 发生，那么每次 $e_2(x)$ 发生对应于不同的 $e_3(x)$ 的发生或不同的事件 $e_4(x,y)$ 和 $e_5(y,z)$ 的发生可表示为

$$event\left(e_1(x)\right) \wedge inj\text{-}event\left(e_2(x)\right) \Rightarrow inj\text{-}event\left(e_3(x)\right) \vee \left(inj\text{-}event\left(e_4(x,y)\right) \wedge inj\text{-}event\left((e_5(y,z)\right)\right)$$

5.2.3　语法

CryptoVerif 可以在计算模型下证明安全协议的安全属性。输入文件中包含安全协议建模、密码原语假设和需要被证明的安全属性。下面对其基本的使用方法进行简要的介绍。

启动 CryptoVerif 工具命令行格式为：

./cryptoverif [选项] <文件名>

<文件名>是输入文件的名字，[选项] 有以下三种：

（1）-in <前端>：选择 CryptoVerif 工具使用的前端，<前端>可以是 channels（默认情况下）或 oracles，channels 前端使用 Blanchet 演算，在前面已经有详细的介绍，Oracles 前端使用一种接近密码 *Games* 的演算，在文献 [2] 中有详细介绍。

（2）-lib <文件名>：指定库文件的文件名（默认情况下为 default），需要在读取输入文件之前把相应的库文件加载进系统，channels 前端的库文件全名为<文件名>.cvl，oracles 前端的库文件全名为<文件名>.ocvl，库文件中包含对所有协议适用的一些声明，输入文件中可以直接调用它们。

（3）-tex <文件名>：激活 TeX 格式输出，并设置输出文件的名字，在这种模式下，CryptoVerif 会给出一个 TeX 版本的输出。

CryptoVerif 可以以交互模式运行，可以在证明过程中对其进行控制。通过设置系统参数 interactiveMode 来指定 CryptoVerif 执行方式，若 interactiveMode=false，则 CryptoVerif 工作在全自动模式，若 interactiveMode=true，则其工作在交互模式，CryptoVerif 工具会等待用户的指令，从而根据不同的指令执行不同的操作。

除了已经介绍的 Blanchet 演算中的一些标记，下面给出其他一些在输入文件中常用的符号。

（1）Param n，声明参数 n，n 表示进程的并发数。

（2）Proba p，声明一个概率类型的变量 p 或函数 p。

（3）Type T，声明一个类型 T，不同类型是满足不同条件的位串集合。条件包括：

- bounded，固定长度的位串；
- fixed，具有 bounded 性质且具有随机性质的位串集合；
- large，具有足够多元素的类型，该类型中两个元素发生碰撞的可能性可以忽略；
- password，只有当使用命令 *Simplify* coll_elim 时等价于 large。

（4）fun $f(T_1,\cdots,T_n):T$，表示函数 f，n 个输入的类型分别为 $T_1,\cdots,T_n$，返回值的类型为 T。

（5）const $c_1,\cdots,c_n:T$，声明类型为 T 的常量 $c_1,\cdots,c_n$。

（6）Channel $c_1,\cdots,c_n$，声明通道名称。

（7）event $e(T_1,\cdots,T_n)$，声明参数为 $T_1,\cdots,T_n$ 的事件 e。

（8）let x=p，赋值操作。

（9）query，query 用来指定要证明的安全属性。安全属性有以下三种形式：

- secret1 x ，数组 x 中任一元素的保密性；
- secret x，数组 x 的保密性；
- $x_1:T_1,\cdots,x_n:T_n$; event $M \to M'$，若事件 M' 发生了，则事件 M 一定已经发生。

CryptoVerif 工具已经对一些标准的密码原语进行了预定义，这些密码原语的定义以宏的形式保存在库文件 default.cvl（或 default.ocvl）中，下面对其中的对称加密算法进行介绍。

IND_CPA_sym_enc(keyseed, key, cleartext, ciphertext, seed, kgen, enc, dec, injbot, Z, Penc)

- keyseed，密钥种子类型，具有 fixed 性质（保证了生成种子的随机性）；
- key，密钥的类型，具有 bounded 性质。
- cleartext，明文的类型。
- ciphertext，密文的类型。
- seed，加密算法中随机种子的类型，具有 fixed 性质。
- kgen，密钥生成函数。
- enc，加密函数。
- dec，解密函数。
- injbot，类型转换函数。
- Z，归零函数。
- Penc(t,N,l)，在时间 t，一个密钥，对长度为 1 的明文的 N 次加密计算情况下攻破 IND-CPA(Indistinguishability Under Chosen Plaintext Attack)属性的概率。

CryptoVerif 工具会输出对输入文件的处理过程，该处理过程以 *Game* 序列的形式给出，对相邻 *Game* 之间的转换执行情况给出了充分的描述，并且以概率的形式描述了相邻 *Game* 之间的差别（若概率不为 0 的话），以 RESULT 为开头的输出行是证明结果，它可能会指出一个属性能够被证明，并且会给出攻击者攻破该属性的概率，或者给出该属性不能被证明。

5.3　自动化分析 TLS 1.3 握手协议安全性

5.3.1　TLS 1.3 握手协议

TLS1.3 协议[21]主要由握手协议和记录协议组成，它是 TLS 协议不可或缺的一部分。记录协议是一个分层协议，它从更高层接收传输消息并且把接收到的消息数据划分为块然后传输划分的结果。接收到的消息经过反处理然后把它发往高层客户端。TSL1.3 握手协议是 TSL1.3 记录协议定义的更高层客户端，它用来在客户端与服务器之间建立一个安全会话。换言之，TLS1.3 握手协议可以提供服务器到客户端的认证和预主密钥的可信性。图 5.3 描述了 TLS1.3 握手协议实施过程中服务器与客户端之间的消息交换。

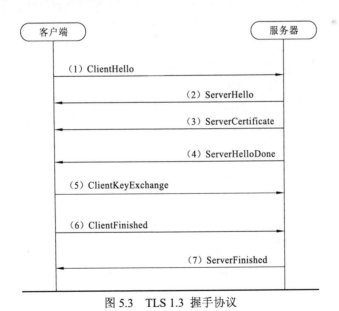

图 5.3　TLS 1.3 握手协议

在 TLS1.3 握手协议包含客户端与服务器。客户端与服务器使用 TLS1.3 握手协议共享公共密钥并且服务器使用 TLS1.3 协议认证客户端身份。简化的 TLS1.3 协议包含以下 7 个消息，它们分别是：Clienthello, ServerHello, ServerCertificate, ServerHelloDone, ClientKeyExchange, ClientFinished, ServerFinished。

1）ClientHello:=client_version||client_random||session_id||cipher_suites||compression_methods||extensions

当客户端相连接到服务器时，TLS1.3 握手协议要求客户端发送 ClientHello 消息。这个消息主要包括 client_version, client_random, session_id, cipher_suites, compression_methods, extensions。client_version 描述的是在会话的过程中客户端与服务器通信的 TLS 协议的版本；client_random 描述的是客户端用来防止重攻击和计算预主密钥产生的结构；session_id 是 ClientHello 消息中一个很重要的参数，它描述了一个客户端想用来连接的会话 ID；cipher_suites 描述了客户端支持的密码选择的列表；compression_methods 是客户端支持的压缩的方法；extensions 描述了一些需要服务器支持的延伸的函数。客户端产生 ClientHello 消息并发送给服务器。

2）ServerHello:=server_version || server_random|| session_id || cipher_suites || compression_methods || extensions

当服务器接收到 ClientHello 消息后构造一个 ServerHello 消息。SeverHello 消息主要包括：server_version, server_random, session_id, cipher_suites, compression_methods，extensions。服务器根据 ClientHello 消息产生 ServerHello 消息，server_version 在更低客户端 ClientHello 消息和最高服务器支持的消息下产生，server_random 描述了服务器用来防止重攻击和计算预主密钥的结构，session_id 描述了根据 ClientHello 消息会话的 id 发现缓存中的会话 id，cipher_suites 是从 ClientHello 消息中得来的，cipher_suits 的值是 TLS_RSA_WITH_RC4_128_MD5，compression_methods 是从 ClientHello 消息中得来的，Extensions 是消息 ClientHello 的延伸，服务器构造消息 ServerHello 消息后，服务器把它发送给客户端。

3）ServerCertificate:=version||serialNumber||algorithmIdentifier||issuer||utcTime||server_subject_name ||server_subject _key_info||signature

服务器把消息 ClientHello 消息发送给客户端之后，它构造消息 Server Certificate 消息并且把这个消息发送给客户端。消息 ServerCertificate 用来把服务器的公钥告诉给客户端。消息 ServerCertificate 主要包含：version, serialNumber, algorithmIdentifier, issuer, utcTime, server_subject_name, server_subject_key_info and signature。在这里我们主要介绍 server_subject_name 和 server_subject_key_info 两个参数。server_subject_name 参数是拥有证书的服务器的名字；

server_subject_key_info 主要包含服务器公钥以及和公钥相关的信息。

4）ServerHelloDone:=ServerHelloDone

服务器发送消息 ServerCertificate 之后，它构造消息 ServerHelloDone 并且把这个消息发送给客户端。服务器发送的消息 ServerHelloDone 说明 ServerHello 消息的结束以及相关信息。在发送 ServerHelloDone 消息之后，服务器将等待一个客户端响应。

5）ClientKeyExchange:=KeyExchangeAlgorithm||EncryptedPreMasterSecret

在服务器发送消息 ServerHelloDone 之后，服务器发送 ClientKeyExchange 消息，ClientKeyExchange 消息是 TLS1.3 握手协议中用来用一种安全的方式把预主密钥告诉给客户端的密管理。ClientKeyExchange 消息主要包含 KeyExchangeAlgorithm 和 EncryptedPreMasterSecret 参数。使用这个消息，通过传输使用的 RSA 加密预主密钥来实现与主密钥的可信性。KeyExchangeAlgorithm 参数描述了密钥交换算法，它的值是 RSA。EncryptedPreMasterSecret 描述了预主密钥的可信性的结构。Pre_master_secret 是客户端产生的并且用来产生预主密钥。

6）ClientFinished:=ClientFinished

当密钥端交换和认证进程成功的时候，消息 ClientFinished 总是发送给服务器。服务器必须确认消息内容的正确性。一旦客户端发送 ClientFinished 消息并且收到服务器发送过来的 ServerFinished 消息，客户端通过连接开始接收和发送应用程序数据。

7）ServerFinished:=ServerFinished

当服务器确认密钥交换以及认证进程成功时候，ServerFinished 消息总是立马被发送到客户端。客户端必须确认这个消息的正确性。一旦服务器发送 ServerFinished 消息并且接受到来自客户端的 ClientFinished 消息，服务器就通过连接开始发送和接收消息。

5.3.2 应用 Blanchet 演算对 TLS 1.3 握手协议形式化建模

Blanchet 演算是一种基于 PI 演算及其他多种演算思想的多项式概率演算，所有的进程都在多项式时间内运行，指定安全属性的主要工具是观察等价：当攻击者几乎不能区分 Q 与 Q' 时，Q' 是观察等价的，即 $Q \approx Q'$。在 Blanchet 演算中，所有的消息都是位串，加密原语是从位串到位串的函数，所有变量值在协议执行的过程中都存储在数组中，这是自动证明安全协议的关键。应用 Blanchet 演算对 TLS1.3 握手协议进行建模之后，可以利用自动化验证工具 CryptoVerif 对协议的安全性进行验证。

1. 主进程

完整的 TLS 1.3 握手协议的形式化模型如图 5.4 所示，其中 ciphersuite 是 Blanchet 演算中的 RSA 加密算法。图 5.5～图 5.7 描述了基本的进程，包含 InitatorProcess, ClientProcess 和 ServerProcess。图 5.4 中的进程 TLS1.3 process 与攻击者进行交互。

$$\left[\text{let TLS1.3 process} = \text{InitatorProcess} \left\| \left(\left(!^{n1}\text{ClientProcess} \right) \middle| \left(!^{n2}\text{ServerProcess} \right) \right) \right\| \right]$$

图 5.4　TLS 1.3 握手协议进程

```
Let InitatorProcess =
    start( );
    new seedone:rsakeyseed;
    let pkeyrsa:rsapkey=rsapkgen(seedone) in
    let skeyrsa:rsaskey=rsaskgen(seedone) in
    new seedtwo:keyseed;
    let signpkey:pkey=pkgen(seedtwo) in
    let signskey:skey=skgen(seedtwo) in
    new keyhash:hashkey;
    c̄⟨pkeyrsa,signpkey,keyhash⟩
```

图 5.5　InitatorProcess

```
let ClientProcess=
    c( );    (*Client Hello*)
    new clientversion:version;    new clientrandom:random;
    new clientciphersuites:cipher_suites;
    let messageone:message=concatA(clientversion,clientrandom,null,clientciphersuites) in
    c̄1⟨one,messageone⟩;    c2(=two,messagetwo_s:message);
    let concatA⟨Agreement_version:version,server_random:random,
               sessionid_s:session_id,suites_s:cipher_suites⟩=messagetwo_s in
    c( );    c3(=three,messagethree_s:message,signone_s:signature);
    if check(messagethree_s,signpkey,signone_s) then
    let concatB⟨CertifyVersion:CertificateVersion,
               name_s:subjectname,certify_info:Certificate⟩=messagethree_s in
    let concatinfo⟨pkeyrsa_s:rsapkey,name_algorithm:algorithmname⟩=certify_info in
    c̄⟨ ⟩;    c4(=four,messageour_s:message);
    if messageour_s=ServerHelloDone then    (*ClientExchange*)
    new premastersecret:key;    new r2:seed;
    let messagefive:message=enc(keytocleartext(premastersecret),pkeyrsa_s,r2) in
    c̄5⟨five,messagefive⟩;    (*Client Finished*)
    c( );
    let c_s_random_c:input=concatprf(clientrandom,server_random) in
    let hashmessage_c:hashinput=cocathashone(messageone,messagefive) in
    let keytooutput(mastersecret_c:key)=f⟨premastersecret,mastesecret,
                                          c_s_random_c⟩ in
    let verifydata:output=f⟨mastersecret_c,clientfinished,
                            hash⟨keyhash,hashmessage_c⟩⟩ in
    event client(verifydata);    c6⟨six,verifydata⟩.
```

图 5.6　ClientProcess

```
let ServerProcess=
    c7(=one,messageone_c:message);
    let concatA( client_version:version,client_random:random,
                 id:session_id,ciphersuites:cipher_suites  )=messageone_c in
    find i<=N suchthat defined(sesssionid[i])&&(sessionid[i]=id) then
            let id_store:session_id=id in
            if id=null then      new sessionid:session_id;
    let id_store=sessionid in
            if client_version=Agreementversion then        new serverrandom:random;
            let messagetwo:message=concatA(Agreementversion,serverrandom,id_store,suites) in
    c8⟨two,messagetwo⟩;   (*Server Certificate *)
    c( );    new name:subjectname;    new subjectalgorithm:algorithmname;
    let Certificateinfo:Certificate=concatinfo(pkeyrsa,subjectalgorithm) in
    let messagethree:message=concatB(certify,name,Certificateinfo) in      new r1:seed;
    let signone:signature=sign(messagethree,signskey,r1) in
    c9⟨three,messagethree,signone⟩;    (*Server Hello Done *)
    c( );    c10⟨four,ServerHelloDone⟩;    c11(=five,messagefive_c:message);
    let injbot(keytocleartext(premaster_secret:key)=dec(messagefive_c,skeyrsa) in
    c⟨ ⟩;    (*Server Finished*)
    c12(=six,verifydata_fc:output);
    let c_s_random_s:input=concatprf(client_random,serverrandom) in
    let keytooutput(mastersecret_s:key)=f(premaster_secret,mastesecret,c_s_random_s) in
    let hashmessage_fc:hashinput=cocathashone(messageone_c,messagefive_c) in
    if f(mastersecret_s,clientfinished,hash(keyhash,hashmessage_fc))=verifydata_fc then
    let hashmessage:hashinput=cocathashtwo(messagetwo,messagethree,ServerHelloDone) in
    event server(verifydata_fc);
    c13,(seven,f(mastersecret_s,serverfinished,hash(keyhash,hashmessage))).
```

图 5.7　ServerProcess

2. InitatorProcess 进程

InitatorProcess 生成基于 RSA 的用于加密的服务器的公钥 pkeyrsa 和私钥 skeyrsa，基于 RSA 的用于数字签名的公钥 signpkey 和私钥 signskey。然后通过公开通道 c，发送 pkeyrsa signpkey keyhash。

图 5.5 中的 InitatorProcess 进程首先生成服务器的公钥 pkeyrsa：通过通道 start，InitatorProcess 从攻击者那里收到一个空消息，然后通过构造语句 new seedone:rsakeyseed，随机选择一个类型为 rsakeyseed 的位串 seedone，接着通过调用公钥生成算法 rsapkgen(seedone)，根据 seedone，InitatorProcess 进程生成服务器的公钥 pkeyrsa。类似地，调用 rsapkgen(seedone)，InitatorProcess 生成密钥 skeyrsa。

InitatorProcess 生成用于数字签名的公钥 signpkey 和私钥 signskey，其方法是通过构造语句 new seedtwo:keyseed，InitatorProcess 进程随机生成一个类型为 keyseed 的位串 seedtwo，然后通过调用公钥生成算法 pkgen(seedtwo)，根据 seedtwo，InitatorProcess 生成服务器的公钥 signpkey。再通过调用 skgen(seedtwo)，InitatorProcess 生成密钥 signskey；同时，通过构造语句 new keyhash:hashkey，生

成类型为 hashkey 的 hash 密钥 keyhash，最后通过公开信道 c，发送 pkeyrsa signpkey keyhash 。

发送完这个消息以后，控制转向接收进程，客户端进程和服务器进程并行运行。$\left(\left(\left(!^{m1}\text{ClientProcess}\right)\mid\left(!^{m2}\text{ServerProcess}\right)\right)\right)$ 是客户端进程$!^{m1}$ClientProcess 和服务器进程$!^{m2}$ServerProcess 的并行复合。

3. ClientProcess 进程

应用 Blanchet 演算建模的客户端进程 ClientProcess 如图5.6所示。通过构造语句 new clientversion:version 、 new clientrandom:random 和 new clientciphersuites: cipher_suites ，ClientProcess 生成类型为 version 的 client-version clientversion，类型为 random 的 client-random，类型为 cipher_suites 的 cipher-suites clientphersuites，再应用构造语句 let messageone:message =concatA(clientversion,clientrandom,null, clientciphersuites) in，函数 concatA(clientversions,clientrandom, null, clientphersuites)，产生类型为 message 的 ClientHello 消息 messageone，最后应用构造语句 $\overline{c1}\langle\text{one,messageone}\rangle$，通过公开信道c1，发送消息 one,messageone 。

应用构造语句 c2(=two,messagetwo_s:message)，通过公开通道 c2，ClientProcess 收到了类型为 message 的消息 two,messagetwo_s，然后通过构造语句 let concatA（Agreement_version:version,server_random:random,sessionid_s:session_id,suites_s:cipher_suites)=messagetwo_s in，函数 concatA(Agreement_version: version, server_random:random,sessionid_s,suites_s:cipher_suites)，得到了类型为 version 的 version Agreement_version，类型为 random 的 server_random，类型为 session_id 的 sessionid_s 和类型为 cipher_suites 的 suites_s，再应用构造语句 $\overline{c3}\langle\text{=three,messagethree\_s:message,signone\_s:signature}\rangle$，ClientProcess 进程通过公开信道c3发送消息 =three,messagethree_s:message,signone_s:signature 。

应用构造语句 c3(=three,messagethree_s:message,signone_s:signature)，ClientProcess 进程得到了消息 messagethree_s:message 的数字签名 signone_s: signaure，接着应用函数 check( )验证消息 messagethree_s:message 的数字签名 signone_s: signaure 。如果验证成功，则应用构造语句 let concatB(CertifyVersion: CertificateVersion,name_s:subjectname,certify_info:Certificate) =messagethree_s in，得到证书版本 Certify Version:Certificate Version，服务器主体名字 name_s: subjectname name_s 和证书 certify_info:Certificate 。再应用构造语句 let concatinfo (pkeyrsa_s:rsapkey,name_algorithm:algorithmname)=certify_info，从证书 certify_info:

Certificate 中，得到了服务器的公钥 pkeyrsa_s:rsapkey 和支持的算法名字 name_algorithm:algorithmname 。

应用构造语句 c4(=four,messageour_s:message)，通过公开信道 c4，After that ClientProcess 进程收到了消息 messagefour_s:message 。If the message 如果消息 messagefour_s:message 是 ServerHelloDone，那么应用构造语句 new premastersecret:key，产生类型为 key 的预主密钥 premastersecret。然后，应用构造语句 let messagefive:message= enc (keytocleartext (premastersecret),pkeyrsa_s,r2)in，使用公钥 pkeyrsa_s，应用 RSA 加密算法 enc( )加密预主密钥 premastersecret，得到类型为 message 的 and gets the message 消息 messagefive，再应用构造语句 $\overline{c5}$⟨five,messagefive⟩，通过公开信道 c5，发送消息 messagefive。

应用构造语句 let c_s_random_c:input=concatprf(clientrandom,server_random) in，ClientProcess 进程使用函数 concatprf( )计算消息 clientrandom, server_random 的值 c_s_random_c:input 。同时，应用构造语句 let hashmessage_ c:hashinput= cocathashone(messageone,messagefive) in ，ClientProcess 进程使用函数 cocathashone( )计算消息 messageone,messagefive 的值 cocathashone。然后应用构造语句 let keyoutput(mastersecret_c:key)= f(premastersecret, mastesecret, c_s_random _c) in ，ClientProcess 进程得到主密钥 mastersecret_c:key，再应用 PRF 函数 f( )生成主密钥 key mastersecret_c:key，应用构造语句 let verifydata:output= f(hash(keyhash,hashmessage_c)) in ，使用 PRF 函数 f( )计算 verifydata。by the construct let verifydata:output= (mastersecret_c,clientfinished,hash(keyhash, hashmessage_c)) in，最后执行事件 event client(verifydata) 并且应用构造语句 $\overline{c6}$⟨six,verifydata⟩，通过公开信道 c6，把 verifydata 发送出去。

4. ServerProcess 进程

应用 Blanchet 演算建模的服务器进程 ServerProcess 如图 5.7 所示。应用构造语句 c7(=one,messageone_c:message)，通过公开信道 c7，ServerProcess 进程 receives the message 收到消息 one,messageone_c:messageone，然后通过构造语句 letconcatA (client_version: version, client_random: random, id: session_id, ciphersuites: cipher_suites) =messageone_c in，应用函数 concatA 解析消息 messageone_c 得到 and gets 客户端版本 client_version:version，客户端随机数 client_random:random，会话 id id:session_id 和密码套件 ciphersuites:cipher_suites 。通过构造语句 find i<=N such that denfined (sessionid[i])&&(sessionid[i]=id) then，ServerProcess 进程检查 id 是否等于 sessionid 。如果验证成功，那么通过构造语句

let id_store:session_id=id in，把 id 存储到 id_store:session_id。如果 id 是空值，那么应用构造语句 new session:session_id，ServerProcess 进程生成一个类型为 session_id 的新的 sessionid，再应用构造语句 let id_store=sessionid in，把新的 sessionid 存储到 id_store。如果 client_version 等于 Agreementversion，那么应用构造语句 new serverrandom:random 产生一个随机数 serverrandom，然后应用构造语句 let messagetwo:message= concatA(Agreementversion,serverrandom,id_store,suites) in，应用函数 concatA() 计算消息 messagetwo:message。应用构造语句 $\overline{c8}\langle$two,messagetwo$\rangle$，通过公开信道 c8，ServerProcess 进程发送消息 messagetwo。

应用构造语句 new name:subjectname 和 new subjectalgorithm:algorighmname，ServerProcess 进程生成证书的主体名字 name:subjectname 和证书的主体算法 subjectalgorithm:algorighmname。同时，通过构造语句 let Certificateinfo:Certificate= concatinfo(pkeyrsa,subjectalgorithm) in，应用函数 concatinfo() 生成证书信息 Certificateinfo:Certificate。通过构造语句 let messagethree:message=concatB (certify, name,Certificateinfo)in，应用函数 concatB( ) 生成消息 messagethree: message，通过构造语句 let signone:signature= sign (messagethree, signskey,r1)in，应用数字签名函数 sign( ) 生成消息 messagethree:message 的数字签名 signone: signature。应用构造语句 $\overline{c9}\langle$three,messagethree,signone$\rangle$，通过公开信道 c9 .It also sends 发送消息 messagethree,signone。接着，应用构造语句 $\overline{c10}\langle$four, ServerHelloDone$\rangle$，通过公开信道 c10，发送消息 four,ServerHelloDone。

应用构造语句 c11(=five,messagefive_c:message)，ServerProcess 进程通过公开信道 c11 收到消息 messagefive_c:message，通过构造语句 let injbot(keytocleartext (premaster_secret:key)) =dec(messagefive_c,skeyrsa) in，应用 RSA 解密算法 dec( ) 解密消息 messagefive_c:message 得到预主密钥 premaster_secret:key。

然后应用构造语句 c12(=six,verifydata_fc:output)，通过公开信道 c12，ServerProcess 收到消息 verifydata_fc:output。通过构造语句 let c_s_random_s:input= concatprf(client_random, serverrandom) in，应用函数 concatprf 计算 c_s_random_s；通过构造语句 let keytooutput(mastersecret_s:key) =f(premaster_secret,mastesecret, c_s_random_s) in，应用 PRF 函数 f( ) 计算主密钥 mastersecret_s:key，然后通过构造语句 let hashmessage_fc:hashinput= cocathashone(messageone_c,messagefive_c) in，应用函数 cocathashone( )，计算 hash 输入 hashmessage_fc。如果 verifydata_fc 等于函数 f(mastersecret_s,clientfinished, hash(keyhash, hashmessage_fc)) 的输出，那么通过构造语句 let hashmessage:hashinput= cocathashtwo(messagetwo,messagethree,

ServerHelloDone) in ，应 用 函 数 cocathashtwo( ) 计 算 hash 输 入 hashmessage: hashinput 。最后执行事件 event server(verifydata_fc) 。并且应用构造语句 $\overline{c13}$, (seven,fmastersecret_s,serverfinished, hash(keyhash,hashmessage)) ，通过公开信道 c13，发送消息 f(mastersecret_s,serverfinished,hash(keyhash,hashmessage)) 。

5.3.3 利用 CryptoVerif 验证 TLS 1.3 握手协议的秘密性和认证性

自动化验证工具 CryptoVerif 对安全协议的证明依赖于一系列的 *Game* 转换，即将最初的协议经过多次转换变成满足安全属性的 *Game*，其中最重要的转换是加密原语安全性定义。为了证明协议，在 *Game* 转换过程中，当一个 *Game* 转换失败后，为了能够得到预期的 *Game* 转换，它会建议另一个 *Game* 转换先执行，正是由于这种策略，协议能够完全自动得到证明。

CryptoVerif 有两种输入格式：channels 前端和 oracles 前端。在两种情况下，系统的输出本质上是一样的，主要区别是 oracles 前端使用 oracles 而 channels 前端使用通道。channels 前端必须通过通道声明来公开声明通道，而 oracles 前端没有类似的声明。这里使用通道前端作为 CryptoVerif.的输入，为了证明 TLS 1.3 握手协议中秘密性和认证性，TLS 1.3 握手协议的 Blanchet 演算实施需要被转换成 CryptoVerif 语法且产生通道前端形式的 CryptoVerif 输入。

1. 密码原语定义

Blanchet 在 CryptoVerif 中给出了一些密码原语的形式化定义，并证明了这些定义的正确性，在进行协议建模时，可以直接使用其中的相关密码原语的形式化定义。假设对称加密算法是 IND-CPA 安全的，MAC 算法是 UF-CMA 安全的，公钥加密算法是 IND-CCA2 安全的。图 5.8 描述 TLS 1.3 握手协议模型中的密码原语假设。

2. 事件定义

应用表 5.1 中的非单射一致性和单射一致性来建模服务器对客户端的认证性。

```
expand IND_CCA2_public_key_enc ( rsakeyseed, rsapkey, rsaskey, cleartext , message , seed,
                                  rsaskgen, rsapkgen, enc,dec, injbot , Z,Penc,Penccoll )
expand CollisionResistant_hash ( hashkey, hashinput , input , hash,Phash )
expand PRF_new ( keyseed, key, input , output , kgen, f ,Pprf )
define IND_CPA_sym_enc ( keyseed, key, cleartext, ciphertext, seed, kgen, enc,dec, injbot, Z, Penc )
define PRF_new ( keyseed, key, input, output, kgen, f, Pprf )
param N1, N2, N3.

fun f ( key,label, input ): output.
fun kgen(keyseed):key.

equiv !N3 new r: keyseed;new labelc:label; !N1 Of(x:input) := f(kgen(r),labelc, x)
      <=(N3 * Pprf(time + (N3-1)*(time(kgen) + N1 * time(f, maxlength(x))), N1, maxlength(x))=>
      !N3 new r: keyseed; !N1 Of(x:input) :=
                find[unique] j<=N1 suchthat defined(x[j],r2[j]) && otheruses(r2[j]) && x = x[j] then r2[j]
                else new r2: output; r2
```

图 5.8 密码原语假设

首先非单射一致性 event event server(x)==>client(x) 用来建模服务器认证客户端，接着单射一致性 event inj:event server(x)==>inj:client(x) 用来建模服务器认证客户端，图 5.6~图 5.15 是 TLS1.3 握手协议的 Blanchet 演算实施转换成 CryptoVerif 的输入，用来验证认证性和秘密性。

表 5.1　一致性

认证性	一致性关系
服务器认证客户端	event server(x)==>client(x)
服务器认证客户端	inj:event server(x)==>inj:client(x)

```
event server(output).
event client(output).
query x:output; event server(x)==>client(x).
query x:output; inj:event server(x)==>inj:client(x).
query secret premastersecret.
```

图 5.9　事件和秘密性查询

这里应用非单射一致性和单射一致性来建模服务器对客户端的认证性。首先非单射一致性 event event server(x)==>client(x) 用来建模服务器对客户端的认证性，然后单射一致性 event inj:event server(x)==>inj:client(x) 用来建模服务器对客户端的一致性，图 5.9 描述了 events 和 correspondence。query secret premastersecret 用来检查 paramaster secret 秘密性。

```
param N.

type version [large,fixed,bounded]. type random [large,fixed,bounded].
type seed [fixed]. type rsakeyseed [large,fixed].
type rsapkey [bounded]. type rsaskey [bounded].
type cleartext [large,bounded]. type ciphertext [large].
type keyseed [large,fixed]. type pkey [bounded].
type skey [bounded]. type signinput [fixed].
type signature [bounded]. type hashkey [fixed].
type hashinput [fixed]. type hashoutput [bounded,fixed].
type label [fixed]. type key [fixed,bounded].
type session_id [large,fixed]. type cipher_suites [large,fixed,bounded].
type CertificateVersion [large,bounded]. type Certificate [large].
type subjectname [large,fixed]. type algorithmname [large,fixed].
type ExchangeAlgorithm [large,fixed]. type premastersecret [large,fixed,bounded].
type message [large,fixed,bounded]. type host [bounded].
type input [large,bounded]. type output [fixed,bounded].
```

图 5.10　类型

```
const Agreementversion:version. (*protocol version *)
const suites:cipher_suites. (*cryptographic suite *)
const certify:CertificateVersion. (*certificate verson *)
const ServerHelloDone:message. (*ServerHelloDone *)
const mastesecret:label.
const serverfinished:label. (*h:label"server finished" *)
const clientfinished:label. (*h:label"client finished" *)
const null:session_id. (*session_id is null *)
const one:host. const two:host.
const three:host. const four:host.
const five:host. const six:host. const seven:host.

fun keytocleartext(key):cleartext [compos].
fun keytooutput(key):output [compos].
fun concatA(version,random,
            session_id,cipher_suites):message [compos].
fun concatB(CertificateVersion,
            subjectname, Certificate):message [compos].
fun concatinfo(rsapkey, algorithmname):Certificate [compos].
fun concatprf [random,random]:input [compos].
fun cocathashone(message,message):hashinput [compos].
fun cocathashtwo(message,message,message):hashinput [compos].

proba Penc. proba Penccoll.
proba Psign. proba Psigncoll.
proba Phash. proba Pprf
```

图 5.11　常量和函数

```
define PRF_new(keyseed, key, input, output, kgen, f, Pprf) {
param N1, N2, N3.
fun f(key,label, input): output.
fun kgen(keyseed):key.
equiv  !N3 new r: keyseed;new labelc:label; !N1 Of(x:input) := f(kgen(r),labelc, x)
       <=(N3 * Pprf(time + (N3-1)*(time(kgen) + N1 * time(f, maxlength(x))), N1, maxlength(x)))=>
       !N3 new r: keyseed; !N1 Of(x:input) :=
              find[unique] j<=N1 suchthat defined(x[j],r2[j]) && otheruses(r2[j]) && x = x[j] then r2[j]
              else new r2: output; r2.
}
expand IND_CCA2_public_key_enc(rsakeyseed, rsapkey, rsaskey, cleartext , message ,
seed, rsaskgen, rsapkgen, enc,dec, injbot , Z,Penc,Penccoll).
expand UF_CMA_signature(keyseed, pkey, skey, message , signature, seed, skgen, pkgen, sign, check,
Psign,Psigncoll).
expand CollisionResistant_hash(hashkey, hashinput , input , hash,Phash).
expand PRF_new(keyseed, key, input , output, kgen, f ,Pprf ).
event server(output). event client(output).
query x:output;event server(x)==>client(x).query x:output;inj:event server(x)==>inj:client(x).
query secret premastersecret.
channel start,c,c1,c2,c3,c4,c5,c6,c7,c8,c9,c10,c11,c12,c13.
let ClientProcess=
       in(c,());      ( * Client Hello *)
```

图 5.12 客户端进程 (A)

```
                new clientversion:version;new clientrandom:random; new clientciphersuites:cipher_suites;
                let messageone:message=concatA(clientversion,clientrandom,null,clientciphersuites) in
        out(c1,(one,messageone)); in(c2,(=two,messagetwo_s:message));
                let concatA(Agreement_version:version,server_random:random,
sessionid_s:session_id,suites_s:cipher_suites)=messagetwo_s in
                out(c,());         in(c3,(=three,messagethree_s:message,signone_s:signature));
                if check(messagethree_s,signpkey,signone_s) then
                let concatB(CertifyVersion:CertificateVersion,
name_s:subjectname,certify_info:Certificate)=messagethree_s in
                let concatinfo(pkeyrsa_s:rsapkey,name_algorithm:algorithmname)=certify_info in
                out(c,());         in(c4,(=four,messageour_s:message));
                if messageour_s=ServerHelloDone then
                new premastersecret:key;               new r2:seed;
                let messagefive:message=enc(keytocleartext(premastersecret),pkeyrsa_s,r2) in
                out(c5,(five,messagefive));    in(c,());
                let c_s_random_c:input=concatprf(clientrandom,server_random) in
                let hashmessage_c:hashinput=cocathashone(messageone,messagefive) in
                let keytooutput(mastersecret_c:key)=f(premastersecret,mastersecret,c_s_random_c) in
                let verifydata:output=f(mastersecret_c,clientfinished,hash(keyhash,hashmessage_c)) in
                event client(verifydata);         out(c6,(six,verifydata)).
```

图 5.13 客户端进程 (B)

```
let ServerProcess=
      in(c7,(=one,messageone_c:message));
                  let concatA(client_version:version,client_random:random,id:session_id,
ciphersuites:cipher_suites)=messageone_c in
      find i<=N suchthat defined(sessionid[i])&&(sessionid[i]=id) then
                  let id_store:session_id=id in
                  if id=null then                new sessionid:session_id;
      let id_store=sessionid in
                  if client_version=Agreementversion then
                  new serverrandom:random;
                  let messagetwo:message=concatA(Agreementversion,serverrandom,id_store,suites) in
          out(c8,(two,messagetwo));
                  in(c,());               new name:subjectname;
      new subjectalgorithm:algorithmname;
      let Certificateinfo:Certificate=concatinfo(pkeyrsa,subjectalgorithm) in
      let messagethree:message=concatB(certify,name,Certificateinfo) in
      new r1:seed;            let signone:signature=sign(messagethree,signskey,r1) in
      out(c9,(three,messagethree,signone));         in(c,());   out(c10,(four,ServerHelloDone));
      in(c11,(=five,messagefive_c:message));
                  let injbot(keytocleartext(premaster_secret:key))=dec(messagefive_c,skeyrsa) in
                  out(c,());                in(c12,(=six,verifydata_fc:output));
                  let c_s_random_s:input=concatprf(client_random,serverrandom) in
                  let keytooutput(mastersecret_s:key)=f(premaster_secret,mastesecret,c_s_random_s) in
                  let hashmessage_fc:hashinput=cocathashone(messageone_c,messagefive_c) in
                  if f(mastersecret_s,clientfinished,hash(keyhash,hashmessage_fc))=verifydata_fc then
                  let hashmessage:hashinput=cocathashtwo(messagetwo,messagethree,ServerHelloDone) in
                  event server(verifydata_fc);
                  out(c13,(seven,f(mastersecret_s,serverfinished,hash(keyhash,hashmessage))));
```

图 5.14　服务器进程 (A)

```
process
      in(start,());
      new seedone:rsakeyseed;
      let pkeyrsa:rsapkey=rsapkgen(seedone) in
      let skeyrsa:rsaskey=rsaskgen(seedone) in
      new seedtwo:keyseed;
      let signpkey:pkey=pkgen(seedtwo) in
      let signskey:skey=skgen(seedtwo) in
      new keyhash:hashkey;
      out(c,(pkeyrsa,signpkey,keyhash));
      ((! N ClientProcess) | (! N ServerProcess) )
```

图 5.15　主进程

5.3.4　分析结果

使用自动化证明工具 Cryptoverif 进行分析，经过多次化简处理和观察等价，在多个 Game 序列转换后得到证明结果，对 TLS 1.3 握手协议的认证性和秘密性分析结果如图 5.16 和图 5.17 所示。结果表明，在计算模型下 TLS1.3 握手协议的服务器可以认证客户端的身份，预主密钥就有秘密性。

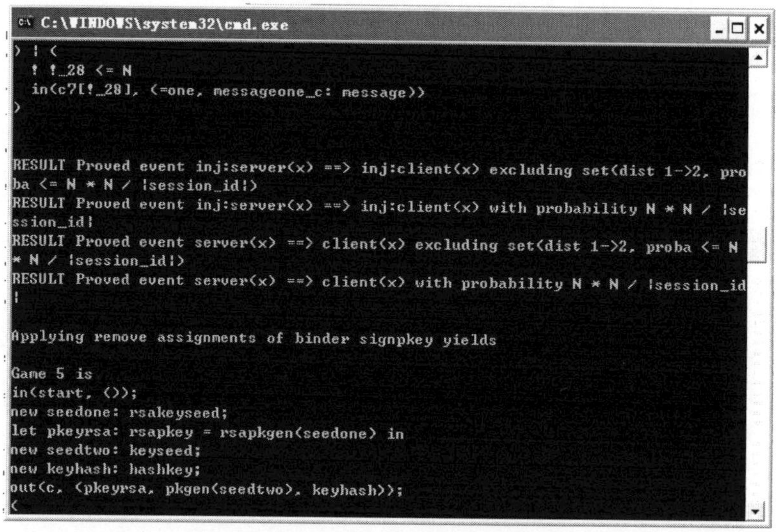

图 5.16　TLS1.3 安全协议的认证性

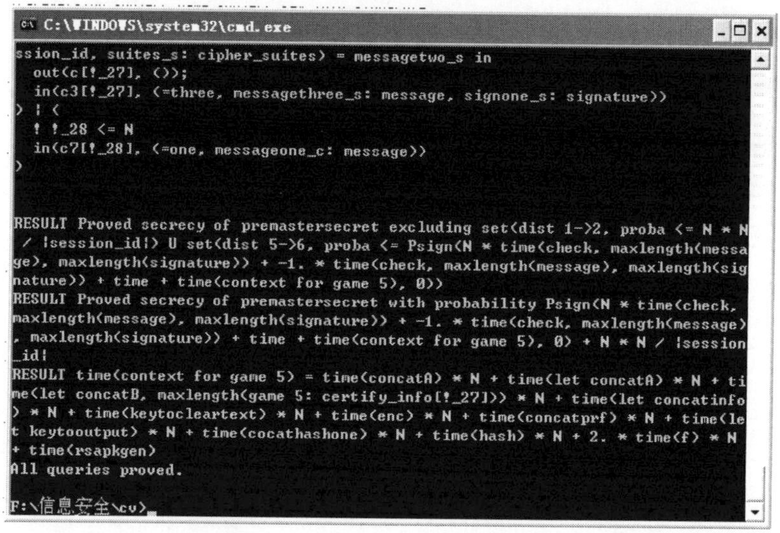

图 5.17　TLS1.3 安全协议的秘密性

参 考 文 献

[1] BLANCHET B. A computationally sound mechanized prover for security protocols[J]. IEEE Transactions on Dependable and Secure Computing, 2008, 5(4):193-207.

[2] BLANCHET B, POINTCHEVAL D. Automated security proofs with sequences of games[J]. Proceedings of 26th Annual International Cryptology Conference, Santa Barbara, 2006:537-554.

[3] CANETTI R, KRAWCZYK H. Analysis of key-exchange protocols and their use for building secure channels[J]. Proceedings of the the International Conference on the Theory and Application of Cryptographic Techniques: Advances in Cryptology, Innsbruck, 2001:453-474.

[4] CANETTI R, KRAWCZYK H. Universally composable notions of key exchange and secure channels[J]. Proceedings of International Conference on the Theory and Applications of Cryptographic Techniques: Advances in Cryptology, Amsterdam, 2002:337 -351.

[5] MENG B. Formalizing deniability[J]. Information Technology Journal, 2009, 8(5):625-642.

[6] FAN L, XU C X, LI X H. Deniable authentication protocol based on Diffie–Hellman algorithm[J]. Electronics Letters, 2002, 38 (4):705-706.

[7] MENG B. A secure non-interactive deniable authentication protocol with strong deniability based on discrete logarithm problem and its application on internet voting protocol[J]. Information Technology Journal, 2009, 8(3): 302-309.

[8] MENG B, SHAO F. Computationally sound mechanized proofs for deniable authentication protocols with a probabilistic polynomial calculus in computational model[J]. Information Technology Journal, 2011, 10(3): 611-625.

[9] MENG B, SHAO F, LI L, et al., Automatic proofs of deniable authentication protocols with a probabilistic polynomial calculus in computational model[J]. International Journal of Digital Content Technology and its Applications, 2011, 5(1): 335-355.

[10] MENG B. Automatic verification of deniable authentication protocol in a probabilistic polynomial calculus with CryptoVerif[J]. Information Technology Journal, 2011, 10(4): 717-735.

[11] MENG B, CHEN W. Automatic verification of coercion-resistance in remote Internet voting protocol with cryptoverif in computational model[J]. International Journal of Digital Content Technology and its Applications, 2012, 6(8):384-396.

[12] MENG B, CHEN W. Computer assisted proof of resistance of denial of service attacks in security protocols based on events with cryptoverif in computational model[J]. International Journal of Digital Content Technology and its Applications, 2012, 6(3):109-121.

[13] 陈伟, 杨伊彤, 牛乐园. 改进的 OAuth2.0 协议及其安全性分析[J]. 计算机系统应用, 2014, 13(3): 25-30.

[14] LI Z M, MENG B, WANG D J, et al., Mechanized verification of cryptographic security of cryptographic security protocol implementation in java through model extraction in the computational model[J]. Journal of Software Engineering, 2015,9(1): 1-32.

[15] 孟博, 王德军. 安全远程网络投票协议[M]. 北京:科学出版社, 2013:244-250.

[16] 牛乐园, 杨伊彤, 王德军等. 计算模型下 SSHV2 协议认证性自动化分析[J]. 计算机工程, 2015, 41(10):148-154.

[17] MENG B, YANG Y T, NIU L Y, et al., Automatic generation of security protocol implementations written in Java from abstract specifications proved in the computational model[J]. International Journal of Network Security, accepted, 2017(6): 132.

[18] MENG B, NIU L Y, YANG Y T, et al., Mechanized verification of security properties of transport layer security 1.2 protocol with CryptoVerif in computational model[J]. Information Technology Journal, 2014, 13(4),601-613.

[19] 孟博, 张金丽, 鲁金钿. 基于计算模型自动化分析 OpenID Connect 协议认证性[J]. 中南民族大学学报（自然科学版）, 2016, 35(3): 123-129.

[20] 孟博, 王德军. 安全自动化生成与验证[M]. 北京: 科学出版社, 2016: 244-250.

[21] The Transport Layer Security (TLS) Protocol Version 1.3[EB/OL]. [2019-10-25]. https://tools.ietf.org/html/rfc8446.

第6章 自动化抽取安全协议 Blanchet 演算实施模型

6.1 引　言

安全协议实施[1-4]一般由安全协议客户端实施和安全协议服务器端实施两部分组成。当前的研究主要分别基于以下三个假设：①不能得到安全协议客户端实施及服务器端实施；②可以得到安全协议客户端实施及服务器端实施；③可以得到安全协议客户端实施，不可以得到安全协议服务器端实施。本章假设可以得到安全协议客户端实施及服务器端实施，分析和验证安全协议实施的安全性。自动化抽取安全协议抽象规范模型是安全协议实施自动化分析与验证的基础和重要环节。而基于计算模型，从安全协议 Swift 语言[5-6]实施中自动化抽取安全协议 Blanchet 演算实施模型[1]是其一个重要的组成部分。

Swift 语言是苹果公司在 2014 年公开发布的一种全新的编程语言，主要应用于 iOS 平台应用程序的开发。Swift 语言基于 Cocoa 和 Cocoa Touch 框架，完美地融合了 C 语言和 Objective-C 语言的优点，既对 C 语言具有良好的兼容性，又保留了 Objective-C 原有的参数命名系统，但是语法更简洁，可读性更强，也更容易维护。Swift 语言作为一种高级编程语言，具备面向对象编程，包括诸如协议、泛型这种高级的语言特性，无论是在编译还是在运行上，都经过了优化，速度非常快，同时提供了 Playground 功能，可以让用户在输入代码后马上看到运行结果，甚至是可视化看到运行结果。此外，Swift 语言通过利用安全的编程机制，对语法进行明确的规定和限制，无论是在类型检查还是内存管理方面，包括对所有 Cocoa Touch 中 API 的调用，具有非常高的安全性。

Swift 语言自发布以来，凭借其强大的功能、简单灵活的语法、安全的管理及调用机制、快捷的速度而受到了国外大部分 iOS 及 OSX 应用程序开发人员的关注和青睐。在 2018 年 7 月 TIOBE[6]发布的全球编程语言指数排行榜中，Swift 语言名列第十一名，对一个发布时间仅四年的编程语言来说，Swift 语言是极受欢迎的。

2008 年，Blanchet[7]提出了一种在计算模型下的安全协议自动化证明方法，实现了一个自动化证明工具 CryptoVerif，该工具对攻击者的建模能力较强，可以证明即使存在主动攻击和并发会话的网络环境下，CryptoVerif 的证明结果依然有效。Blanchet 演算是 CryptoVerif 的输入语言，故选用 Blanchet 演算作为模型抽取的目标语言，也就是安全协议形式化实施语言，使得在抽取模型后，能直接使用 CryptoVerif，在计算模型下，来证明安全协议的安全属性是否得到满足。

模型抽取的主要工作是从高级程序语言实现的安全协议实施中抽取出自动化验证工具可以识别的安全协议形式化语言实施，通常包含获取安全协议源语言实施和生成安全协议目标语言实施两个部分。源语言为 Swift 语言，而目标语言就是自动化验证工具 CryptoVerif 的输入语言即 Blanchet 演算。在模型抽取完成后，可以直接利用自动化验证工具 CryptoVerif 来验证安全协议的安全属性在具体的 Swift 语言实施过程中是否得到满足。

安全协议 Swift 语言实施安全性分析与验证[1,4]的基本原理如图 6.1 所示。首先需要利用安全协议 Blanchet 演算实施抽取工具 Swift2CV 从安全协议 Swift 语言实施中抽取出安全协议 Blanchet 演算实施，然后向抽取出的安全协议 Blanchet 演算实施中添加需要验证的安全属性，最后输入自动化验证工具 CryptoVerif 中进行安全协议安全属性的自动化验证。

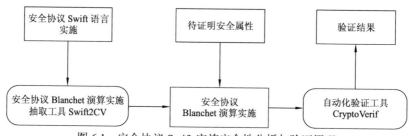

图 6.1　安全协议 Swift 实施安全性分析与验证原理

从图 6.1 可以看到，安全协议 Blanchet 演算实施的抽取是安全协议 Swift 语言实施安全性验证的基础和重要环节，而源语言代码结构到目标语言代码结构的映射关系是安全协议模型抽取的关键。本章主要是根据安全协议 Swift 实施和安全协议 Blanchet 演算实施的操作语义的关系，建立安全协议 Swift 实施到安全协议 Blanchet 演算实施的映射关系，主要包含 Blanchet 演算到 Swift 语言映射模型、Blanchet 演算到 Swift 语言语句映射关系、Blanchet 演算类型到 Swift 语言类型映射关系，进而抽取安全协议 Swift 实施的抽象模型；为后面开发从安全协议 Swift 实施到安全协议 Blanchet 演算实施的自动化抽取工具 Swift2CV 提供了理论支持。

6.2　Swift 语言子集 SubSwift 语言及其 BNF 范式

Swift 语言作为一种高级编程语言，其语法结构比较复杂。Swift 语言子集 SubSwift 的定义主要考虑两个因素：①Swift 语言是一种复杂的编程语言，若在定义 SubSwift 时，考虑 Swift 语言的所有语句，太过复杂，另外由于 Blanchet 演算是一种安全协议建模语言，其语言简单且功能不够强大，故不能建立从 SubSwift 到 Blanchet 演算映射；②对已有的安全协议实施 Swift 进行分析，找出开发安全协议 Swift 实施所需要的核心语句。综合考虑这两个因素来定义 SubSwift 语言，并定义 SubSwift 语言的 BNF[1,3]。

首先定义 SubSwift 中的语句，其 BNF 如图 6.2 所示。

```
statement ::=
    expression
    | declaration
    | branch _ statement
    | control _ transfer _ statement
    | do _ statement;
```

图 6.2　SubSwift 语句（Statement）的 BNF 定义

在所定义的 SubSwift 语句（Statement）的语法规则中，主要包含表达式语句、声明语句、控制转移语句、分支语句、Do 语句。

表达式（Expression）通常是由数字、运算符、变量等排列而成的有意义的组合，包含常量、变量、赋值表达式、算术运算表达式、逻辑运算表达式等。因为在 Blanchet 演算中，并没有算术运算部分，所以这里不考虑 Swift 语言中的算术运算。在定义的 SubSwift 中，表达式语句的 BNF 如图 6.3 所示。

```
expression ::=
    ⟨identifier⟩[: type]
    | assignment _ expression
    | logical _ expression;
assignment _ expression ::=
    ⟨identifier⟩[: type] = ⟨identifier⟩ ;
logical _ expression ::=
    ⟨expression⟩ == ⟨expression⟩ ;
    ⟨expression⟩ != ⟨expression⟩ ;
    ⟨expression⟩ & & ⟨expression⟩ ;
    ⟨expression⟩ ‖ ⟨expression⟩ ;
```

图 6.3　SubSwift 表达式（Expression）的 BNF

在 SubSwift 表达式语法规则中，主要包含三个部分：表达式的值、赋值表达式、逻辑运算表达式。其中，表达式的值包括常量和变量，可以显示定义其类型，也可以不显示定义其类型，当省略值的类型时，编译器会自动根据所赋值的类型来定义该常量或变量的类型。赋值表达式用于确定或修改常量或变量的值，在为常量赋值时，赋值类型必须与常量类型相同，为变量赋值时没有此要求。逻辑运算表达式用于表达式之间的逻辑运算，主要包括逻辑等于（==）、逻辑不等于（!=）、

逻辑与（&&）、逻辑或（||）。

　　声明语句（Declaration）用来对编程过程中所需要的常量、变量、函数、类、库等进行定义，其 BNF 如图 6.4 所示。

$$
\begin{aligned}
&declaration ::= \\
&\quad import\_declaration \\
&\quad |\ constant\_declaration \\
&\quad |\ variable\_declaration \\
&\quad |\ function\_delcaration \\
&\quad |\ class\_declaration; \\
&import\_declaration ::= \\
&\quad import\ \langle class\,|\,var\,|\,func\rangle\langle identifier\rangle; \\
&constant\_declaration ::= \\
&\quad let\ \langle identifier\rangle[:type]\big[=\langle identifier\rangle\big]; \\
&variable\_declaration ::= \\
&\quad var\ \langle identifier\rangle[:type]\big[=\langle identifier\rangle\big]; \\
&function\_declaration ::= \\
&\quad func\ \langle identifier\rangle\{statements\}; \\
&class\_declaration ::= \\
&\quad class\ \langle identifier\rangle\{statements\};
\end{aligned}
$$

图 6.4　SubSwift 声明（Declaration）的 BNF

　　在 SubSwift 的声明语句的语法规则中，主要包括导入声明语句、常量声明语句、变量声明语句、函数声明语句和类声明语句。导入声明语句的主要作用是指定 Swift 库文件数据包名，后续可以直接引用该文件包内定义的多种元素。

　　控制转移语句（control_transfer_statement）用于改变代码的执行顺序，从而实现代码的跳转，其 BNF 如图 6.5 所示。

$$
\begin{aligned}
&control\_transfer\_statement ::= \\
&\quad return\_statement \\
&\quad |\ throw\_statement\ ; \\
&return\_statement ::= \\
&\quad return\ [expression]\ ; \\
&throw\_statement ::= \\
&\quad throw\ expression\ ;
\end{aligned}
$$

图 6.5　SubSwift 控制转移语句（control_transfer_statement）的 BNF

　　在 SubSwift 的定义中，控制转移语句包括 Return 语句、Throw 语句。Return 语句用于从当前执行函数代码段返回到主调用函数，返回时可以附带一个返回值。Throw 语句用于创建异常，用于返回代码错误信息。

　　分支语句（branch_statement）用于需要根据某种特定条件来执行相应代码的

情况。在 SubSwift 的定义中，分支语句主要包括 if 语句、Guard 语句，其 BNF 如图 6.6 所示。

$$
\begin{aligned}
&branch\_statement ::= \\
&\quad if\_statement \\
&\quad | \ guard\_statement; \\
&if\_statement ::= \\
&\quad if \langle condition \rangle \ \{statements\} \ [else \ \{statements\}]; \\
&guard\_statement ::= \\
&\quad guard \ \langle condition \rangle \ else \ \{statements\} \ ;
\end{aligned}
$$

图 6.6　SubSwift 分支语句（branch_statement）的 BNF

在 if 语句中，当且仅当 if 后的条件表达式 condition 为 true 时，执行 if 后面的代码块；当条件表达式 condition 为 false 时，如果 if 语句中有 else 语句，就执行 else 后面的代码块，否则直接执行 if 语句后面的语句。Guard 语句与 if 语句实现相同的功能，区别在于 Guard 语句中必须有一个 else 语句，当条件表达式 condition 为 true 时，直接跳过 else 语句执行后面的代码；当条件表达式 condition 为 false 时，就执行 else 语句，并跳出 Guard 语句代码段。

Do 语句以 do-catch 形式来运行闭包代码段来进行错误处理，如果在 do 后面的代码段抛出一个错误，catch 语句会根据错误来匹配相应的语句对这个错误进行处理，其 BNF 如图 6.7 所示。

$$
\begin{aligned}
&do\_statement ::= \\
&\quad do \ \{statements\} \ catch \ \{statements\};
\end{aligned}
$$

图 6.7　SubSwift Do 语句（do_Statement）的 BNF

后面的章节中为了更简单方便地进行描述，定义的 Swift 语言子集 SubSwift 统一用 Swift 语言表示。

6.3　Swift 语言到 Blanchet 演算映射模型

Swift 语言作为一种高级程序语言，是 iOS 平台上开发安全协议实施的主要程序语言之一。而 Blanchet 演算作为一种形式化建模语言，以进程为主要执行者，主要用来建立安全协议规范的形式化模型，从而利用自动化验证工具来验证安全协议规范的安全性。对于 Swift 语言与 Blanchet 演算语言这两种不同的语言，利用操作语义的一致性，可以建立安全协议 Swift 语言实施到安全协议 Blanchet 演算实施的映射模型,这为后面开发安全协议 Blanchet 演算实施抽取工具 Swift2CV 提供了理论支持。

通常情况下,安全协议的参与实体有多个。Swift 语言程序是类的集合,故安全协议 Swift 语言实施中存在多个与参与实体相对应的类;Blanchet 演算是进程的集合,安全协议的参与实体分别用进程来模拟,所以,Swift 语言中的类与 Blanchet 演算中的进程存在映射关系,安全协议 Swift 语言实施中的发送者类、接收者类分别转化为 Blanchet 演算中的发送者进程、接收者进程。

安全协议的不同实体之间需要进行网络连接和消息传输。在 Swift 语言实施中,通常会利用自定义的类库和相对应的接口来实现不同实体之间的通信,如 WebSocket、SwiftSockets、ysocket 等,实现不同实体在网络中发送和接收消息;在 Blanchet 演算中,不同实体之间消息的传递在通道中实现,并利用相应的输出、输入方法分别实现消息的发送和接收,所以,在安全协议 Swift 语言实施中,套接字的声明应该转化为 Blanchet 演算中的通道声明,而消息的发送、接收接口分别对应 Blanchet 演算中的通道输出、输入。

在安全协议 Swift 实施中,具体的类型声明、变量/常量声明、方法声明、语句等分别可以与 Blanchet 演算中的类型声明、项、函数声明、语句建立对应关系,这样就可以得到安全协议 Swift 语言实施到 Blanchet 演算实施的映射模型,如图 6.8 所示[1,3]。

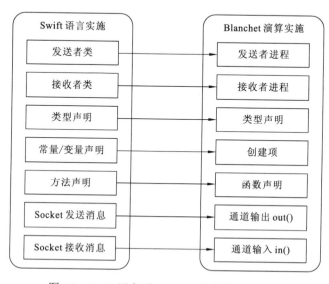

图 6.8 Swift 语言到 Blanchet 演算的映射模型

6.4　Swift 语言到 Blanchet 演算语句映射关系

在 6.2 节中定义的 Swift 语言子集 SubSwift 的语法规则中，语句主要包含表达式语句、声明语句、基本语句这三个部分，本节分别对这三个部分进行分析，确定安全协议 Swift 语言实施中语句到 Blanchet 演算语句的映射关系。

在 Swift 语言的表达式语句（Expression）中，主要定义了常量（Value）、变量（Variable）、赋值表达式（Assignment）、逻辑表达式（Logical_Statement）。在定义表达式的 BNF 映射规则时，Swift 语言中的常量 $a \in Value$ 与 Blanchet 演算中的常量 $a[:T]$ 对应，变量 $x \in Variable$ 可以转化为 Blanchet 演算中的项 $x[:T]$，赋值表达式 $Assignment: x = a$ 可以转化 Blanchet 演算中的 let...in 语句 $let\ y:T = simpleterm\ in$，逻辑表达式（Logical_Statement）可与 Blanchet 演算中的逻辑表达式（cond）相对应，具体来说，逻辑与表达式 $LogicalAnd: e_1 \&\& e_2$ 转化为 Blanchet 演算中的逻辑与 $\langle simpleterm \rangle \&\& \langle simpleterm \rangle$，逻辑或表达式 $LogicalOr: e_1 \| e_2$ 转化为 Blanchet 演算中的逻辑或 $\langle simpleterm \rangle \| \langle simpleterm \rangle$，逻辑等于表达式 $LogicalEqual: e_1 == e_2$ 转化为 Blanchet 演算中的逻辑等于 $\langle simpleterm \rangle = \langle simpleterm \rangle$，逻辑不等于表达式 $LogicalUnEqual: e_1 != e_2$ 转化为 Blanchet 演算中的逻辑不等于 $\langle simpleterm \rangle <> \langle simpleterm \rangle$，由此可以得到 Swift 语言表达式语句到 Blanchet 演算的 BNF 映射规则如图 6.9 所示[1,3]。

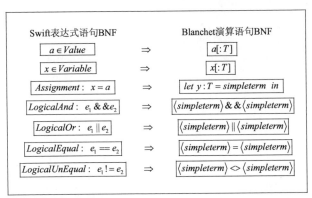

图 6.9　Swift 语言表达式语句到 Blanchet 演算的 BNF 映射规则

声明（Declaration）是 Swift 语言中重要的部分，任何常量、变量、函数等都必须先声明，然后才能被使用。在 Swift 语言的语法规则定义中，主要定义了导入声明（import_declaration）、常量声明（constant_declaration）、变量声明

（variable_declaration）、函数声明（function_declaration）、类声明（class_declaration）。其中，导入声明用于加载编译器中已经定义好的类或包，从而确保程序能够调用类或包中定义的方法，在 Blanchet 演算中，并不存在对应的语法，因此，在转换 Blanchet 演算模型过程中，遇到 import 导入包，可以直接跳过。对于常量声明 $let\ x[:T] = a\ /\ let\ x[:T] = a$，由于 Swift 语言实施中的许多用于初始化的常量在 Blanchet 演算中没有实际意义，因此直接将其转换为 Blanchet 演算中的 new 语句 $new\ x:T$；对于变量声明，如果仅仅是声明而没有进行初始化 $var\ x[:T]$，可将其与 Blanchet 演算中 new 语句 $new\ x:T$ 相对应；如果是声明且进行了初始化 $var\ x[:T] = a$，则将其与 Blanchet 演算中的 let...in 语句 $let\ y:T = simpleterm\ in$ 相对应。Swift 语言中的函数声明 $function\_declaration$：$func\ f(x:T,...)\{fun\_body;\}$ 可以转换为 Blanchet 演算中对应的函数 $fun\ ident(seq\langle T\rangle):T\ [compos].$，但是在 Blanchet 演算中，并不需要明确函数具体是如何定义的，声明之后即可使用，所以，Swift 语言中对函数定义的语句可以直接跳过。关于 Swift 语言中的类声明，根据上一节定义的映射模型，可以确定将 Swift 语言中的类 $class\_declaration$：$class\ A\{\}$ 转换为 Blanchet 演算中进程 $let\ A\_process =$，每一个类均转换为一个进程。由此得到 Swift 语言声明语句到 Blanchet 演算的 BNF 映射规则如图 6.10 所示。

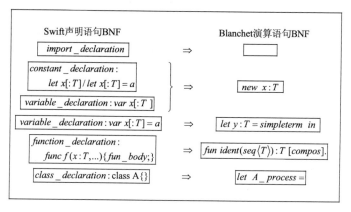

图 6.10 Swift 语言声明语句到 Blanchet 演算的 BNF 映射规则

　　最后需要定义的是 Swift 语言中基本语句（Statement）到 Blanchet 演算的 BNF 映射规则。在将 Swift 语句转换为 Blanchet 演算语句时，任意一条 Swift 语句 $statement:S$ 将被转换为 Blanchet 演算中输入或输出进程中的语句 $\langle outprocess\ /\ inprocess\rangle$，每个 Swift 语句块 $code\_block:\{S*\}$ 将转换为 Blanchet 演算中输入或输出进程中的多条语句 $\langle outprocess\ /\ inprocess\rangle*$，Swift 语句中的 if 语

句 $if\_statement : if\ e\ \{P\}\ else\{Q\}$ 被 转 换 为 Blanchet 演 算 中 对 应 的 if 语 句 $if\langle cond\rangle\ then\langle outprocess\rangle\ else\langle outprocess\rangle$ ， Swift 语 句 中 的 Guard 语 句 $guard\_statement : guard\ e\ else\ \{P\}$ 同 样 转 换 为 Blanchet 演 算 中 的 if 语 句 $if\langle !cond\rangle\ then\langle outprocess\rangle$ ，需要注意的是，将 Guard 语句转换为 Blanchet 演算中的 if 语句时，条件表达式需要进行取非操作，因为只有 Guard 语句中有不成立的条件时，else 后的语句块才会被执行，当所有的条件均成立时，else 后的语句块是 不 会 执 行 的 。 此 外 ， 在 Swift 语 言 中 创 建 一 个 类 的 实 例 $new\_class : let\ x = class(e_1, e_2, ...)$ ，那么在 Blanchet 演算中与之对应的是利用 new 语 句 创 建 一 个 新 的 项 $new\ x : T$ ， Swift 语 言 中 调 用 类 的 方 法 $class\_method : class.method(e_1, e_2, ...)$ ， 可 以 转 换 为 Blanchet 演 算 中 的 函 数 $fun\ ident(seq\langle T\rangle) : T\ [compos]$ 。在 Swift 语言中，利用套接字等多种形式来进行消息的发送与接收，而在 Blanchet 演算中，消息的发送与接收通常用 out 和 in 语句来实现，以 Swift 语言套接字为例，将其建立映射关系即可得到：利用 Socket 中的 Send 方 法 来 发 送 消 息 ， 在 Blanchet 演 算 中 可 映 射 为 out 语 句 $out((\langle channel\rangle, \langle term\rangle))[; \langle inprocess\rangle$ ； 利 用 Socket 中 的 Receive 方 法 $socket\_receive : socket.receive(x_1, x_2, ...)$ 来接收消息，在 Blanchet 演算中可映射为 in 语句 $in((\langle channel\rangle, \langle term\rangle))[; \langle outprocess\rangle$ 。由此得到 Swift 语言基本语句到 Blanchet 演算的 BNF 映射规则如图 6.11 所示。

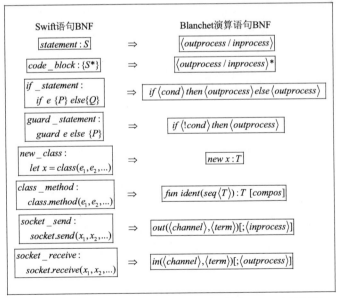

图 6.11 Swift 语言中语句到 Blanchet 演算的 BNF 映射规则

6.5 Swift 语言类型到 Blanchet 演算类型映射关系

　　Swift 语言和 Blanchet 演算都是强类型语言，有以下区别：Swift 语言中的基本类型如整型 int、单精度浮点型 float、双精度浮点型 double、布尔型 bool、字符串 string 等都是 Swift 语言本身预先定义的，用户直接使用即可；而在 Blanchet 演算中，除了与密码体制、签名机制相关的部分数据类型是由 Blanchet 演算本身预先定义的之外，其他大部分类型是用户自己声明后使用的。所以，在定义 Swift 语言到 Blanchet 演算的类型映射规则时，主要从以下两个方面考虑：Swift 语言中的基本数据类型，在 Blanchet 演算中声明一个同名的数据类型，直接进行调用；Swift 语言中与密码体制、签名机制相关的数据类型需映射到 Blanchet 演算中对应的密码体制、签名机制中的数据类型。Swift 语言到 Blanchet 演算的部分类型映射规则如表 6.1 所示[1,3]。

表 6.1　Swift 语言到 Blanchet 演算的部分类型映射规则

Swift 语言类型	Blanchet 演算类型	类型说明
cipherText	ciphertext	密文类型
plainText	cleartext	明文类型
String	keyseed/mkeyseed	密钥种子类型
String	key/key	密钥类型
String	seed	随机种子类型
String	pkey	公钥类型
String	skey	私钥类型
String	signinput	数字签名函数输入类型
String	signature	数字签名函数输出类型
String	hashinput	哈希函数输入类型
String	hashoutput	哈希函数输出类型

参 考 文 献

[1] 孟博, 何旭东, 张金丽, 等. 基于计算模型分析安全协议 Swift 语言实施安全性[J]. 通信学报, 2018, 39(9):178-190.

[2] 孟博, 鲁金钿, 王德军, 等. 安全协议实施安全性分析综述[J]. 山东大学学报（理学版）, 2018, 53(1): 1-18.

[3]　张金丽. 基于计算模型分析 iOS 平台上的安全协议实施安全性[D].武汉：中南民族大学.

[4]　孟博, 王德军. 安全协议实施自动化生成与验证[M]. 北京: 科学出版社, 2016: 28-35.

[5]　Swift [EB/OL]. [2019-10-1]. https://swift.org/.

[6]　Tiobe Swift [EB/OL]. [2019-5-3]. https://www.tiobe.com/tiobe-index/.

[7]　BLANCHET B. A computationally sound mechanized prover for security protocols[J]. IEEE Transactions on Dependable and Secure Computing, 2008, 5(4):193-207.

第7章　安全协议抽象规范模型生成工具 Swift2CV

7.1　引　　言

在第 6 章，经过分析典型的安全协议 Swift 实施，从标准 Swift 语法[1]中抽取出关键部分语句用来进行安全协议 Swift 实施，构成了一个 Swift 语言子集 SubSwift[2-3]。根据 Blanchet 演算和 Swift 语言的操作语义关系，定义了 SubSwift 语言与 Blanchet 演算中具有类似操作语义的关键部分语句的映射关系。本章介绍安全协议抽象规范模型抽取工具 Swift2CV 的开发，为了表达一致，本章内容中的 SubSwift 与 Swift 相同。本章提出一个从安全协议 Swift 实施中自动化抽取安全协议 Blanchet 演算实施的模型的方法[2-3]，主要思路是应用模型抽取方法，根据第 6 章中定义的安全协议 Swift 实施到安全协议 Blanchet 演算实施的映射关系，从安全协议 Swift 实施中得到其语法树，进而进行遍历和注解，最后得到安全协议 Blanchet 演算实施。以此方法为基础，利用 Eclipse 平台、Antrl4[4]工具和 Java 语言开发了安全协议 Blanchet 演算实施抽取工具 Swift2CV，通过安全协议 Swift 实施，生成安全协议 Blanchet 演算实施，将生成的安全协议 Blanchet 演算实施输入 CryptoVerif[5]，验证安全协议 Swift 实施的安全性，如图 7.1 所示[2-3]。

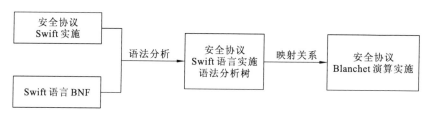

图 7.1　安全协议 Blanchet 演算实施生成工具开发模型

7.2　Swift2CV 架　构

安全协议抽象规范模型抽取工具 Swift2CV 的实现原理如图 7.2 所示[2-3]。首先根据安全协议的非形式化描述，得到安全协议 Swift 实施，然后根据 Swift 的语法开发词法分析器，按照 Swift 的构词规则对输入的安全协议 Swift 实施进行词法分析，得到一个单词序列，通过对整个单词序列进行语法分析，判断安全协议 Swift 实施是否符合 Swift 所定义的语法规则，如果符合，开发语法分析器来定位 Token 并生成一个语法分析树来表示安全协议 Swift 实施的组织结构，随后构造映射工具-注解器对安全协议 Swift 语法分析树进行注解，接着开发代码生成器生成初始化安全协议 Blanchet 演算实施，最后根据 CryptoVerif 分析安全协议的模型对其进行优化处理，添加安全目标定义等部分，从而产生能够输入 CryptoVerif 的安全协议 Blanhcet 演算实施，并利用 CryptoVerif 来分析其安全性[2-3]。

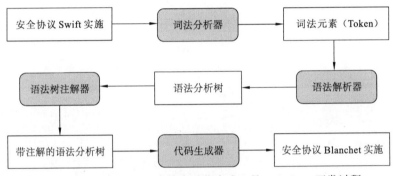

图 7.2　安全协议 Swift 实施自动化生成工具 Swift2CV 开发过程

Antrl4[4]是一个功能强大、操作简便的词法/语法分析器生成工具，能够用来对二进制文件或结构化文本进行读取、处理、执行或翻译，被广泛应用于构建各种类型的语言、工具和框架。它采用一种称为 Adaptive LL(*)或 ALL(*)的分析技术，能够根据用户定义的程序语言的词法规则和语法规则自动生成该程序语言的词法分析器、语法分析器和树遍历器。当用户输入程序代码时，Antrl4 能够利用所生成的词法分析器对该程序代码进行词法分析，获取该程序代码的单词流；将单词流输入生成的语法分析器进行语法分析，就能够判断此程序代码是否符合该程序语言的语法规范。如果程序代码符合程序语言的语法规范，就生成该程序代码的语法分析树。

Antrl4 提供了两种模式的树遍历器，分别是监听器 Listener 机制和访问者 Visitor 机制，其区别在于：监听器机制下定义了能够被遍历器对象调用的回调方法，用于响应遍历语法分析树过程中触发的事件；访问者机制则需要显式地调用 visit 方法来遍历语法分析树的子节点，如果在某个子节点上未调用 visit 方法，就意味着这个子节点对应的子树没有被访问。利用 Antrl4 自带的树遍历器，用户可以访问语法分析树的节点，并在访问过程中通过简单的操作符和动作将生成的语法分析树进行可视化显示，也可以对节点文本信息进行指定输出。

Antrl4 具有良好的灵活性和操作性，集成了词法分析器、语法分析器和树遍历器，并能够自动识别词法、语法规则并生成基于 Java、C#、C++等多种语言的词法分析器和语法分析器，是当下最受欢迎且广泛使用的语法分析工具之一。除此之外，Antrl4 的监听器 Listener 机制将语法和语言应用进行隔离，用户不必自己进行语法分析树的遍历，只需要在语法规则匹配短语开始和结束时添加相应的动作即可获取指定形式的数据，简单方便。因此文章选择利用 Antrl4 及其监听器 Listener 机制来开发安全协议 Blanchet 演算实施抽取工具 Swift2CV，其流程图如图 7.3 所示。

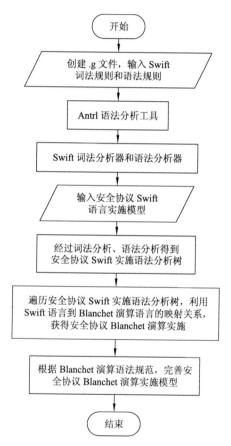

图 7.3　利用 Antrl4 开发安全协议 Blanchet 演算实施抽取工具 Swift2CV 的流程图

由图 7.3 可知，开发安全协议 Blanchet 演算实施抽取工具 Swift2CV，首先需要根据 Swift 语言的 BNF，利用 Antrl4 工具开发 Swift 语言词法分析器和语法分析器。然后输入安全协议 Swift 语言实施，并利用开发的词法分析器和语法分析器对其进行词法分析和语法分析，得到安全协议 Swift 语言实施语法分析树。再利用 Swift 语言到 Blanchet 演算语言之间的映射关系，遍历所获取的安全协议 Swift 语言实施语法分析树，生成安全协议 Blanchet 演算实施，最后根据 Blanchet 演算语法规则完善所生成的安全协议 Blanchet 演算实施。7.3～7.7 节重点介绍 Swift2CV 词法分析器、Swift2CV 语法分析器、Swift2CV 语法树遍历器、Swift2CV 语法树注解器和 Swift2CV 使用手册。

7.3　Swift2CV 词法分析器

Swift2CV 词法分析器对安全协议 Swift 语言实施进行词法分析[2-3]，得到安全协议 Swift 语言实施的词法元素序列。为了开发 Swift 语言词法分析器和语法分析器，在 Eclipse 平台上创建 Antrl4 工程，并创建 Antrl4 文法文件，该文件是*.g4 形式，即以.g4 为后缀名，将其命名为 Swift.g4，并在此文件中写入 Swift 语言的词法规则和语法规则。Swift 语言词法分析器和语法分析器开发原理如图 7.4 所示[2-3]。

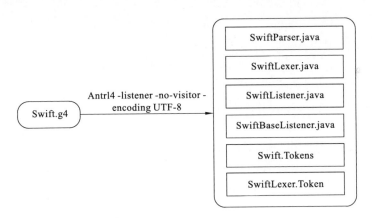

图 7.4　Swift 语言语法分析器开发原理

在 Swift.g4 文件中将 Swift 语言的词法规则和语法规则定义完成之后，Antrl4 工具包自动调用 Antrl4 -listener -no-visitor-encoding UTF-8 命令编译执行 Swift.g4 文件，根据文件中定义的规则生成 SwiftLexer.java、SwiftParser.java、SwiftListener.java、SwiftBaseListener.java、Swift.Tokens、SwiftLexer.Tokens 这六个语法分析相关文件，并保存在 target\generated-sources\antlr4 目录下，也可以利用可视化视图看到定义的规则。编译执行 Swift.g4 文件生成的语法分析相关文件的作用如表 7.1 所示。

表 7.1 语法文件 Swift.g4 经编译后自动生成的文件

文件	作用
SwiftLexer.java	Swift 词法分析器，将 Swift 代码转换为单词元素序列
SwiftParser.java	Swift 语法分析器，对单词元素序列进行语法分析
SwiftListener.java	语法和监听器对象之间的关键接口
SwiftBaseListener.java	监听器 Listener 默认实现
Swift.Tokens	语法拆分时单词元素编号
SwiftLexer.Tokens	

在 Antrl4 工具中，词法规则和语法规则均采用 EBNF 推导式来进行描述。EBNF 是扩展的巴科斯范式，文法描述比 BNF 简单。在 EBNF 中，每一行就是一个推导式，每条规则的左边是规则名字，代表语法规则中一个抽象的概念；中间用一个冒号 "：" 来表示推导关系，右边则是以此规则名字推导出来的文法形式，每个推导式以 "；" 结束。在文法定义中，符号 "|" 表示从多个选项并列，语句匹配该文法时，从这多个选项中选择一个即可；符号 "？" 表示该选项可以不出现或仅出现 1 次；符号 "*" 表示该选项可以出现 0 次或多次；单引号 ' ' 中的字符串标记的是 Swift 语言中的关键字、运算符或标点符号；"+" 表示该选项出现 1 次或多次；"//" 和 "/**/" 分别表示单行注释和多行注释。

词法分析即通过从左到右读入源程序中的字符，并根据定义的词法规则识别单词元素、确定单词元素属性，从而将输入流中的字符串序列分割为一个单词元素序列，作为输入供语法分析器使用。每个单词都是一个独立意义的标记（Token），通常包括常量、关键字、标识符、运算符、分界符五类。在 Antrl4 工程文件中，命名以 Lexer 作为结尾的 Java 文件 SwiftLexer.java 即为 Antrl4 工具根据 Swift 语言词法规则定义自动生成的 Swift 语言词法分析器。下面具体说明在 Swift.g4 文件中定义的词法规则。

在 Swift 语言中，常量包括布尔型、数值型等，在词法规则的定义中，布尔型取值为 true 或 false，即可将其定义为：boolean_literal : 'true' | 'false' 。其可视化如图 7.5 所示。

图 7.5 布尔型常量词法规则可视化图形

整型可分为二进制数（Binary_literal）、八进制数（Octal_literal）、十进制数（Decimal_literal）、十六进制数（Hexadecimal_literal），词法规则定义的方式大体相同，定义规则如图 7.6 所示。其可视化如图 7.7 所示。

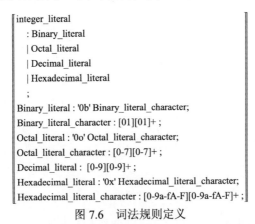

```
integer_literal
    : Binary_literal
    | Octal_literal
    | Decimal_literal
    | Hexadecimal_literal
    ;
Binary_literal : '0b' Binary_literal_character;
Binary_literal_character : [01][01]+ ;
Octal_literal : '0o' Octal_literal_character;
Octal_literal_character : [0-7][0-7]+ ;
Decimal_literal : [0-9][0-9]+ ;
Hexadecimal_literal : '0x' Hexadecimal_literal_character;
Hexadecimal_literal_character : [0-9a-fA-F][0-9a-fA-F]+ ;
```

图 7.6　词法规则定义

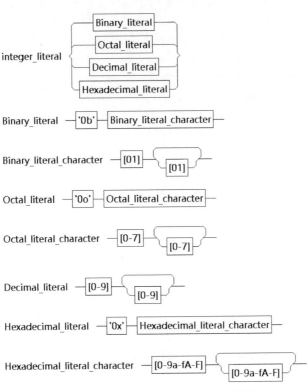

图 7.7　整型数据词法规则可视化图形

关键字是程序语言中具有固定意义的一些标识符，这些标识符只能作为保留字，而不能被用户重新定义为一般标识符。在 Swift 语言词法规则中定义的关键字如图 7.8 所示。

```
IMPORT  : 'import'      导入语句关键字
LET     : 'let'         常量声明关键字
VAR     : 'var'         变量声明关键字
FUNC    : 'func'        函数声明关键字
CLASS   : 'class'       类声明关键字
IF      : 'if'        ⎫
ELSE    : 'else'      ⎬  分支语句关键字
GUARD   : 'guard'     ⎭
RETURN  : 'return'    ⎫
THROW   : 'throw'     ⎬  控制转换语句关键字
DO      : 'do'        ⎭
CATCH   : 'catch'
```

图 7.8　Swift 语言词法规则中定义的关键字

标识符是程序语言中用来表示各种名字的字符串，如变量名、函数名、类名等。标识符通常由字母、数字、下划线组成，而且不能以数字开头，其词法规则可定义如图 7.9 所示。其可视化图形显示如图 7.10 所示。

```
identifier : identifier_head identifier_character? ;
identifier_head : [a-zA-Z] | '_' ;
identifier_character : [0-9] | identifier_head ;
identifier_characters : identifier_character+ ;
```

图 7.9　词法规则定义

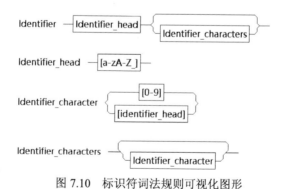

图 7.10　标识符词法规则可视化图形

运算符主要用来执行程序代码中对操作数的运算，一般分为算术运算符、逻辑运算符、赋值运算符、关系运算符、连接运算符。因为在 Blanchet 演算中，只有赋值运算和逻辑运算，因此主要需要考虑 Swift 语言运算符中的赋值运算符、逻辑运算符、忽略算术运算。Swift 语言中运算符的定义如图 7.11 所示。

assignment_operator : ' = '	//赋值运算符	
logical_AND	: ' && '	//逻辑与运算符
logical_OR	: ' || '	//逻辑或运算符
logical_equal	: ' == '	//逻辑相等运算符
logical_unequal	: ' != '	//逻辑不相等运算符

图 7.11　Swift 语言中运算符的定义

分界符是程序语言中一个重要组成部分，通常包括括号、分号、冒号、下划线等。Swift 语言中界符的定义如图 7.12 所示。

LCURLY	: '{' ;	//左大括号
LPAREN	: '(' ;	//左小括号
LBRACK	: '[' ;	//左中括号
RCURLY	: '}' ;	//右大括号
RPAREN	: ')' ;	//右小括号
RBRACK	: ']' ;	//右中括号
COMMA	: ',' ;	//逗号
COLON	: ':' ;	//冒号
SEMI	: ';' ;	//分号
UNDERSCORE : '_' ;		//下划线

图 7.12　Swift 语言中界符的定义

此外，在 Swift 语言代码中，有些代码如空格、换行符、注释等都是在词法分析中需要忽略不计的，具体词法规则定义如图 7.13 所示。

WS : [\n\r\t]+	-> channel(HIDDEN) ;
Block_comment : '/*' (Block_comment|.)*? '*/'	-> channel(HIDDEN) ;
Line_comment : '//' .*? ('\n'|EOF)	-> channel(HIDDEN) ;

图 7.13　具体词法规则定义

其中，WS 的作用是忽略的换行符、空格、制表符这些无意义字符，Block_comment 中定义的是多行注释，Line_comment 中定义的是行注释，channel(Hidden)的作用是跳过这些字符。其词法规则的可视化如图 7.14 所示。

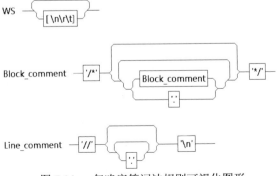

图 7.14　忽略字符词法规则可视化图形

7.4 Swift2CV 语法分析器

Swift2CV 语法分析器[2-3]对获得的安全协议 Swift 语言实施词法元素序列进行语法分析，判断安全协议 Swift 语言实施是否满足 Swift 语言语法规则，如果满足，则生成安全协议 Swift 语言实施的语法分析树。语法分析以词法分析后所得到的单词元素序列作为输入，根据给定的形式文法来分析和确定这些单词序列的语法组织结构，从而判断源程序代码在语法组织结构上的正确性，如果源程序代码的在语法组织结构上正确，就能够生成语法分析树，并可视化显示语法分析树结构图。

语法分析方法通常包含以递归下降分析法和 LL 分析法为代表的自上而下分析法、以算符优先分析法和 LR 分析法为代表的自下而上分析法。具体来说，自上而下分析法是从文法符号出发，根据规则正向推导出特定句子的方法；而自下而上分析方法则是从给定语句开始依据文法规则进行规约，直到文法的开始符号为止，它从叶子结点开始，依次向上直到树根。

Antrl4 工具使用递归下降的自上而下分析法进行语法分析。在第 6 章中定义了 Swift 语言中与安全协议实施相关的部分语法规则的 BNF，在 Antrl4 工程文件中，根据 Antrl4 工具的文法定义规则在 Swift.g4 文件中添加 Swift 语言的语法规则，编译运行之后生成以 Parser 作为结尾的 Java 文件 SwiftParser.java，即 Antrl4 工具根据 Swift 语法规则定义自动生成的 Swift 语言语法分析器，然后就可以利用该语法分析器对 Swift 语句进行语法分析。

在 Swift.g4 文件中，首先定义语法规则的开始符号，即语法分析树的根，语句定义为 top_level : statement* EOF ;，如此即可将根节点定义为 top_level，其中 EOF 表示语法分析树的尾节点。

在安全协议 Swift 语言实施中，语句是主要组成部分。从第 6 章对 Swift 语言的详细分析中可以知道，Swift 语言的语句较多且复杂，但其中存在许多与安全协议安全性分析与验证无关的语句，所以剔除了与安全属性无关的部分语法规范，得到与安全协议安全性分析与验证相关的 Swift 语言子集 Swift 的 BNF，主要包括表达式语句、声明语句、分支语句、控制转换语句、Do 语句，根据 Swift 中所定义的语句（Statement）的语法规范，可在 Swift.g4 文件中定义其文法规则如图 7.15 所示[2,3]。

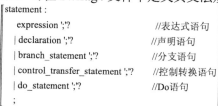

```
statement :
  expression ';'?                        //表达式语句
  | declaration ';'?                     //声明语句
  | branch_statement ';'?                //分支语句
  | control_transfer_statement ';'?      //控制转换语句
  | do_statement ';'?                    //Do语句
  ;
```

图 7.15　Swift.g4 文件中定义

因为在 Swift 语言中，每条语句末尾可以加"；"，也可以不以"；"结尾，所以在文法规则定义中，并列项末尾均为 ';'?，表示"；"可以不出现或仅出现一次。利用 Antrl4 工具的 Syntax Diagram 视图，可以看到所定义的 Swift 中语句的结构图表示如图 7.16 所示。

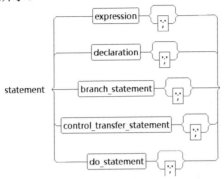

图 7.16　Swift 语言中语句文法规则定义可视化图形

在 Swift 定义中，表达式语句主要包含两类，一类是赋值语句，另外一类是逻辑运算表达式语句。赋值语句比较简单，即形如 variable[:Type] = identifier，而逻辑运算表达式包含四类，即逻辑等于 <identifier> == <identifier>、逻辑不等于 <identifier> != <identifier>、逻辑与 <identifier> && <identifier>、逻辑或 <identifier> || <identifier>，根据其 BNF，可以在 Swift.g4 文件中定义表达式的文法规则定义如图 7.17 所示。

同样，可以得到其可视化组织结构如图 7.18 所示。

图 7.17　表达式的文法规则定义　　图 7.18　Swift 语言中表达式语句文法规则定义可视化图形

声明语句是安全协议 Swift 语言实施模型中的重要部分，任何变量、函数都需要先声明之后才能调用。根据 Swift 中定义的声明语句的 BNF，在 Swift 语言的所有声明中，主要考虑的是导入语句声明、常量声明、变量声明、函数声明和类声明，在 Antrl4 语法文件 Swift.g4 中对声明语句的文法规则定义如图 7.19 所示。其可视化图形如图 7.20 所示。

在所有的声明语句中，以常量声明 constant_declaration 为例说明声明语句的文法定义过程。在 Swift 的 BNF 定义中，根据常量声明的 BNF 在 Antrl4 语法文件 Swift.g4 中，可将其语法规则定义如图 7.21 所示。

```
declaration
    : import_declaration          //导入语句
    | constant_declaration        //常量声明语句
    | variable_declaration        //变量声明语句
    | function_declaration        //函数声明语句
    | class_declaration           //类声明语句
    ;
```

图 7.19　Antrl4 语法文件 Swift.g4 中对
声明语句的文法规则定义

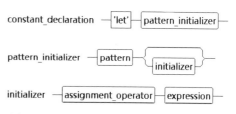

图 7.20　Swift 语言中声明语句文法
规则定义可视化图形

可得到其可视化如图 7.22 所示。

```
constant_declaration : 'let' pattern_initializer ;
pattern_initializer : pattern initializer? ;
initializer : assignment_operator expression   ;
```

图 7.21　常量声明 constant_declaration
语法规则定义

图 7.22　Swift 语言中常量声明语句文法
规则定义可视化图形

在 Swift 定义中，除了表达式语句、声明语句之外，其他主要的语句包括分支语句、控制转换语句和 Do 语句，其中分支语句主要包括 if 语句和 guard 语句，控制转换语句主要包括 return 语句和 throw 语句，相应地，在 Antrl4 文件 Swift.g4 中，定义其文法规则如图 7.23 所示。

```
branch_statement :
       if_statement
     | guard_statement ;
if_statement : 'if' condition_clause code_block else_clause? ;
else_clause:  'else' code_block | 'else' if_statement  ;
guard_statement : 'guard' condition_clause 'else' code_block ;
condition_clause : expression ;
control_transfer_statement :
       return_statement
     | throw_statement ;
return_statement : 'return' expression? ;
throw_statement : 'throw' expression ;
do_statement : 'do' code_block 'catch' code_block ;
code_block : '{' statements '}' ;
```

图 7.23　在 Antrl4 文件 Swift.g4 中定义其文法规则

可得到 Swift 语言定义中，除了表达式语句、声明语句之外的其他主要语句文法规则的可视化如图 7.24 所示。

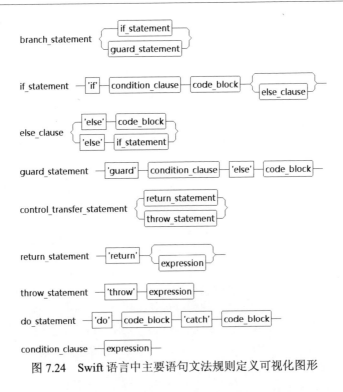

图 7.24　Swift 语言中主要语句文法规则定义可视化图形

7.5　Swift2CV 语法树遍历器

完成 Swift 语言词法分析器与语法分析器的开发之后，可以应用 Antrl4 工具提供的 ParseTreeWalker 类开发语法树遍历器[2-3]，对生成的语法分析树进行遍历，控制输出得到 Swift 语句语法分析树的文本描述。此外也可以应用 Antrl4 工具中的 Parse Tree 模块视图，在相应的位置输入 Swift 语句，该模块工具会自动生成该语句的语法分析树结构视图，从而更清晰地理解 Swift 语句结构。本节首先以变量声明语句、类声明语句、if 语句为例，说明 Swift 语言可视化语法树结构，然后介绍用 ParseTreeWalker 类开发语法树遍历器[2-3]。

从 Swift 语言的语法规则可以知道，变量声明语句的 BNF 为 var <identifier> [:Type] [= <identifier>]，即在变量声明中，是否初始化是不确定的，对两种情况分别进行分析。以声明并初始化语句 var x:int = 5 为例，在相应的位置输入该语句，即可获得其对应的可视化语法分析树结构图如图 7.25 所示。

同样地，对于只声明而不进行初始化的变量声明语句 var x:int，其可视化语法分析树结构图如图 7.26 所示。

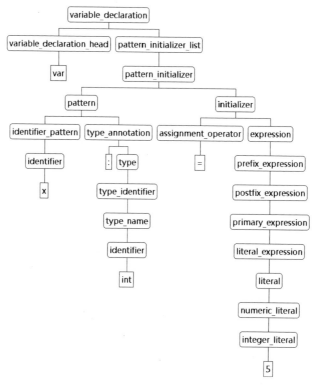

图 7.25　变量声明语句 var x:int=5 的可视化语法分析树结构图

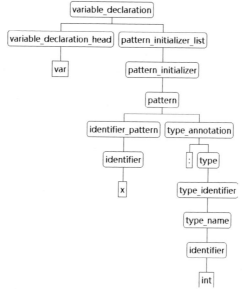

图 7.26　变量声明语句 var x:int 的可视化语法分析树结构图

　　对这两种不同的情况加以分析的主要原因在于，根据第 6 章定义的安全协议 Swift 语言到 Blanchet 演算的映射模型可知,变量声明进行初始化所对应的是不是两种不同的映射规则，Swift 语言的语句 var x:int 对应的 Blanchet 演算语句为 new x:T ，而 Swift 语言的语句 var x:int = 5 对应的 Blanchet 演算语句模型为 let y:T = simpleterm in ，这里的分析对下一节进行 Swift 语言到 Blanchet 演算的转换奠定了基础[2,3]。

　　从 Swift 语言的语法规则中可以知道,类声明语句的 BNF 为 class <identifier> { statements } ，此时，创建一个 user 类，该类有两个 String 类型的属性分别为 username 和 password，在 Antrl4 工具的 Parse Tree 模块相应位置输入类声明语句如图 7.27 所示。

```
class user{
    var username:string
    var password:string
}
```

图 7.27　类声明语句

可以得到该 user 类声明语句的可视化语法分析树结构图如图 7.28 所示。

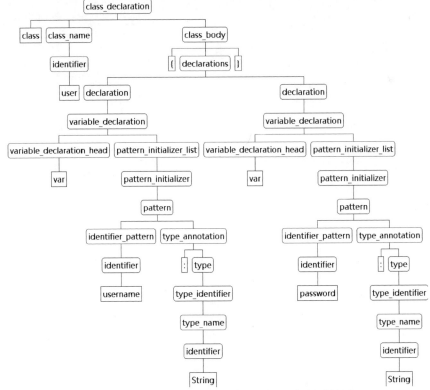

图 7.28　user 类声明语句的可视化语法分析树结构图

从 Swift 语言的语法规则中可以知道，if 语句的 BNF 为 if <condition> { statements } else { statements }，此时，以从 a 和 b 中选取较大数为例，当 $a>=b$ 时，返回 a；当 $a<b$ 时，返回 b。在 Antrl4 工具的 Parse Tree 模块相应位置输入下例 if 语句如图 7.29 所示。

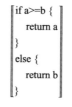

图 7.29　if 语句

可以得到该 if 语句的可视化语法分析树结构图如图 7.30 所示。

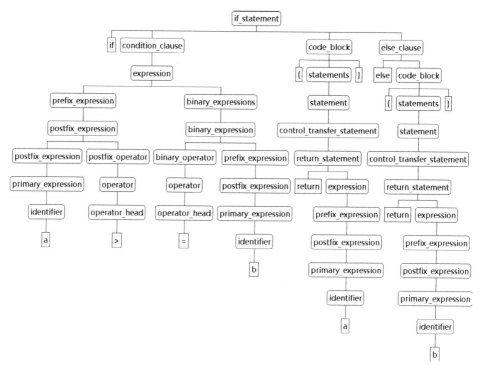

图 7.30　if 语句的可视化语法分析树结构图

在 Antrl4 工程文件中，遍历安全协议 Swift 语言实施语法分析树通过 Antrl4 运行时所提供的 ParseTreeWalker 类来实现。

Antrl4 语法分析工具编译 Swift.g4 文件时，会根据定义的 Swift 语言语法规则自动生成语法树监听器 ParseTreeListener 接口的子接口 SwiftListener 及其默认实现 SwiftBaseListener，其中包含针对 Swift 语言语法中每个规则对应的 enter 方法和 exit 方法。树遍历器 ParseTreeWalker 类对 Swift 语言语法分析树进行遍历时，采用的是深度优先遍历方法。当树遍历器遇到 Swift 某个语法规则的节点时，就会触发调用该规则所对应的 enter 方法，并将该语法树节点的上下文传递给该规则对应的对象；当树遍历器遍历完这个节点下所有的子节点之后，就会触发调用该规则对应的 exit 方法[2,3]。

以图 7.14 所示的变量声明与初始化语句 var x:int = 5 的可视化语法分析树结构图为例，树遍历器对它的遍历过程如图 7.31 所示。

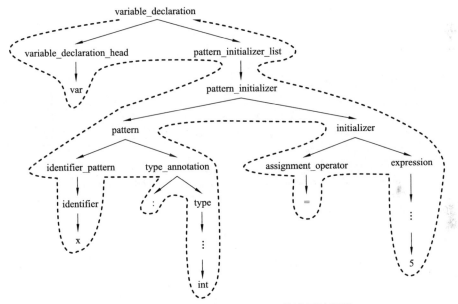

图 7.31　变量声明语句 var x:int=5 的遍历过程图

在图 7.31 中，为了表述方便，对以 type 为根节点的子树和以 expression 为根节点的子树的中间结构进行了省略。图中的虚线部分表示了对变量声明语法树的遍历过程，箭头方向表示对语法树进行遍历的方向。在对变量声明语法树遍历的过程中，ParseTreeWalker 触发调用的完整监听器方法序列如图 7.32 所示[2-3]。

在 Swift 语言语法树监听器接口 SwiftListener 的默认实现 SwiftBaseListener 实现中，所有规则的 enter 方法和 exit 方法都不执行任何语句。ParseTreeWalker 触发调用监听器 enter 方法和 exit 方法都是在遍历语法分析树过程中自动实现的，不需要用户显示调用。

enterVariable_declaration(SwiftParser.Variable_declarationContext)
enterVariable_declaration_head(SwiftParser.Variable_declaration_headContext)
visitTerminal(TerminalNode)
exitVariable_declaration_head(SwiftParser.Variable_declaration_headContext)
enterPattern_initializer_list(SwiftParser.Pattern_initializer_listContext)
enterPattern_initializer(SwiftParser.Pattern_initializerContext)
enterPattern(SwiftParser.PatternContext)
enterIdentifier_pattern(SwiftParser.Identifier_patternContext)
enterIdentifier(SwiftParser.IdentifierContext)
visitTerminal(TerminalNode)
exitIdentifier(SwiftParser.IdentifierContext)
exitIdentifier_pattern(SwiftParser.Identifier_patternContext)
enterType_annotation(SwiftParser.Type_annotationContext)
visitTerminal(TerminalNode)
enterType(SwiftParser.TypeContext)
......
visitTerminal(TerminalNode)
......
exitType(SwiftParser.TypeContext)
exitType_annotation(SwiftParser.Type_annotationContext)
exitPattern(SwiftParser.PatternContext)
enterInitializer(SwiftParser.InitializerContext)
enterAssignment_operator(SwiftParser.Assignment_operatorContext)
visitTerminal(TerminalNode)
exitAssignment_operator(SwiftParser.Assignment_operatorContext)
enterExpression(SwiftParser.ExpressionContext)
......
visitTerminal(TerminalNode)
......
exitExpression(SwiftParser.ExpressionContext)
exitInitializer(SwiftParser.InitializerContext)
exitPattern_initializer(SwiftParser.Pattern_initializerContext)
exitPattern_initializer_list(SwiftParser.Pattern_initializer_listContext)
exitVariable_declaration(SwiftParser.Variable_declarationContext)

图 7.32　触发调用的完整监听器方法

7.6　Swift2CV 语法树注解器

利用 Antrl4 工具对 Swift 语句进行词法分析、语法分析后得到的语法分析树是不能够进行修改的，因此，无法按照传统的方法，通过对语法分析树的节点进行移动、删除或添加等操作来获得与之对应的 Blanchet 演算语言语法树，进而获得 Blanchet 演算语句。采用 Antrl4 工具中特有的方式：注解语法分析树来获取 Blanchet 演算语句。

注解语法分析树，即在不修改 Antrl4 自动生成的关联节点类的情况下，在语法分析树的任意节点中，添加一个与节点相关联的 Map 值，用于保存所需要的临时变量。在遍历语法分析树的过程中，通过在监听器接口中添加特定的代码段，可以得到节点所存储的临时变量值；如果不添加代码段，树遍历器对语法分析树进行访问时不会获取注解的临时变量信息。

在 Antrl4 工程文件中新建一个 Swift2CV.java 的 Java 文件，用来对 Swift 语句语法分析树进行注解。注解语法分析树的目的在于将 Swift 语句对应 Blanchet 演算语句存储在该 Swift 语句语法分析树的根节点，只要访问根节点对应的 Map 值即可获得整条语句所对应的 Blanchet 演算语句。具体来说，先注解 Swift 语句中的子树，随后在对语法分析树中更高节点进行注解时，可以直接查看存储在子树根节点中的注解值来获取子树对应的 Blanchet 演算语句，根据 Swift 语言与 Blanchet 演算语言的映射模型，将获取的所有子树的转换结果放在对应的位置，即可得到以该高节点为根节点的子树所对应的 Blanchet 演算语句，将其存储在该节点对应的 Map 值中，依次进行下去，直到到达 Swift 语句根节点，即可完成对 Swift 语句语法分析树的注解[2-3]。

为了完成对 Swift 语句语法分析树的注解，需要在新建的 Swift2CV 类中对 Swift 语言某些规则的 exit 方法进行重写，添加特定代码段，完成 Swift 语句到 Blanchet 演算语句的转换，因此，Swift2CV 类应当继承自 SwiftBaseListener，将其传递给树遍历器之后，树遍历器在遍历 Swift 语句语法分析树时就会触发 Swift2CV 类中定义的回调方法。树遍历器触发执行 Swift2CV 类的过程图如图 7.33 所示。

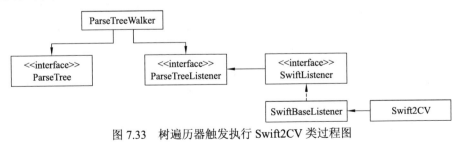

图 7.33　树遍历器触发执行 Swift2CV 类过程图

Antrl4 中定义了一个名为 ParseTreeProperty 的帮助类, 可用来关联 Swift 语法分析树节点和部分转换结果, ParseTreeProperty 中定义的 put(node, value) 方法用于注解语法分析树的一个节点、 get(node) 方法用于得到与节点相关联的值。注解 Swift 语句语法分析树的具体方法是通过使用 ParseTreeProperty 类型的字段 cv 及两个帮助方法, 让 Swift 语言的每个语法规则返回与输入短语相对应的 Blanchet 演算语句。在 Swift 语言语法分析树中, 将每棵子树转换为 Blanchet 演算语句后的字符串关联在该子树的根节点上, 在更高节点上捕获这些关联的字符串来获取更大的字符串, 并关联在该节点上, 最终整个语句的根节点所关联的字符串即为整个语句转换为 Blanchet 演算后的结果。在 Swift2CV.java 文件中, 定义转换器类 CVEmitter、字段 cv 和帮助方法 getCV()、setCV(), 代码如图 7.34 所示[2-3]。

```
public static class CVEmitter extends SwiftBaseListener {
    ParseTreeProperty<String> cv = new ParseTreeProperty<String>();
    String getCV(ParseTree ctx) { return cv.get(ctx); }
    void setCV(ParseTree ctx, String s) { cv.put(ctx, s); }
```

图 7.34   转换代码

其中, getCV()用于获取当前根节点所关联的字符串值, setCV()用于注解当前根节点。以变量声明及初始化语句为例, 来说明注解语法分析树的过程。

根据 Swift 语言到 Blanchet 演算语言的映射关系模型可以知道, 变量声明未初始化语句 $var\ x[:T]$ 对应的 Blanchet 演算语句的 BNF 为 $new\ x:T$; 而变量声明与初始化语句 $var\ x[:T]=a$ 对应的 Blanchet 演算语句的 BNF 为 $let\ y:T = simpleterm\ in$。具体来讲, 通过图 7.20 与图 7.21 的对比可以知道, 变量声明是否初始化, 在变量声明语句语法分析树中表现为以 initializer 为根节点的子树结构是否存在。此外, Swift 语言语法分析树结构中的 pattern_initializer 节点对应的 BNF 结构 $x[:T]=a$ 与 Blanchet 演算中的 $y:T=simpleterm$ 结构是对应的, 无须作修改。而只需在 pattern_initializer 节点对应的 Map 值中添加关键字 new 或者 $let\ \cdots\cdots\ in$ 即可完成变量声明语句到 Blanchet 演算语句的转换。因此, 在 Swift 语言变量声明语句的语法分析树中, 需要注解的节点依次为节点 pattern_initializer、节点 pattern_initializer_list 和节点 variable_declaration。

在转换器类 CVEmitter 中重写 pattern_initializer 规则的 exit 方法 public void exitPattern_initializer(SwiftParser.Pattern_initializerContext ctx){ } 通过 ctx.initializer( ) 方法来获取 pattern_initializer 节点下以 initializer 为根节点的子树, 判断该子树是否为空, 如果该子树为空, 则表明变量声明语句没有进行初始化, 通过语句 "new " + ctx.getText( ) + ";" 即可获得转换后对应的 Blanchet 演算语句; 如果该子树不为空, 则表明变量声明语句进行了初始化, 通过语句 "let " + ctx.getText( ) + " in"

即可获得转换后对应的 Blanchet 演算语句。最后通过 setCV( )方法将获得的部分结果关联到 pattern_initializer 节点中,重写 pattern_initializer_list 规则的 exit 方法,需要整合 pattern_initializer_list 节点下所有以 pattern_initializer 为根节点的子树关联的部分结果,并将整合后的结果关联到 pattern_initializer_list 节点中,最后重写 variable_declaration 规则的 exit 方法,获取 pattern_initializer_list 节点关联的部分结果,并将其关联到 variable_declaration 节点中。

以变量声明语句 var x:int = 5 为例,其语法分析树经注解后的结构图如图 7.35 所示。

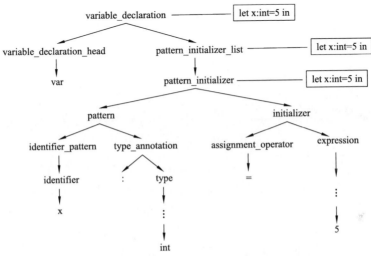

图 7.35　变量声明语句 var x:int=5 的注解语法分析树

以相同的方式注解 Swift 语言语法分析树的其他语法规则,则整个 Swift 语句语法分析树的根节点 top_lever 所关联的字符串即为 Swift 语句转换为 Blanchet 演算语句后的结果。

7.7　Swift2CV 使用手册

Swift2CV 主要运行流程为:输入或导入 Swift 语言实施,后台获取该 Swift 语言实施并进行词法分析、语法分析,得到并输出该 Swift 语言实施的语法分析树,最后遍历 Swift 语言实施的语法分析树,根据所建立的转换模型,生成并输出该 Swift 语言实施对应的 Blanchet 演算实施。其界面设计为三个区域,分别用来显示输入的 Swift 语言实施、Swift 语言实施的语法分析树结构、对应的 Blanchet

演算实施，如图 7.36 所示[2-3]。

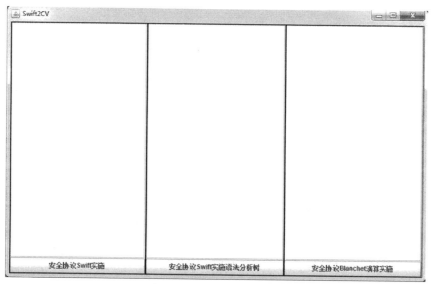

图 7.36　Swift2CV 界面

　　用户在使用 Swift2CV 软件时，可以直接在安全协议 Swift 实施对应区域内输入代码，也可以通过点击"安全协议 Swift 实施"按钮导入安全协议 Swift 实施文件，获取内容并显示到左边区域内。点击"安全协议 Swift 实施语法分析树"按钮，软件对安全协议 Swift 实施进行语法分析，并将其语法分析树显示到中间区域。点击"安全协议 Blanchet 演算实施"按钮，软件遍历安全协议 Swift 实施语法分析树，生成安全协议 Blanchet 演算并显示在右边区域内。

参 考 文 献

[1] Swift [EB/OL]. https://swift.org/. [2019-10-1]

[2] 孟博, 何旭东, 张金丽等. 基于计算模型分析安全协议 Swift 语言实施安全性[J]. 通信学报, 2018, 39(9) : 178-190.

[3] 张金丽. 基于计算模型分析 iOS 平台上的安全协议实施安全性[D].武汉: 中南民族大学.

[4] PARR T. The definitive antrl4 reference[M]. USA: The Pragmatic Bookshelf, 2013: 23-29.

[5] BLANCHET B. A computationally sound mechanized prover for security protocols. IEEE Transactions on Dependable and Secure Computing, 2008, 5(4): 193-207.

第8章 典型安全协议 Swift 实施安全性分析

8.1 引　言

本章应用第 7 章中的开发的安全协议 Blanchet 演算实施自动化抽取工具 Swift2CV [1-2]与 CryptoVerif 来分析典型安全协议 Swift 实施的安全性。首先选择或生成 OpenID Connect 协议[3]、Oauth2.0 协议[4]、TLS1.2 协议[5]等安全协议 Swift 实施，利用安全协议 Blanchet 演算实施自动化抽取工具 Swift2CV 抽取这些典型安全协议 Swift 实施的安全模型，然后根据抽取的安全模型，生成这些典型安全协议 Blanchet 演算实施，将安全协议 Blanchet 演算实施作为自动化验证工具 CryptoVerif 的输入，分析验证这些典型安全协议 Blanchet 演算实施是否满足定义的安全目标。在本章中，定义的安全目标为认证性和机密性，即验证这些典型安全协议 Swift 实施是否满足认证性和机密性。其原理如图 8.1 所示[1-2]。

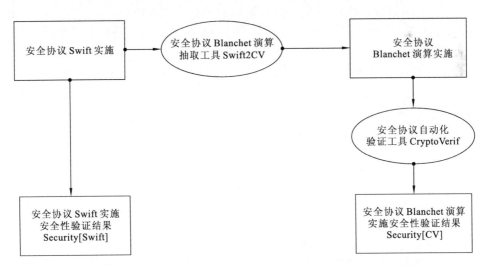

图 8.1　Swift2CV 与 CryptoVerif 结合验证安全协议实施的安全性原理

根据图 8.1 可知，根据安全协议规范，编写安全协议 Swift 语言实施，获取安全协议 Swift 语言实施安全性验证结果 Security[Swift]；将编写的安全协议 Swift 语言实施导入安全协议 Blanchet 演算实施抽取工具 Swift2CV 中，生成安全协议

Blanchet 演算实施，根据安全协议自动化验证工具 CryptoVeirf 的输入语法要求，完善所获得的安全协议 Blanchet 演算实施，并将其导入 CryptoVerif 中进行安全性验证，获取所抽取的安全协议 Blanchet 演算实施安全性验证结果 Security[CV]；进而得到安全协议 Swift 语言实施安全性验证结果 Security[Swift] [1-2]。

8.2 OpenID Connect 协议 Swift 实施安全性

8.2.1 OpenID Connect 协议 Swift 实施

OpenID Connect 协议[3]是 OpenID 继 OAuth2.0 之后于 2014 年发布的最新用户身份认证标准。OpenID Connect 协议在 OAuth2.0 协议基础上，引入了抽象为 ID Token（身份令牌）的身份层，通过身份认证操作登录终端用户或确定终端用户是否已经登录，其身份认证结果包含在 ID Token 中，经数字签名之后被安全地返回到客户端。

OpenID Connect 协议包含客户端（Client）、终端用户（End-User）和 OpenID 供应商（OpenID Provider）三个主体，其中 OpenID 供应商由授权服务器（Authorization server）、令牌终端（Token endpoint）、用户信息终端（UserInfo endpoint）三部分组成，各个部分在用户身份认证的过程中扮演着不同的角色。OpenID Connect 协议可通过隐式流、授权码流和混合流三种方式进行身份认证，不同的方式决定了 ID Token 和 Access Token 以何种方式返回到客户端，其消息流程也会有所区别。以基于授权码流身份认证的 OpenID Connect 协议为例，其 ID Token 和 Access Token 从令牌终端中返回，客户端可以利用授权服务器发送的授权码来向令牌终端请求获取 ID Token 和 Access Token，通过这种方式可有效防止令牌暴露。基于授权码流身份认证的 OpenID Connect 协议的消息结构如图 8.2 所示。

基于授权码流身份认证的 OpenID Connect 协议主要包含六个步骤：①客户端向 OpenID 供应商发送认证请求，授权服务器验证认证请求并根据验证结果返回相应的响应消息；②授权服务器接收到有效的客户端认证请求，根据请求参数值来认证对应的终端用户或确定该终端用户是否已被认证，并获得该终端用户的授权；③终端用户对授权服务器的认证与授权请求做出响应，授权服务器收到终端用户的响应之后，验证终端用户身份认证信息，获得终端用户授权决策；④授权服务器成功获取终端用户的授权，生成授权码，并将产生的授权码发送到客户端，若终端用户认证失败或不同意授权，授权服务器向客户端返回相应的错误提示信息；⑤客户端获得授权码之后，向 OpenID 供应商令牌终端发送令牌请求，以获

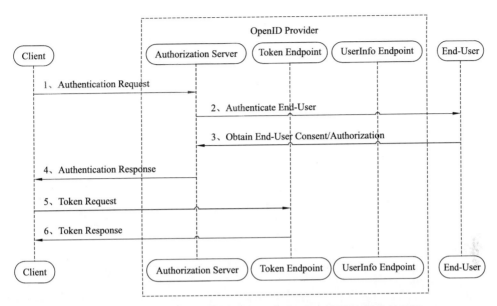

图 8.2　基于授权码流身份认证的 OpenID Connect 协议消息结构图

得授权终端用户的 ID Token 和 Access Token；⑥OpenID 供应商令牌终端验证客户端的身份，确认该客户端已获得终端用户授权、验证授权码处于有效期内，验证成功后生成 ID Token 和 Access Token，并发送给客户端，客户端能够通过向 OpenID 供应商用户信息终端发送 Access Token 来访问授权终端用户的资源。

　　实验采用的 OpenID Connect 源码[6]是由 Aero Gear 项目提供，该项目致力于将企业与移动端结合起来，使跨平台企业移动开发变得容易，分析该项目的 OpenID Connect 实施对网络空间安全具有重要意义。对 OpenID Connect 协议 Swift 语言实施安全性的分析与验证主要考虑 OpenID 供应商向客户端发送令牌响应时，与客户端之间的认证性。OpenID 供应商（OpenID Provider）Swift 语言实施与安全性相关的核心代码如图 8.3 所示。

　　OpenID 供应商首先要生成公钥和私钥，用于向客户端发送令牌响应时对 ID Token 进行数字签名。当 OpenID 供应商接收到客户端发送的身份信息时，将产生的公钥发送给客户端。当 OpenID 供应商接收到来自客户端的令牌请求时，对客户端的身份信息进行验证，验证成功后生成 ID Token 和 Access Token 及相关参数，并向客户端发送令牌响应。

　　客户端（Client）Swift 语言实施与安全性相关的核心代码如图 8.4 所示。

```
//PublicKeyTag
let publicKeyTag:String="publicKey"
//PrivateKeyTag
let privateKeyTag:String="privateKey"
//Generate PublicKey and PrivateKey
let localHeimdall=Heimdall(publicTag: publicKeyTag, privateTag: privateKeyTag,
keySize:1024)
let publicKeyString: String=
heimdall. publicKeyDataX509().base64Encoded StringWithOptions(NSDataBase64Encoding
Options(rawValue:0))
//Receive the information of the Client,and send the PublicKey to the Client
let(client_id,client_secret, client_redirectUrl)=server.rend()
server.send(publicKeyTag,publicKeyString)
let authCode: String=RandomString.getRandomStringOfLength(22)
//Receive the Token Request
let(grant_type,code,clientId,clientSecret,redirectUrl)=server.read()
if grant_type=="authorization_code"{
if clientId==client_id&&clientSecret==client_secret&&redirectUrl==client_redirectUrl
{
    if code==authCode{
    let id_token: String=RandomString.get RandomStringOfLength(10)
    let access_token: String=RandomString.getRandomStringOfLength(10)
    let token_type:String="Bearer"
    let expires_in:int=3600
    var signString:String=localHeimdall.sign(idtoken);
    server.send(id_token,signString,access_token,token_type,expires_in)
    }
}
}
```

图 8.3   OpenID 供应商 Swift 语言实施核心代码

```
//Send the information of Client to the OpenID provider
let clientId="sa"
let clientSecret ="123456"
let clientRedirectUrl="192.168.1.101"
client.sent(client,clientSecret,clientRedirectUrl)
//Receive the public Key of the OpenID Proverive
let (publicKeyTag,publicKeyString)=client.rend()
let keyData=NSData(base64EncodeString:publicKeyData:keyData)
// Receive the Token Response
let (idtoken,signS,accesstoken,tokentype,expiresin)=client.read()
let result : bool=partnerHeim dall.verify(idtoken,signatureBase64:signS)
print("The result of signature verification is:\(result)")
if partherHeimdall.verify(idtoken,signatureBase64:signS){
        print("The Client successfully authrnicates the OpenID provider !")
}else{
        print("The Client can't authrnicates the OpenID provider !")
}
```

图 8.4   客户端 Swift 语言实施核心代码

客户端首先将用户名、密码和重定向 URL 发送给 OpenID 供应商，然后接收 OpenID 供应商的公钥，最后接收到来自 OpenID 供应商的令牌响应，因为令牌响应中的 ID Token 经过数字签名，客户端接收到令牌响应之后，需要对数字签名进行验证，如果验证结果为 True，则表明客户端能够成功认证 OpenID 供应商，如果验证结果为 False，则表明客户端不能认证 OpenID 供应商[1-2]。

8.2.2　OpenID Connect 协议 Blanchet 实施

将获取的安全协议 Swift 语言实施导入安全协议 Blanchet 演算实施抽取工具 Swift2CV，经过 Swift 词法分析器、语法分析器生成安全协议 Swift 实施语法分析树，遍历语法分析树生成安全协议 Blanchet 演算实施。将生成的安全协议 Blanchet 演算实施经过适当的调整导入安全协议自动化验证工具 CryptoVerif 中进行安全性验证，获取安全协议 Swift 实施安全性验证结果。将 OpenID 供应商、客户端 Swift 语言实施分别导入 Swift2CV 工具中，运行结果如图 8.5 和图 8.6 所示[1-2]。

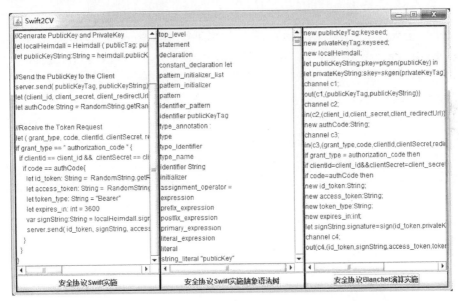

图 8.5　Swift2CV 工具运行 OpenID 供应商 Swift 语言实施结果图

整理 Swift2CV 工具生成的 OpenID Connect 协议 Blanchet 演算实施，添加事件 event，导入自动化验证工具 CryptoVerif 中，得到的安全性验证结果如图 8.7 所示。event IDTokenEnd(x)事件发生在 OpenID 供应商发送令牌响应消息之后，event IDTokenClient(y)事件发生在客户端验证签名之后，一致性关系 event

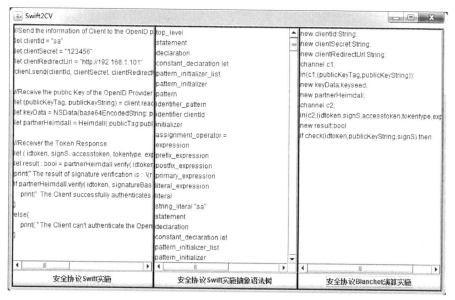

图 8.6　Swift2CV 工具运行客户端 Swift 语言实施结果图

IDTokenClient(y)==>IDTokenEnd(x)表示如果事件 IDTokenClient(y)发生，则事件 IDTokenEnd(x)一定也发生了，用来验证客户端对 OpenID 供应商的认证性。最终获得的安全协议 Swift 实施安全性验证结果中，event IDTokenClient(y)==> IDTokenEnd(x)的证明结果为 proved，表明客户端能够认证令牌终端。从 OpenID Connect 协议 Swift 实施抽取出的安全协议模型：OpenID Connect 安全协议 Blanchet 演算实施，可以证明客户端能够认证令牌终端。因此可以得到 OpenID Connect 协议 Swift 语言实施的安全性分析结果，客户端能够认证令牌终端。实际执行 OpenID Connect 协议 OpenID 供应商、客户端 Swift 语言实施，得到的安全相认证结果如图 8.8 所示。在获得的安全协议 Swift 语言实施安全性验证结果中，验证签名的结果为 true，表明客户端能够认证 OpenID 供应商。OpenID 供应商收到来自客户端的令牌请求之后，验证令牌请求有效，需要向客户端返回包含 ID Token 和 Access Token 等信息的令牌响应。在发送令牌响应的过程中，ID Token 利用 OpenID 供应商的私钥进行数字签名，然后将 ID Token 与签名同时发送给客户端，客户端收到 ID Token 与签名之后，利用 OpenID 供应商发送的公钥对签名进行解密，如果解密后信息与 ID Token 相同，则验证签名成功，因为 OpenID 供应的私钥是保密的，只有 OpenID 供应商本身能够获取，因此如果数字签名验证成功，则表明该令牌响应消息来自 OpenID 供应商。在获得的安全协议 Swift 语言实施安全性验证结果中，验证签名的结果为 true，表明客户端能够认证 OpenID 供应商。

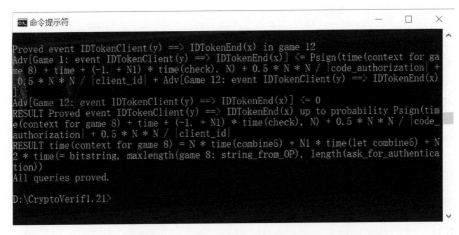

图 8.7　OpenID Connect 协议 Blanchet 演算安全性的验证结果

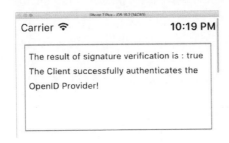

图 8.8　OpenID Connect 协议 Swift 实施安全性验证结果

8.3　Oauth2.0 协议 Swift 实施安全性

用类似的方法，首先得到 Oauth2.0 安全协议 Swift 语言实施，然后应用安全协议 Blanchet 演算实施抽取工具 Swift2CV 生成 Oauth2.0 安全协议 Blanchet 演算实施，接着应用自动化验证工具 CryptoVerif 对 Oauth2.0 安全协议 Blanchet 演算实施的安全性进行分析，结果如图 8.9 所示。由图 8.10 可知，Oauth2.0 协议 Blanchet 演算实施的安全性分析结果，表明客户端无法认证授权服务器，即当客户端接收到授权码时不能够确定该授权码是否来自授权服务器。原因是授权服务器向客户端发送授权码的过程中，没有采用数字签名机制，所以攻击者能获得其授权码，并对其进行篡改，因此可以得到 Oauth2.0 安全协议 Swift 语言实施的安全性分析结果：客户端无法认证授权服务器，即当客户端接收到授权码时不能够确定该授权码是否来自授权服务器。原因是授权服务器向客户端发送授权码的过程中，没有采用数字签名机制，所以攻击者能获得其授权码，并对其进行篡改。实际执行 Oauth2.0 安全协议 Swift 语言实施结果如图 8.10 所示[1-2]。

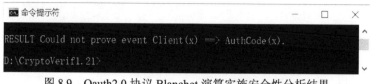

图 8.9 Oauth2.0 协议 Blanchet 演算实施安全性分析结果

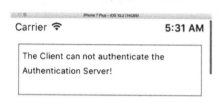

图 8.10 Oauth2.0 协议 SubSwift 语言实施安全性分析结果

8.4 TLS1.2 协议 Swift 实施安全性

首先得到 TLS1.2 安全协议[5]Swift 语言实施，然后应用安全协议 Blanchet 演算实施抽取工具 Swift2CV 生成 TLS1.2 安全协议 Blanchet 演算实施，接着应用自动化验证工具 CryptoVerif 对 TLS1.2 安全协议 Blanchet 演算实施的安全性进行分析，结果如图 8.11 所示。由图 8.12 可知，TLS1.2 安全协议 Blanchet 演算实施的安全

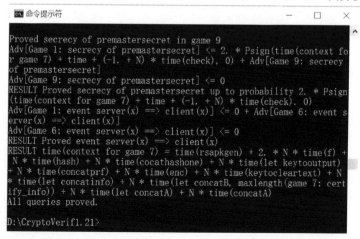

图 8.11 TLS1.2 协议 Blanchet 演算实施安全性分析结果

性分析结果表明在客户端与服务器通信的过程中，能够保证预主密钥的保密性，且客户端能够认证服务器。因此，可以得到 TLS1.2 安全协议 Swift 语言实施的安全性分析结果：能够保证预主密钥的保密性，且客户端能够认证服务器。实际执行 TLS1.2 安全协议 Swift 语言实施结果如图 8.12 所示[1-2]。

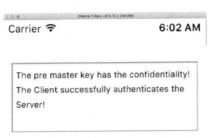

图 8.12　TLS1.2 协议 Swift 语言实施安全性分析结果

参 考 文 献

[1] 孟博, 何旭东, 张金丽, 等. 基于计算模型分析安全协议 Swift 语言实施安全性[J]. 通信学报, 2018, 39(9) :178-190.

[2] 张金丽. 基于计算模型分析 iOS 平台上的安全协议实施安全性[D].武汉: 中南民族大学.

[3] OpenID Connect Core 1.0 [S]. http://openid.net/specs/openid-connect-core-1_0.html. [2019-10- 08].

[4] Oauth 2.0 https://oauth.net/2/.[2019-10-15].

[5] Transport Layer Security 1.2 Protocol. http://www.ietf.org/rfc/rfc2246.txt.[2019-10-20].

第9章 基于消息构造的安全协议实施安全性分析

9.1 引　言

安全协议实施[1-2]一般由安全协议客户端实施和安全协议服务器端实施组成，研究主要分别基于以下三个假设：①不能得到安全协议客户端实施及服务器端实施；②可以得到安全协议客户端实施及服务器端实施；③可以得到安全协议客户端实施，不可以得到安全协议服务器端实施。本章假设可以得到安全协议客户端实施，不可以得到安全协议服务器端实施，分析和验证安全协议实施的安全性。基于能够获取安全协议客户端实施的假设，这种方法主要基于安全协议客户端实施，应用 API（application programming interface）跟踪技术及 Net-trace（网络轨迹）[3]方法构造协议请求消息；使用 Net-trace 方法及模型抽取方法，生成安全协议服务器端抽象模型[4-5]，进而分析安全协议实施安全性。研究框架如图 9.1 所示。

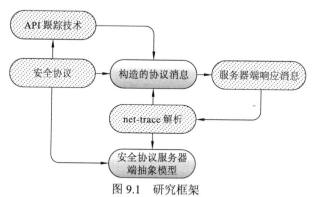

图 9.1　研究框架

基于图 9.1 所示研究框架，实现其核心功能所应用的技术方法如图 9.2 所示[4-5]。

由图 9.2 可知，拦截 net-trace 使用第三方中间人代理工具，应用 API 跟踪技术获得安全函数内部及 API trace（函数轨迹），用提出的 ATPA（API trace parse algorithm，函数轨迹解析算法）算法解析获得的 API trace，使用序列匹配的方法定位需要被替换的消息 Token，使用 out-of-the-box 重执行方法重构安全函数输出。

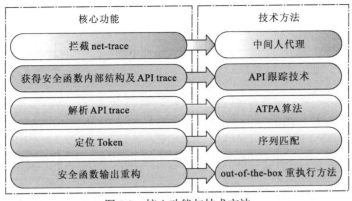

图 9.2　核心功能与技术方法

9.2　基于 API trace 的安全协议消息构造方法

面向 B/S 模式，提出了基于 API trace 的安全协议请求消息构造方法 SPIMC（security protocol implementation message construction，安全协议实施消息构造）[4]，其示意如图 9.3 所示。首先，拦截安全协议通信实体之间的 Net-trace（通信消息），并基于消息符出现频数解析 Net-trace，进而得到完整的消息 Token；其次，从安全协议客户端实施中抽取安全相关函数，并应用 API 跟踪技术获取其 API trace 及安全相关函数之间依赖关系；提出 API trace 解析算法 ATPA，用以解析获得的 API trace 并建立栈结构存储解析结果；然后，结合建立的栈结构及 Net-trace 解析结果定位消息 Token，并结合 Out-of-the-box 重执行方法重构安全函数输出序列；使用重构的安全函数输出序列替代定位的 Token，进而得到构造的安全协议请求消息[4-5]。

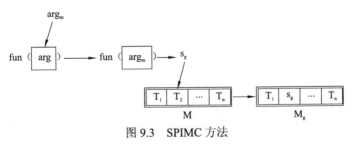

图 9.3　SPIMC 方法

其中函数 fun 是通过应用 API 跟踪技术得到的 JavaScript 实施安全函数，arg 为该函数对应的原始参数，arg_m 为修改之后的参数（modified argument），S_g（generated statement）是 fun 函数的重构的输出序列值，T_n 为协议消息中的消息

Token，M 为原始协议消息，M_g 为构造后得到的协议请求消息，假设 T_2 是被定位的消息 Token。函数 fun 主要过程如下。

（1）用 argm 替换 fun（arg）的 arg，进而得到参数修改后的函数 fun（argm）。

（2）重新执行 fun（arg$_m$）得到重构的函数输出 S_g，S_g 用来替代消息 Token 中被定位的消息 Token。

（3）用 S_g 替代消息 Token T2，进而得到构造的消息 M_g，M_g 将被发送到安全协议服务器端。

如图 9.3 所示，SPIMC 方法主要采用 API trace 方法。由于通过 API 跟踪技术得到的 API trace 是原始的 API trace 数据，不具有适合后续分析使用的数据结构。因此为了在协议消息构造过程中得到较适合的数据结构，需要对其进行规范化解析处理。从图 9.3 中可知，该协议消息构造模型也包含协议消息中 Token 的替换，而在消息 Token 替换之前必须先对需要被替换的消息 Token 进行定位，然后把该被定位位置的消息 Token 丢弃，再把修改函数参数得到的重构的安全函数输出（如图 9.3 中的 S_g）嵌入被删除消息 Token 的位置（如图 9.3 中 T_2 消息 Token 所在位置），进而得到构造的协议客户端消息，如图 9.3 中 M_g 消息。

9.2.1 Net-trace 解析

要对安全协议消息进行 Net-trace 解析，首先采用中间人代理截获 Net-trace；然后，基于协议消息符出现频数，通过识别协议消息符解析该 Net-trace，进而得到消息 Token T_n。常见的协议消息符有消息结束符、分界符及连接符。

定义：在协议消息中，包含协议消息字符最多的一段称为协议消息段，记为集合 P_n，消息块中最小的单元称为协议消息 Token，记为集合 T_n；协议消息段中由一个或多个协议消息 Token 组成的协议消息部分，称为协议消息块，记为集合 B_n，且三个集合满足关系：

$$T_n \in B_n \in P_n \left(T \neq \varnothing,\ B \neq \varnothing,\ P \neq \varnothing,\ n \in N^* \right)$$

在协议消息中，消息结束符通常为"\r"或者是"\r\n"，它们用来指示协议消息某部分结束或对协议消息进行分行，分界符用来区分不同协议消息的不同字段或消息段，从协议消息起始位置到第一个分界符出现，其间的消息字段或消息段为一个协议消息段 P，第一个协议消息分界符和第二个协议消息分界符之间也是协议消息段，该消息段 P 中还包含了更小的协议消息块 B，因此通过识别分界符就可以完成协议消息的消息段层次的消息解析。

通过识别协议消息中的分界符得到的消息段 P 包含协议消息块 B，该类消息块通常是通过常见的协议消息连接符将消息块 B 连接而成。通常，一个分界符与其相邻的连接符之间则是一个协议消息块 B，同时两个连接符之间部分也是协议消息块。这类消息块通过连接符的连接便组成了较大的协议消息块。常见的连接符有 "？" "&" 及 "=" 等。

通常情况下，协议消息块中还包含整个协议消息中最小的组成单位，称之为协议消息 Token，这些消息 Token 中不包含任何协议消息符号，它们均是确定的字符序列，在协议消息解析过程中，它们不可进行更细粒度的解析。

对协议消息进行 Token 解析时，以某个协议消息符号在协议消息中出现的次数为基础来解析协议消息，进而得到消息 Token。首先对安全协议客户端实施进行扫描，识别出该实施中所包含的协议消息符，并对每个符号出现的频数进行统计；然后将在协议消息中出现的符号的频数进行降序排列；最后按照降序排列顺序依次识别协议消息符，进而分别得到协议消息段 P、协议消息块 B 及协议消息 Token T。

为高效地完成协议消息 Token 解析，需要考虑实际情况和需求，决定解析到的层次。在解析过程中，对某些消息段 P 解析到消息块 B 的层次，而对某些消息段解析到消息 Token T 的层次。如图 9.4 中的 HTTP Get 协议消息，不对协议消息中的 IP 地址 "127.0.0.1" 解析成 "127" "0" "0" 及 "1"。因为在实际协议消息中，IP 地址是协议消息中一个整体，若对其进行最小 Token 解析，一方面会消耗计算资源，另一方面会使协议消息 Token 的定位产生错误，以至对协议消息中需要被替换 Token 的定位失败。因为在协议消息 Token 定位时，若最终安全相关函数原始输出是构成协议消息中的某个 Token 块 T_n，且其值为 "127"，该函数输出序列值与 IP 地址中的 "127" 和 pw 对应的序列值 "127" 匹配成功，则会对协议消息中两个 "127" 所在的 Token 位置进行定位标记，在协议消息 Token 替换过程时，若重构的安全函数输出序列为 "192"，则其将用于替换被定位的 Token，即替换掉 IP 地址中的 "127" 字段或 pw 对应的序列值，这样就可能造成安全协议客户端与服务器建立连接失败或协议消息构造失败的结果。为了避免该结果的发生，因此在对协议消息中某些特定的消息段 P 或消息块 B 不解析到最小消息 Token。以 HTTP1.1 版本某条 Get 请求消息为例，协议消息的解析主要有 6 步，如图 9.4 所示[4-5]。

主要步骤如下。

（1）识别 Get 协议消息中的消息结束符 "\r\n"，得到协议消息段 P。

（2）解析消息段 P，识别空格符便得到协议消息 Token—T_1 和待进一步解析消息块 B_1，其中 T_1 的内容为 Get 方法。

（3）解析消息块 B_1，识别分界符 "/"，从而得到协议消息 Token—T_2 和待解析消息块 B_2，其中 T_2 为 IP 地址，故不作进一步解析。

（4）解析消息块 B_2，识别连接符 "="，进而得到消息 Token—T_7 和待解析消息块 B_3 和 B_4，这里 T_7 为 "127"，对 B_4 进行 Token 解析处理，识别符号 "&"，

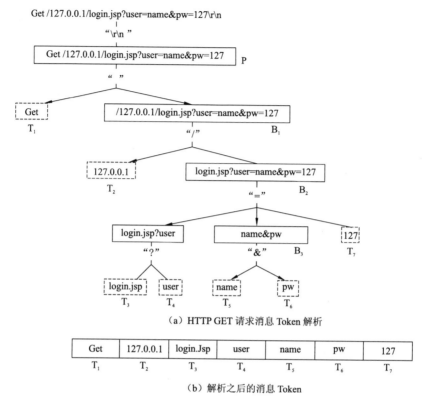

（a）HTTP GET 请求消息 Token 解析

Get	127.0.0.1	login.Jsp	user	name	pw	127
T_1	T_2	T_3	T_4	T_5	T_6	T_7

（b）解析之后的消息 Token

图 9.4　以 HTTP 1.1 为例的协议消息 Token 解析

得到协议消息块 B_4 和 B_5。

（5）再解析消息块 B_3 和 B_4，识别协议消息符"？"和"&"，得到协议消息 Token—T_3, T_4, T_5 及 T_6。此处，对"login.jsp"不做进一步解析，即不将"login.jsp"解析成"login"和"jsp"。

（6）对以上得到的消息 Token 进行整合，得到图 9.4 中（b）中所示的 T_1~T_7 消息 Token。

（7）基于上述方法，完成协议消息的解析，图 9.4 中（b）部分所示为协议消息解析后结果，其中 T_n 在协议消息构造时需要与安全函数输出序列进行匹配，进而定位协议消息中需要被替换的协议消息 Token。

9.2.2　API trace 解析

API trace 是通过 API 跟踪技术得到的安全函数的相关信息，如函数名、输入参数及输出序列值等信息，这些信息是协议消息构造的重要部分，然而获取的原始 API trace 没有规整的数据结构，需要对其解析并建立合适的数据结构，进而在消息构造时方便调用解析后的 API trace，因此提出了 API trace 解析算法 ATPA，具体如图 9.5 所示。这种算法使用 API 跟踪技术从安全协议客户端实施中获取安全函数的 API trace，然后提出一个 API trace 解析算法 ATPA 解析获得的 API trace 并建立一个栈结构用于保存解析结果[4-5]。

ATPA 算法如图 9.5 所示，首先将通过 API 跟踪技术获得的安全函数的 trace 保存在日志文件中，再对该日志文件进行遍历，直到该文件结束（图 9.5 中第 1 行），把读取的函数 trace 按照函数名、函数输入及函数输出的形式表示成相应的安全函数 trace—API$_i$（图 9.5 中 2～3 行所示）；然后判断得到的 API trace 是否为空，若得到的函数 API trace（图 9.5 中 API$_i$）不为空，则将其存入建立的栈结构中（图 9.5 中 6 行），直到把所有函数返回值不空的 trace 存入栈中；若得到的 API trace 为空，则丢弃该 API trace，直到解析完 API trace。

```
Algorithm:par se the API trace
Input:Logs which is the API trace logs
output:The stack which store traced function name and ar guments
1:while!feof < Logs > do
2: < f.nama, f.input, f.output >←fread < Logs >
3:    APIᵢ←< f.name, f.input, f.output >
4:    i←i+1
5:whilei!=0do
6:    if APIᵢ.output!=Φ then
7:        puttostack(APIᵢ.name,APIᵢ.input)
8:    else
9:        removeAPIᵢ
10:    i←i+1
11:end
```

图 9.5　ATPA 算法

9.2.3　Token 定位

协议消息 Token 由安全函数输出序列构成，Token 定位实现对协议消息中需要被替代 Token 进行准确定位，进而得到构造的协议请求消息。

在构成协议消息 Token 的安全函数输出不依赖于别的安全函数的情形下，首先从 ATPA 建立的栈结构中调用被跟踪安全函数及其原始函数参数；然后重执行该函数得到相应函数输出序列值；最后使用该输出序列值与解析后的消息 Token T$_n$ 进行序列匹配，并对匹配成功位置进行标记，被标记位置的协议消息 Token 就是需要被替换的协议消息 Token。具体如图 9.6 所示[4-5]。

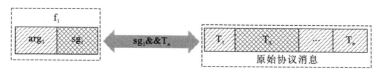

图 9.6　第一种情形下的 Token 定位示例

图 9.6 中，f_1 为被跟踪的安全函数，arg_1 为该函数的原始参数，sg_1 为该函数参数是 arg_1 时对应的输出，$sg_1 \& \& T_n$ 表示使用函数输出 sg_1 与解析后的协议消息 Token T_n 做序列匹配的结果，它是一个布尔值，其结果为 true 表示匹配成功。T_n 为解析后的消息 Token，若图 9.6 中 sg_1 与 T_2 匹配成功，则表示 T_2 为在消息构造时需要被重构的安全函数输出序列替代，进而得到构造的协议请求消息。图 9.6 中，用 sg_1 与解析后的消息 Token 进行匹配，若 sg_1 与 T_2 成功匹配，则对 T_2 进行标记，同时 $sg_1 \& \& T_n$ 返回 true 值。

在构成协议消息 Token 的安全函数输出依赖于别的安全函数的情形下，首先通过扫描安全协议客户端 JavaScript 实施，提取出安全相关函数并建立函数依赖关系，该关系主要考虑向下处理关系，即从安全相关函数开始，关注安全函数的输出作为下一个函数的输入参数的函数依赖链。其示意如下：$f_1 \rightarrow f_2 \rightarrow \cdots \rightarrow f_{n-1} \rightarrow f_n$。

在该依赖关系中，f_1 函数的输出作为 f_2 函数的输入，f_{n-1} 函数输出作为 f_n 函数输入。

首先，扫描安全协议客户端实施，抽取安全相关函数并对其进行跟踪，进而从跟踪函数向下查找处理其输出的安全函数，建立从跟踪函数向下的函数依赖关系；然后从 ATPA 建立的栈结构中调用跟踪函数及其参数，重执行后可得到跟踪函数的输出，根据建立的函数依赖关系，进而得到函数依赖关系最后一个函数的输出；最后将生成的函数输出与解析后的协议消息 Token T_n 进行序列匹配，并标记匹配成功后的协议消息 Token 位置，其过程示意如图 9.7 所示[4-5]。

图 9.7　第二种情形时的 Token 定位示例

图 9.7 中，arg_n 是与被跟踪函数存在调用关系的函数参数，sg_n 为这些函数的输出值，$sg_n \& \& T_n$ 表示重构的安全函数输出序列 sg_n 与协议消息 Token 块 T_n 进行匹配的布尔结果，其结果为 true 表示匹配成功，即与 sg_n 匹配成功的 Token 为被定位的消息 Token。

图 9.7 中，f_1 函数的输出 sg_1 作为 f_2 函数的输入，重执行 f_2 函数之后得到函数

输出 sg_2，其将作为函数依赖关系的下一个函数的输入。以此，得到函数 f_n 的输出序列值 sg_n，sg_n 用来与消息 Token 进行匹配，若 T_2 与 sg_n 匹配成功，则 $sg_n\&\&T_n$ 的返回值为 true。

9.2.4 安全函数重构与消息构造

1. 安全函数输出重构

安全函数输出重构是构造协议请求消息的关键步骤，其主要依赖于 API trace 解析结果及建立的被跟踪安全函数的依赖关系。

在构成协议消息 Token 的安全函数输出不依赖于别的安全函数的情形下，首先从 ATPA 建立的栈结构中调用被跟踪的安全函数及其参数，并对其参数进行修改得到修改的参数；然后以修改的参数作为输入重新执行被跟踪的安全函数，进而得到重构的安全函数输出序列。

在构成协议消息 Token 的函数输出依赖于别的安全函数的情形下，首先依照第一种情形得到安全函数依赖关系第一个函数的输出序列；其次，将其作为第二个函数的输入重执行第二个函数，进而得到其输出序列；然后以此规则重执行依赖关系中的安全函数，直到得到函数依赖关系最后一个安全函数的输出序列被重构，该序列值即为重构的安全函数输出序列[4-5]。

2. 协议请求消息构造

1）构成协议消息 Token 的安全函数输出不依赖于别的安全函数

在该情形下，首先从安全函数输出重构结果中调用重构的安全函数输出序列值；然后，使用重构的安全函数输出替代解析后的协议消息中被定位的消息 Token，进而得到构造的协议客户端消息。具体示意如图 9.8 所示。

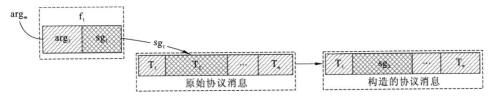

图 9.8 第一种情形时的协议请求消息构造

图 9.8 中，arg_m 为 f_1 安全函数原始参数 arg_1 对应的修改后的参数，T_n 是 net-trace 解析后得到的消息 Token。协议请求消息构造分以下三步。

（1）从 ATPA 建立的栈结构中调用被跟踪安全函数 f_1 并使用修改的参数 arg_m 替代其原参数 arg_1 作为该函数输入参数。

（2）重新执行 f_1 函数，得到新的函数输出 sg_1。

（3）使用 sg_1 替代原始协议消息中被定位的消息 Token 块 T_2，进而得到构造的协议请求消息。

2）构成协议消息 Token 的安全函数输出依赖于别的安全函数

该情况下协议请求消息构造，首先结合函数依赖关系和 ATPA 建立的栈结构重构安全函数输出序列值；然后用重构的安全函数输出序列值替代协议消息中被定位的消息 Token，进而得到构造的协议请求消息。其过程如图 9.9 所示。

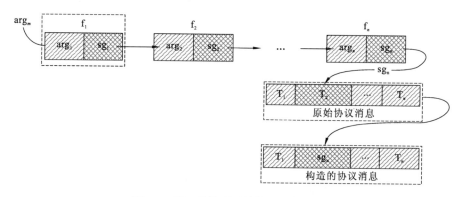

图 9.9　第二种情形时的协议消息构造

图 9.9 中，f_n 为被跟踪的安全函数，arg_n 为函数依赖关系中安全函数的原始参数，sg_n 为相应的函数输出序列值，arg_m 为修改 arg_n 得到的参数，T_n 为 net-trace 解析后得到的消息 Token，T_2 为被标记的消息 Token。此情形下，消息构造主要包含 4 步。

（1）从 ATPA 建立的栈结构中调用被跟踪函数 f_1 及其原始参数 arg_1，并使用修改的参数 arg_m 替代该函数的原始参数 arg_1，重新执行 f_1 函数得到新的函数输出 sg_1，该输出序列值将作为输入传到下一个函数中，如图 9.9 中 f_2 函数。

（2）sg_1 作为函数 f_2 的输入参数，重执行 f_2 后得到新的输出 sg_2，它将作为输入参数传入函数处理关系的下一个函数。

（3）重复（2）步，直到函数 f_n 的参数为函数 f_{n-1} 的输出值，重执行 f_n 后得到其输出序列 sg_n，其即为构造安全函数输出序列，sg_n 用来替换消息 TokenT_2。

（4）将 sg_n 替换到 T_2 处位置，进而得到构造的协议请求消息。

图 9.9 中，若存在函数调用关系的所有函数均只有一个输入参数，f_{n-1} 函数的输出可直接替代 f_n 函数的输入参数，则 $sg_{n-1}=arg_n$，此时最后一个函数输出可直接

替代协议消息中需要被替代的协议消息 Token 块，即图 9.9 中 T_2。若存在调用关系的函数有两个或者两个以上输入参数，修改的 f_1 函数参数可直接替代原始参数，而 f_{n-1} 函数输出 sg_{n-1} 只能作为 f_n 函数参数中的某个构成部分，即 $sg_{n-1} \subseteq arg_n$，最后函数的输出直接用来替代协议消息中需要被替代的协议消息的某个 Token 部分[4-5]。

9.3　安全协议服务器端抽象模型生成

9.3.1　安全协议服务器端响应消息解析

协议消息中消息结束符用来指示某条协议消息的结束；分界符用来区分协议消息的不同字段或消息段，从协议消息起始到第一个分界符之间的消息部分为一个协议消息段，两个协议消息分界符之间也是一个消息段。因协议消息段由一个或多个协议消息块组成，故对协议消息块中的分界符进行识别，即可以得到协议消息 Token[4-5]。

一个分界符与其相邻的分界符之间便是协议消息块 B。这类消息块通过连接符的连接便组成了协议消息段 P。常见的连接符有"？""&"及"="等。协议消息块中还包含整个协议消息中最小元素，我们称之为协议消息单元 T（Token），它们均是一串确定的字符，在协议消息中它们不可再被解析。

对安全协议服务器端响应消息进行解析，首先对得到的安全协议客户端实施进行扫描，提取出该实施中所有的协议消息符，并统计这些符号出现的频数；接着对这些符号按照频数进行降序排列，并依次识别消息符，进行响应消息的解析。

为了能够高效地解析协议消息，需要根据具体情况，对某些消息块解析到消息块 B 层次，而对另外消息块解析到消息 Token T 的层次。这样会在很大程度上节约计算资源。如在图 9.10 的 HTTP Get 协议消息中，不需把协议消息中的地址"weibo.com"解析成"wei""bo"。因为在实际应协议消息中，它是一个站点地址的标识，若对其进行最小 Token 解析，一方面会消耗计算资源；另一方面会使协议消息 Token 的定位失败，以至重构的函数输出对定位的协议消息 Token 替换错误或失败。为了避免该类错误的发生，在解析服务器端响应消息时，对协议消息中某些特定的消息块不必解析到 Token 层次。以 HTTP GET 请求为例，协议消息的 Token 解析如图 9.10 所示[4-5]。

主要步骤如下。

（1）识别出 GET 协议消息中的消息结束符"\r\n"，得到协议消息中某部分完整消息段 P。

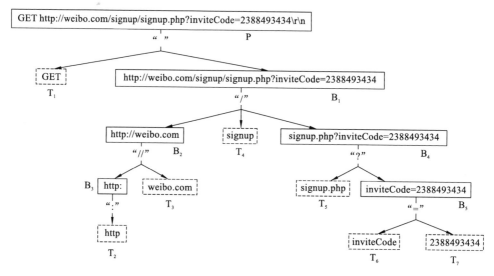

图 9.10 协议请求消息解析实例

（2）解析消息段 P，识别空格符 " "，从而得到解析后的协议消息 Token—T_1 和待解析消息块 B_1，其中 T_1 即为 Get 方法。

（3）解析 B_1，识别分界符 "/"，即得到协议消息 Token—T_4 和待处理消息块 B_2 和 B_4。

（4）解析 B_2，识别分界符 "//"，进而得到消息 Token—T_3 和待处理消息块 B_3，这里 T_3 为 weibo.com，其为新浪微博站点标识，不做 Token 解析，即不识别协议消息符 "."，将其解析称为 "wei" 和 "bo"。对 B_4 进行 Token 解析，识别符号 "&"，得到协议消息块 B_4 和 B_5。

（5）对 B_3 进行解析，识别协议消息符 "："，得到协议消息 Token—T_2。

（6）识别 B_4 中 "？" 符号，得到消息 Token—T_5 和消息块 B_5。

（7）识别 B_5 中的 "=" 符号，得到消息 Token—T_6 和 T_7。

（8）直到识别出所有协议消息符，则完成协议消息解析，进而得到所有消息 Token T_n。

9.3.2 安全协议服务器端抽象模型生成方法

为生成安全协议服务器端抽象模型，首先应用提出的基于 SPIMC 的安全协议实施安全性分析方法；其次对拦截的安全协议服务器端响应消息进行解析；然后从解析结果中抽取安全协议服务器端对安全协议客户端发送的请求消息中所包含的密码原语的处理结果；最后基于抽取的处理结果生成安全协议服务器端抽象模型[4-5]。

在构造的协议请求消息被发送到服务器端之后，服务器端对其进行解析和处理，再返回相应的响应消息。该响应消息中包含了对请求权消息的处理结果及相应的处理方法。例如，若构造的请求消息经过加密处理之后发往服务器端，则服务器端首先对其进行解密等处理；其次服务器端将对接收到的构造消息进行处理，并返回一条响应消息；然后截获该响应消息，并应用 net-trace 的方法解析响应消息；最后根据响应消息的解析结果抽取服务器对构造消息的具体处理结果，简单示意如图 9.11 所示[4-5]。

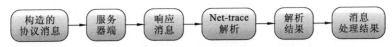

图 9.11　获取服务器端对构造消息的处理结果过程

抽取服务器端对构造消息处理结果目的是生成安全协议服务器端抽象模型，因为在抽取的处理结果中包含对构造的协议请求消息所包含的密码原语的相应处理方法。例如，构造的协议请求消息中包含了加密操作，那么在服务器端应该会对该消息进行解密操作或者验证，并返回相应的响应消息，基于此生成安全协议服务器端抽象模型。即基于抽取的安全协议服务器端对构造的协议请求消息处理结果生成安全协议服务器端抽象模型，具体如图 9.12 所示。

图 9.12 中，GM_i（$GM_i \in GM$）是应用 SPIMC 方法构造的协议请求消息，RM_i（$RM_i \in RM$）为安全协议服务器端对 GM_i 处理之后相应的响应消息，PR_i（$PR_i \in PR$）为对 RM_i 的解析结果，HR_i（$HR_i \in HR$）为安全协议服务器端对构造的协议请求消息的处理结果。另外，图 9.10 中出现的 i 与 n 满足条件。

截获的安全协议服务器端响应消息被解析后，依据该解析结果抽取安全协议服务器端对构造的请求消息处理结果，进而基于抽取的结果生成安全协议服务器端抽象模型。在安全协议服务器端，对接收的请求消息处理主要包含两部分：一是对密码原语的处理；二是对非密码原语的处理。

基于图 9.12，生成安全协议服务器端抽象模型具体过程如下。

（1）应用 SPIMC 方法产生第一条协议构造的协议请求消息 GM_1，并将其发往安全协议服务器端。

（2）安全协议服务器端接收到 GM_1 之后，对其进行处理后返回相应的响应消息 RM_1，截获该响应消息，进而得到解析结果 PR_1，该结果中包含了安全协议服务器端对构造的协议请求消息 GM_1 的处理结果 HR_1。

（3）从 PR_1 中抽取 HR_1。

（4）基于解析结果 PR_1 和安全协议客户端实施，产生第 i 条构造的协议请求

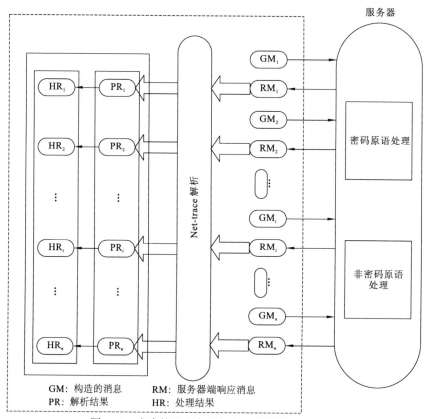

图 9.12   安全协议服务器抽象规范模型生成方法

消息 GM_i，并将其发送至安全协议服务器端，然后重复（2）、（3）步骤，进而得到安全协议服务器端对构造的第 i 条协议请求消息的处理 HR_i。

基于以上 4 步得到的安全协议服务器端对构造的安全协议请求消息的处理操作，生成安全协议服务器端抽象模型。在实际应用中，协议请求消息存在包含一个密码原语和多个密码原语的情形，即构造的协议请求消息需要根据实际应用构造一个或多个密码原语，所以，安全协议服务器端需要对构造的协议请求消息中包含的密码原语进行处理，并返回相应的响应消息，对该响应消息进行解析处理，进而从中得到安全协议服务器端对构造的协议请求消息中密码原语的处理结果，从处理结果中生成安全协议服务器端抽象模型，具体过程示意如图 9.13 所示。

（1）构造的协议请求消息 GM_i 被发送至协议服务器端，其中包含密码原语及非密码原语部分。

（2）安全协议服务器端接收到 GM_i 之后，对其进行分析、处理，返回一条相应的响应消息 RM_i。

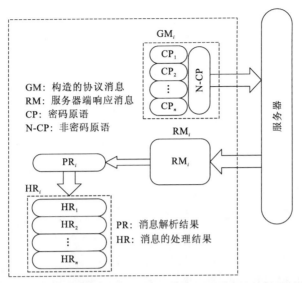

图 9.13　一条消息中包含多个密码原语时的处理结果提取示意

（3）拦截 RM_i 消息并对其进行解析，得到相应的解析结果 PR_i，再从该结果中提取安全协议服务器端对 GM_i 中 CP_i 的处理结果 HR_i，基于 HR_i 生成安全协议服务器端抽象模型。

图 9.13 中，CP 为构造的协议请求消息中所包含的密码原语，N-CP 为构造的协议请求消息中所包含的非密码原语，GM_i、RM_i、PR_i 及 HR_i 意为构造的协议消息、响应消息及相应的解析结果和处理结果。图 9.11 中所出现的 i，n 满足条件：$1 \leqslant i \leqslant n$，$n \geqslant 1$。

9.4　基于消息构造的安全协议实施安全性分析方法

基于能获取安全协议客户端实施，首先提出了基于 API trace 的安全协议消息构造方法 SPIMC；然后，基于 SPIMC 方法，进而提出了一个安全协议实施安全性分析的方法以生成安全协议服务器端抽象模型[4-5]。应用 SPIMC 方法可以生成合法的构造的安全协议请求消息，其主要包含以下 5 步。

（1）拦截及解析 Net-trace：使用中间人代理工具截获安全协议客户端与安全协议服务器端的通讯消息，并基于协议消息符在协议消息中出现的频数解析截获的协议消息，进而得到解析后的协议消息 Token 块 T_n。

（2）获得 API trace：使用 API 跟踪技术得到安全相关函数的 API trace。

（3）解析 API trace：提出 API trace 解析算法 ATPA，对 API trace 进行解析并建立相应的栈结构，用于保存解析结果。

（4）Token 定位：对需要被替换的消息 Token 的定位分为构成协议消息 Token 的安全函数输出不依赖于别的安全函数和构成协议消息 Token 的函数输出依赖与别的安全函数存在依赖关系两种情形。第一种情形，首先从 ATPA 建立的栈结构中调用被跟踪安全函数及其原始输入参数；其次，结合原始输入参数重执行跟踪的安全函数得到相应的输出序列；然后，用得到的输出序列与 net-trace 解析后得到的消息 Token 进行序列匹配，并对匹配成功的 Token 位置进行标记，该位置即需要被替换的协议消息 Token。第二种情形，首先扫描安全协议客户端实施，并建立安全相关函数之间的依赖关系；接着从 ATPA 建立的栈结构中调用被跟踪安全函数及其原始输入参数，并对其参数进行修改得到新的函数参数；然后基于建立的安全函数依赖关系重执行安全函数，进而得到重构的安全函数输出序列；最后使用重构的安全函数输出序列值与 net-trace 解析后得到的消息 Token 进行序列匹配，并对匹配成功的 Token 位置进行标记，该标记的位置即需要被替换的协议消息 Token。

（5）安全函数输出重构及消息构造：根据（4）中讨论的两种情形，安全函数输出重构及消息构造也分为两种情形进行。第一种情形，首先从 ATPA 建立的栈结构中调用被跟踪安全函数及其原始输入参数；其次结合原始输入参数重执行跟踪的安全函数得到相应的输出序列；最后使用重构的安全函数输出序列替换被标记的消息 Token，进而得到构造的协议请求消息。第二种情形，首先扫描安全协议客户端实施，并建立安全相关函数之间的依赖关系；再从 ATPA 建立的栈结构中调用被跟踪安全函数及其原始输入参数，并对其参数进行修改得到新的函数参数；然后基于建立的安全函数依赖关系重执行安全函数，进而得到重构的安全函数输出序列；最后使用重构的安全函数输出序列替换被标记的消息 Token，进而得到构造的协议请求消息。

为得到安全协议服务器端抽象模型，提出了基于 SPIMC 的安全协议实施安全性分析方法，首先拦截安全协议服务器端对构造的协议请求消息处理后返回的响应消息，并解析该消息；然后从解析结果中得到安全协议服务器端对构造的请求消息的处理结果；最后基于该结果生成安全协议服务器端抽象模型。具体示意如图 9.14 所示[4-5]。

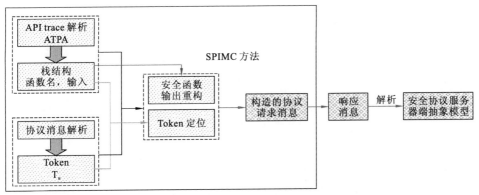

图 9.14　基于消息构造的安全协议实施安全性分析

参 考 文 献

[1] 孟博, 鲁金钿, 王德军. 安全协议实施安全性分析综述[J]. 山东大学学报(理学版), 2018, 53(1): 1-18.

[2] 孟博, 王德军. 安全协议实施自动化生成与验证[M]. 北京: 科学出版社, 2016: 41-68.

[3] 戴理, 舒辉, 黄荷洁. 基于数据流分析的网络协议逆向解析技术[J]. 计算机应用, 2013, 05: 1217-1221.

[4] 鲁金钿. 基于消息构造的安全协议实施安全性分析[D]. 武汉: 中南民族大学.

[5] LU J T, YAO L L, HE X D, et al. A security analysis method for security protocol implementations based on message construction [J]. Applied Sciences, 2018, 8(12): 2543.

第10章 安全协议实施安全性分析工具 SPISA

10.1 引　　言

基于第 9 章提出的基于消息构造的安全协议实施安全性分析方法，在本章设计并开发了安全协议实施安全性分析工具 SPISA（security protocol implementations security analysis）[1-4]，为安全协议实施安全性分析提供工具支持。具体开发环境如表 10.1 所示。开发安全协议实施安全性分析工具 SPISA 主要使用了 eclipse 工具及 JDK1.7，并选择 Java 等语言作为开发语言，该工具主要使用的 Java 类如图 10.1 所示。

表 10.1　SPISA 开发环境

实现环境	实现工具	实现语言
Windows10，X64bit	Eclipse3.7、Java JDK1.7，64bit	Java、JavaScript

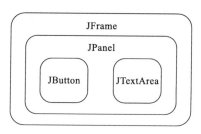

图 10.1　安全协议实施安全性分析工具 SPISA 主要使用的类

图 10.1 中，JFrame 类为窗体类，是屏幕上 Windows 对象。JPanel 类为 Java 图形用户界面工具包中的面板容器类，可以加入 JFrame 窗体中，JButton 和 JTextArea 类分别为按钮类和文本域类。在实现过程中，该工具实现了 ActionListener 类，使用关键字"Implements"标识，具体类之间 UML 关系如图 10.2 所示，自定义的 SPISA 类与 ActionListener 类之间的实现关系用带空心三角的箭头的虚线表示，类之间的依赖关系使用带箭头的虚线表示[1-2]。

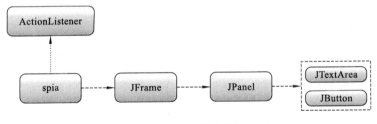

图 10.2　SPISA 中类之间的关系

10.2　SPISA　架　构

安全协议实施安全性分析工具 SPISA[1-2]主要包含 Net-trace 解析器、API trace 解析器、Token 定位器及安全函数输出重构器及服务器端模型生成器。安全协议实施安全性分析工具 SPISA 架构如图 10.3 所示。

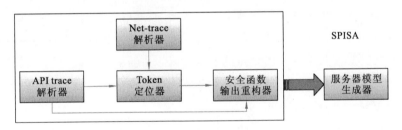

图 10.3　SPISA 架构

Net-trace 解析器具有两个功能：其一，首先对截获的安全协议客户端发往安全协议服务器端的协议消息进行解析；其二，在安全协议服务器端对构造的安全协议请求消息做出响应之后，对拦截的响应消息进行解析，进而抽取到安全协议服务器端对构造消息做出的具体处理结果，如解密、hash 散列等，根据该处理结果可生成安全协议服务器端的抽象模型。Net-trace 解析器的输出是 Token 定位器的输入。

API trace 解析器主要对得到的 API Trace 进行分析解析，并建立相应的栈结构。API trace 解析器的输出是 Token 解析器及安全函数输出重构器的输入。

Token 定位器精确定位安全协议消息中需要被替换的协议消息 Token，一旦需要被替换协议消息 Token 定位成功，将对该 Token 所在位置进行标记。Token 定位器的输出是安全函数输出重构器的输入。

安全函数输出重构器的核心功能是根据被跟踪的安全函数以及 ATPA 建立的

栈结构重构被跟踪安全函数输出序列值，该序列值用于替换协议消息中定位的协议消息 Token，从而得到构造的协议请求消息。

服务器端模型生成器基于安全协议客户端实施及响应消息的解析结果生成安全协议服务器端抽象模型。

10.3 SPISA Net-trace 解析器

SPISA Net-trace 解码器包含两种安全协议通信消息，分别是安全协议客户端发往安全协议服务器端的请求消息和安全协议服务器端发往安全协议客户端的响应消息。Net-trace 解析器首先扫描安全协议客户端实施，从中提取出协议消息符，并将其分为消息结束符和非消息结束符两类；然后对获取的 Net-trace 通过识别这两类协议消息符进行解析，分别得到协议消息段、协议消息块和协议消息 Token[1-2]。

Net-trace 解析器主要功能有两个：其一，对截获的安全协议客户端发往安全协议服务器端请求消息的解析；其二，解析安全协议服务器端对构造的协议请求消息的响应消息，其主要目的是得到安全协议服务器端对构造消息的具体处理操作，如解密、hash 散列等，进而生成安全协议服务器端抽象模型。该解析器具体示意如图 10.4 所示。

（1）扫描安全协议客户端实施，从中查找安全协议消息符，并建立协议消息符集合（如图 10.4 中消息符号）。

（2）将协议消息符中的消息结束符（如"\r"、"\r\n"）和非结束符分开，分别建立消息结束符集合（图 10.4 中消息结束符）和非消息结束符集合（图 10.4 中其他消息符）。

（3）将协议消息符基于安全协议实施中出现的频数进行降序排列，并基于该排序识别协议消息符，进而解析协议消息。

（4）在截获到 Net-trace 后，通过识别协议消息结束符来得到完整的协议消息或者多个完整的协议消息段。

（5）按协议消息符的降序排列顺序，识别非消息结束符，分别得到协议消息块和协议消息 Token，如图 10.4 中消息块和消息 Token。

（6）对 Token 解析后的协议消息 Token 进行整合得到解析后的协议消息 Token（图 10.4 中的 T_n 所示）。

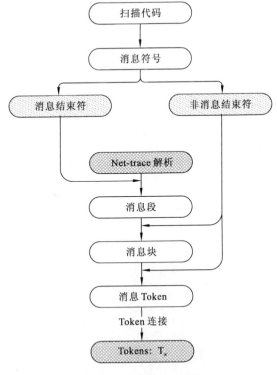

图 10.4　Net-trace 解析器

10.4　SPISA API trace 解析器

SPISA API trace 解析器主要应用 API 跟踪技术跟踪安全相关函数及解析 API trace。首先应用提出的 API trace 解析算法 ATPA 与 API 跟踪技术得到安全函数的 API trace；然后应用 ATPA 解析得到的 API trace，同时建立栈结构用于保存解析结果，具体示意如图 10.5 所示[1-2]。

（1）对提取的安全协议客户端实施进行扫描，并从中查找、提取出安全相关函数。

（2）应用 API 跟踪技术，对得到的安全函数进行跟踪，进而得到被跟踪安全函数的 API trace，即图 10.5 中 API trace，该 trace 保存在本地日志文件中。

（3）遍历日志文件，得到规整的 API trace-API$_i$，该 API trace 包含被跟踪安全函数的函数名、函数输入参数及其函数输出序列。

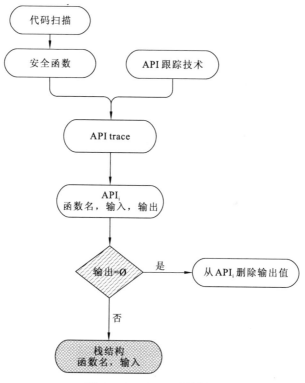

图 10.5　API trace 解析器

（4）应用 ATPA 算法对得到的 API trace 进行解析，并建立相应的栈结构，若被跟踪安全函数输出序列为空，则将其对应的 API trace 从 API$_i$ 中移除；反之，将其对应的函数名及其输入参数存入建立的栈结构中。

对所有 API$_i$ 处理完，进而 API trace 数据解析结束。

10.5　SPISA Token 定位器

SPISA Token 定位器用于定位并标记 Net-trace 解析后得到的消息 toke 中需要被替换的消息 Token，该消息 Token 在构造协议请求消息时将被重构的安全函数输出序列替换。Token 定位器用的输入为 Net-trace 解析后的消息 Token T_n 和 ATPA 建立的栈结构，输出为被标记的消息 Token。其过程示意如图 10.6 所示。

（1）从 ATPA 建立的栈结构中调用被跟踪安全函数 F$_{name}$ 及其原始参数 input=>arg。

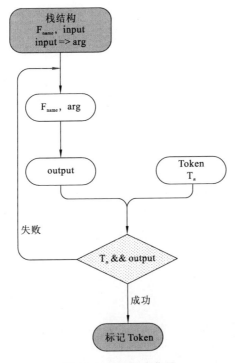

图 10.6 Token 定位器

（2）重新执行被跟踪的安全函数 f_{name}，得到新的函数输出序列 output。

（3）从 Net-trace 解析结果中得到协议请求消息 Token—T_n。

（4）将 output 与 T_n 进行序列匹配，若匹配成功，则对相应的 T_n 位置进行标记；若匹配失败，则根据跟踪的安全函数，生成下一个函数的输出序列，在得到新的函数重构输出序列后，再用该序列与 T_n 进行序列匹配。

重复（4）步，直到被跟踪安全函数的输出全部重构完成得到安全函数调用关系中最终重构序列，进而完成协议消息 Token 定位。

10.6　SPISA 安全函数重构器

SPISA 安全函数输出重构器是为得到被跟踪安全函数重构的输出序列值，该序列值将用于替换被定位的协议消息 Token，进而得到构造的协议请求消息，具体示意如图 10.7 所示[1-2]。

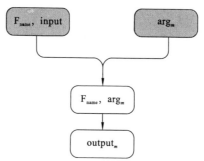

图 10.7　安全函数输出重构器

（1）从 ATPA 建立的栈结构中调用被跟踪安全函数 F_{name} 及其原始参数 input。

（2）对原始参数 input 进行修改得到修改的函数参数 arg_m。

（3）以 agr_m 作为被调用函数参数，并重新执行跟踪的安全函数，得到重构的函数输出序列 $output_m$，该序列值将用于替换被定位的消息 Token，从而得到构造的协议请求消息。

10.7　SPISA 服务器端模型生成器

SPISA 服务器端模型生成器负责生成安全协议服务器端抽象模型。首先拦截服务器对构造的请求消息所返回的响应消息并对其进行解析；然后从解析结果中抽取安全协议服务器端对构造的请求消息中所包含密码原语的处理结果；最后基于抽取的结果生成安全协议服务器端抽象模型，具体如图 10.8 所示[1-2]。

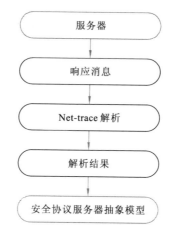

图 10.8　安全协议服务器端抽象模型生成

首先安全协议服务器端接收到构造的协议请求消息后，对其进行处理并返回一条相应的响应消息；然后拦截该响应消息并应用 Net-trace 解析器解析该消息，进而得到安全协议服务器对响应消息的处理结果；最后基于得到的处理结果生成安全协议服务器端抽象模型。

10.8　SPISA 测　试

安全协议实施安全性分析工具 SPISA 界面设计如图 10.9 所示。

图 10.9　SPISA 工具界面

为验证该工具的正确性及可用性，首先对 Net-trace 解析器进行了测试。首先输入一条完整协议请求消息[图 10.10（a）]，验证解析结果[图 10.10（b）]是否符合本书提出方法的要求。测试如图 10.10 所示。

由图 10.10 所示消息解析结果可知，安全协议实施安全性分析工具 SPISA 的消息解析结果符合提出 MCSPI 方法对协议消息的解析要求。然后，对 Token 定位器进行测试，根据建立的安全函数依赖关系链，应用其原始参数对应的输出序列与图 10.10 解析结果作序列匹配，通过匹配结果验证该定位器的正确性。结果如图 10.11 所示。

```
GET /login?u=1029851866&verifycode=!ESE&pt_vcode_v1=0&
pt_verifysession_v1=cbb706f529089182d9bbcf6d76f98ef511
3b22503fc11accacac2a5b909dcbfd26c8ed8c1251975fafd26a6d
a4156ae66451a455cbddd16a&p=C*ulxjCX*NJ5XxUmSbZY3uxZiRi
3ZUW2ubEWtpC29E-vScFL98xJM0nHDv4kgavcYQa*RTFDnYcvk1CX6
sEHh6Q-hB9nkBWo6axqLTVgXS7mg6HVfaJu3j5UZ-KYOdseaztD39n
VDvLF5k3wFrc3rkN9G2jqcV-MwkJwgnaoTH8hztf6DPeqy481vANq4
ojkxGfpneVcdCsy5nygv*3iSa214XDieWTwL1j-Xbsm5N2DphlcuCd
Mb2BEtlPcL83n2jAmF3KQ*vrGlUWGBp4qnzOkw2gT0EZi5Qu8CjY8*
uJAgbaW-yEAaSTn51HCnfQIsg56JGcicnRKQOBjMHpxMQ__&pt_ran
Host: ssl.ptlogin2.qq.com
User-Agent: Mozilla/5.0 (Windows NT 10.0; Win64; x64;
Accept: */*
Accept-Language: zh-CN,zh;q=0.8,zh-TW;q=0.7,zh-HK;q=0.
Referer: https://xui.ptlogin2.qq.com/cgi-bin/xlogin?ap
Cookie: pt_guid_sig=be1497dac1a6405a8733aac5b7725560dc
ck_1029851866=6a696e74
Connection: close
```

（a）输入消息　　　　　　　　　　（b）SPISA 解析结果

图 10.10　Net-trace 解析器测试结果

图 10.11　Token 定位器测试结果

通过图 10.10 和图 10.11 可知，安全协议实施安全性分析工具 SPISA 中核心的 Net-trace 解析器和 Token 定位器测试结果均满足提出的方法的要求，因此安全协议实施安全性分析工具 SPISA 可以用来分析安全协议实施的安全性。

参 考 文 献

[1] LU J T, YAO L L, HE X D, et al. A security analysis method for security protocol implementations based on message construction[J]. Applied Sciences, 2018, 8(12): 2543.

[2] 鲁金钿. 基于消息构造的安全协议实施安全性分析[D].武汉: 中南民族大学.

[3] 孟博, 鲁金钿, 王德军. 安全协议实施安全性分析综述[J]. 山东大学学报（理学版），2018, 53(1):1-18.

[4] 孟博, 王德军. 安全协议实施自动化生成与验证[M]. 北京: 科学出版社, 2016: 3-35.

第11章 典型认证系统安全性分析

11.1 引　言

应用第9章提出的基于消息构造的安全协议实施安全性分析方法和第10章开发的安全协议实施安全性分析工具 SPISA，本章对 RSAAuth 认证系统和 2017 版腾讯 QQ 邮件认证系统的安全性进行分析[1-4]。

首先获取安全协议客户端与安全协议服务器端通信消息，然后通过安全协议客户端实施来进行消息构造，进而生成安全协议服务器端抽象模型，最后分析安全协议实施的安全性。为完成实验，必须首先获得安全协议客户端与安全协议服务器端之间的通信消息，获取的方法有两种：编码方式（用户自开发代理）和使用现有的代理工具，如图 11.1 所示。

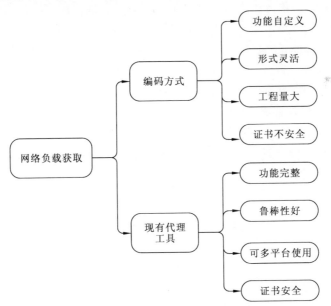

图 11.1　获取网络数据的主要方式

通过用户自开发的代理方式来获取网络负载，用户可以根据自身需求自定义代理功能，且形式多变，具有很大的灵活性。但是用户通过自开发代理来获取网络负载，工程量较大，且代理证书一般都采用 OpenSSL[5]工具生成，且由于人为的失误可能造成证书被攻击者劫持并逆向解析，故自开发的代理就变得不安全。第二种方法为使用现有的、成熟的代理，如 Burp suite[6]、Fiddler[7]及 Wireshark[8]等代理工具，这些代理工具技术成熟、功能完全，可多平台使用，且其证书相对来说安全，本章选择第二种方法获取协议 net-trace，由于 Burp suite 可视化操作全面、支持插件开发等优势，本章选取其截获安全协议通信实体间的 net-trace。

Burp suite 是一款 PortSwigger 安全公司基于 Java 语言开发的测试 Web 应用程序的图形化工具。它有两个版本，分别为公开版和专业版，其中专业版部分需要付费使用，且功能全面，而公开版提供免费下载并使用，功能方面相对专业版较弱，但二者均包含了以下基本常用功能。

Proxy：是一个拦截 HTTP/S 的代理服务器，在客户端与服务器之前充当中间人的角色，该功能允许用户拦截和查看协议请求和响应两个方向的原始数据负载。

Intruder：可实现对 Web 应用程序的自动化攻击，如枚举标识、收集有用的数据及结合 fuzzing 技术发掘漏洞。

Repeater：burp suite 中用来补发单独的 HTTP 请求，并分析应用程序响应的工具模块。

Sequencer：用来分析不可预知会话令牌和重要数据项的随机性的模块工具。

Decoder：一个手动执行对应用程序数据智能编码、解码工具。

Comparer：通常是通过一些相关的请求和响应得到两项数据的一个可视化的"差异"。

本章主要使用 Burp suite 工具的 HTTP Proxy 部分及 Repeater 部分，应用 HTTP Proxy 部分拦截和查看请求与响应两个方向的网络数据负载，应用 Repeater 部分发送单独请求并分析服务器端响应消息。

选取 Firefox 浏览器作为客户端，其相关设置如下：首先进入浏览器的网络代理设置，选择手动代理配置；然后将 HTTP 代理的地址设置为"127.0.0.1"，端口为"8080"，再选择"为所有协议使用相同代理服务器"选项，完成配置的 Firefox 浏览器如图 11.2 所示。

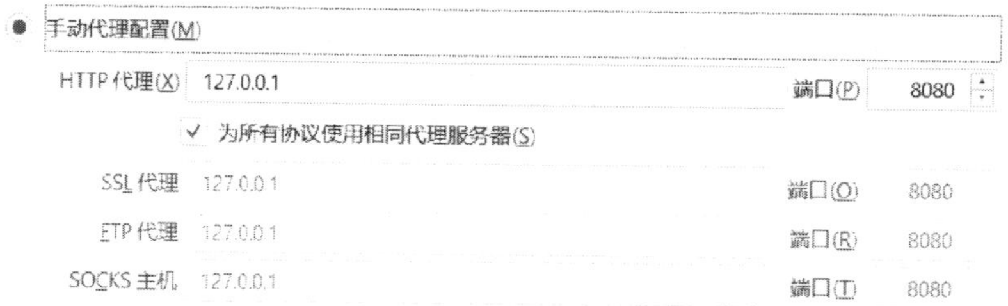

图 11.2　Firefox 浏览器代理设置

Burp suite 软件代理设置：Burp suite 安装完成并启动后，在 Proxy 选项下，进入 Option 功能界面下，选择默认的代理设置，具体如图 11.3 所示。

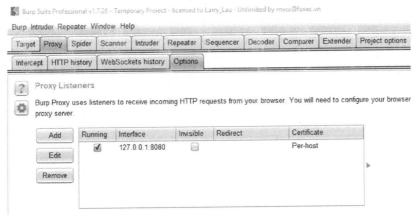

图 11.3　Burp suite 代理设置

在 Firefox 浏览器和 Burp suite 代理设置完成后，即可拦截明文协议通讯消息。

应用安全协议实施安全性分析工具 SPISA 对 RSAAuth 认证系统及 2017 版腾讯 QQ 邮件服务系统进行分析，发现 RSAAuth 认证系统及 2017 版腾讯 QQ 邮件服务系统的服务器端存在对请求消息中口令的安全有相应的防护措施，其中 RSAAuth 系统对口令的暴力破解攻击较为脆弱，而 2017 版腾讯 QQ 邮件认证系统对用户登录会话的生命周期进行了严格限制，若会话时长超过了该周期限制，则本次会话失效，这能降低口令被暴力破解的成功率。

11.2　RSAAuth 认证系统安全性分析

11.2.1　请求消息构造

RSAAuth 认证系统包含客户端和服务器端。客户端用服务器端的公钥加密用户口令，然后使用 Base64 进行编码，最后把编码后的消息发送给服务器。服务器收到后首先进行解码，然后用自己的私钥进行解码得到用户口令，RSAAuth 认证系统客户端主要包含 DBAccess.java 和 UserBean.java 文件，服务器端主要包含 MsgP.java 文件。本节对开发的 RSAAuth 认证系统的安全性进行分析。

对于 RSAAuth 认证系统安全性进行分析，首先提取该系统的安全协议客户端实施中提取 Java 文件"UserBean.java"；然后从该实施中抽取安全函数，并得到安全函数之间的依赖关系，如图 11.4 所示。基于该依赖关系，可以完成 Token 的定位及安全函数输出重构。

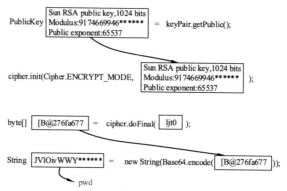

图 11.4　RSAAuth 认证系统客户端实施中安全函数调用关系

由图 11.4 可知，RSAAuth 认证系统采用了 RSA 公钥加密体制，"ljt0"为加密对象。首先得到 RSA 公钥；其次调用方法"Cipher.init()"方法进行初始化加密；然后调用 cipher.doFinal( )方法对加密对象进行加密，得到密文序列"[B@276fa677"；最后使用 Base64 编码对密文进行编码，得到最终返回序列值"JV1OivWWY******"。

为定位消息 Token 中需要被替换的消息 Token 使用注册的用户名信息登录该系统，并使用 Burp suite 截获登录请求消息及响应消息，如图 11.5 和图 11.6 所示。

图 11.5　截获的登录请求消息

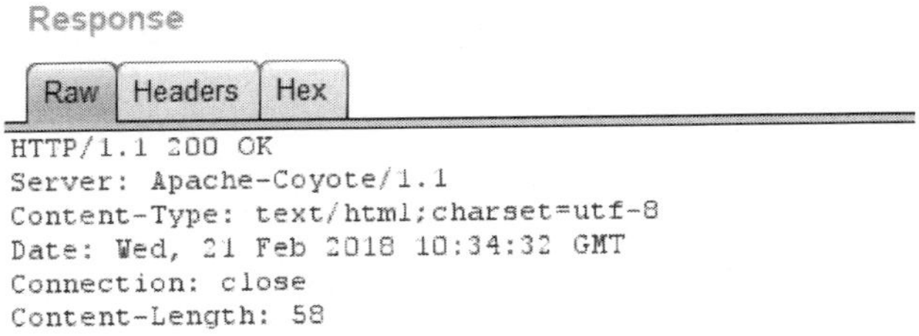

Response
Raw
Headers
Hex
HTTP/1.1 200 OK
Server: Apache-Coyote/1.1
Content-Type: text/html;charset=utf-8
Date: Wed, 21 Feb 2018 10:34:32 GMT
Connection: close
Content-Length: 58

图 11.6　截获的响应消息

由图 11.5 可知，RSAAuth 认证系统使用 Post 方法发送登录请求消息，消息核心参数为画框标识位置。使用开发的安全协议实施安全性分析工具 SPISA 解析图 11.6 所示响应消息，发现其中未包含登录成功标识，即该请求消息为无效的登录请求消息。根据本章提出的方法，接下来通过构造登录请求消息，然后再请求登录该系统[1-2]。

基于图 11.4 的安全函数依赖关系及原始参数得到的原始序列值，如图 11.7 所示。该序列值用于和解析后的请求消息进行序列匹配，以定位需要被替换的消息 Token。

mNPQSULEpu4QdtlpD6uTJxqZyTok12hjh2mFY9Dh1GLw0oHQSNTQMhIZ43zPBs
Jm/lpQz9EifbbcuiiLXw2TRDv8X3drsxMdxHRqLlEReH++4JrUbJbfkbcaq6uW
hcvmIqVPkemOZic7VSoQkeNKkHKAA4ZEjjvkrDm+UFbF4Z0=

图 11.7　安全函数原始返回序列值

使用图 11.7 中序列值与解析后的登录请求消息 Token 进行序列对比，定位到请求消息中需要被替换的消息 Token 块，结果如图 11.8 所示。

Token located
true!
The position is :
mNPQSULEpu4QdtlpD6uTJxqZyTok12hjh2mFY9Dh1Gl
Jm/lpQz9EifbbcuiiLXw2TRDv8X3drsxMdxHRqLlEReH++
hcvmlqVPkemOZic7VSoQkeNKkHKAA4ZEjjvkrDm+UFb

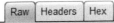

图 11.8　消息中需要被替换 Token 定位结果

由图 11.8 可知，本次 Token 定位成功，然后输出了需要被替换的消息位置处的序列值，即 password 的序列值。在构造协议请求消息时，使用重构的安全函数序列值替代该位置的序列值，进而得到构造的协议请求消息。根据得到的安全函数依赖关系，重构安全函数返回序列值，其值如图 11.9 所示。

图 11.9　重构的安全函数输出序列值

使用该序列值替换被定位的消息 Token，得到的构造消息如图 11.10 所示。

图 11.10　构造的协议请求消息

11.2.2　服务器端抽象模型生成

图 11.10 的请求消息被发送到服务器之后，Burp suite 拦截到的服务器返回的响应消息如图 11.11 所示[1-2]。

使用安全协议实施安全性分析工具 SPISA 工具解析该响应消息后发现其中包含 "welcome" 标识（图 11.11 中画框部分），即构造的请求消息能成功登录 RSAAuth 认证系统。

基于对 RSAAuth 认证系统的分析，生成的安全协议服务器端抽象模型如图 11.12 所示。

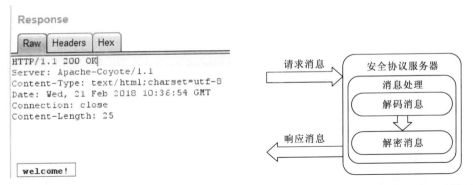

图 11.11　构造消息对应的响应消息　　　图 11.12　RSAAuth 认证系统服务器端模型

将生成的服务器端模型与服务器端实施进行检查，发现在服务器端实施存在如图 11.13 所示函数依赖关系。

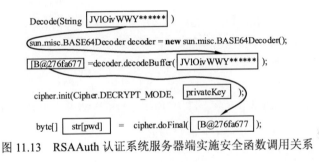

图 11.13　RSAAuth 认证系统服务器端实施安全函数调用关系

由图 11.13 可知，服务器端收到请求消息之后，首先对消息进行解码，然后对解码后的序列进行解密。这与生成得到的安全协议服务器端抽象模型对请求消息的处理一致。故生成安全协议抽象模型正确。

11.2.3　分析结果

RSAAuth 认证系统服务器存在对协议请求消息中密码原语的相应处理，但对口令暴力破解攻击存在脆弱性。

11.3　腾讯 QQ 邮件认证系统安全性分析

采用与分析 RSAAuth 认证系统安全性相同的方法，应用安全协议实施安全性分析工具 SPISA 对 2017 版腾讯 QQ 邮件认证系统进行分析，发现 2017 版腾讯 QQ 邮件认证系统服务器对请求消息中口令有相应的安全处理。此外，该版本 QQ 邮件认证系统对用户登录会话的生命周期进行了严格限制，若会话时长超过了该生命周期，则本次会话失效，这能降低口令被暴力破解的成功率，在一定程度上减缓了口令暴力破解攻击。

参 考 文 献

[1] LU J T, YAO L L, HE X D, et al. A security analysis method for security protocol implementations based on message construction[J]. Applied Sciences, 2018, 8(12): 2543.

[2] 鲁金钿. 基于消息构造的安全协议实施安全性分析[D]. 武汉: 中南民族大学.

[3] 孟博, 鲁金钿, 王德军, 何旭东. 安全协议实施安全性分析综述[J]. 山东大学学报(理学版),2018, 53(1):1-18.

[4] 孟博, 王德军. 安全协议实施自动化生成与验证[M]. 北京: 科学出版社，2016: 111-156.

[5] OpenSSL Software Foundation. OpenSSL [EB/OL]. [2019-10-25].https://www.openssl.org/.

[6] Portswigger.Burp suite scanner [EB/OL]. [2019-10-25].https://portswigger.net/burp/.

[7] Telerik. Fiddler-Free Web debugging proxy [EB/OL]. [2019-10-25]. https://www.telerik.com/fiddler.

[8] Wireshark team. Wireshark [EB/OL]. [2019-10-25].https://www.wireshark.org/.

第12章 基于网络轨迹的安全协议实施安全性分析

12.1 引 言

目前，人们主要通过程序验证[1,2]与模型抽取[3,4]分析与验证安全协议实施的安全性，程序验证与模型抽取需要得到安全协议实施。但是，随着知识产权意识的加强，很难获取安全协议实施，同时代码混淆技术的广泛应用使代码破解成为一项艰巨的工作，因此通过直接分析和验证安全协议实施来保障网络空间安全变得困难。而基于安全协议轨迹[5]的安全协议实施安全性分析方法，通常是通过建立安全协议轨迹和安全协议实施本体的映射，自动分析轨迹中各个要素与安全协议实施规范的异同，获取安全性分析结果。该方法应用广泛，不仅适用于知识产权敏感、安全要求高的领域，并且能及时分析和监控安全协议实施，避免重大损失。2010年，Krueger等[6]提出了ASAP方法，首先从网络负载中抽取相关字段并映射到向量空间，接着通过矩阵因数分解识别向量基本方向，最后采用n-grams方法推理消息格式和语义。2011年，Wang等[7]提出Biprominer方法，首先采用机器学习方法获得消息模式，然后标记网络轨迹包中的消息模式，最后采用概率迁移模型，得到安全协议格式要素的概率描述。基于安全协议轨迹的协议逆向方法中，消息分割是重要组成部分，消息分割方法主要有：序列模式挖掘方法、n元匹配方法、分隔符识别方法，这三类消息分割方法较难做到高效分析。

表 12.1 消息分割方法对比

消息分割方法	复杂度	准确度	优点	缺点
序列模式挖掘方法	中	中	能够揭示轨迹格式	较难揭示语义关系
n元匹配方法	高	较高	能够揭示轨迹格式和语义关系	易受轨迹纯度和字符串出现顺序的影响
分隔符识别方法	低	高	不能处理无分隔符的二进制安全协议	需要知道分隔符

表 12.1 详细对比了上述三种消息分割方法的准确度、复杂度和优缺点。经过分析，n 元匹配方法，复杂度较高，易受轨迹纯度和字符串出现顺序的影响，不适用混合轨迹环境；分隔符识别方法，需要获得目标安全协议分隔符，但是二进制安全协议经常没有采用分隔符，私有文本安全协议可能采用不规范的分隔符，所以通过识别分隔符来分割消息是不完备的；序列模式挖掘方法用于混合安全协议轨迹会产生结果不确定性，通过研究结果的规律，能够防止混合安全协议轨迹集合的干扰，该方法复杂度适中且不依赖先验知识，是较好的实时安全协议逆向方法。在实时性强的混合安全协议轨迹条件下，尚无较好的研究方法，国内外研究现状表明，过去的安全协议实施安全性分析存在两个问题：程序验证和模型抽取需要得到安全协议客户端和安全协议服务器端实施。由于安全性考虑和知识产权保护因素，目前很难获取完整的安全协议实施，代码混淆技术的广泛应用，使得代码理解和分析成为一项艰巨的工作，直接分析安全协议实施变得越来越难。安全协议轨迹作为安全协议客户端实施和安全协议服务器端实施的通讯载体，其具有很大的应用价值。但是，很少有从安全协议轨迹本质出发进行安全协议实施安全性研究的工作[8,9]。因此，本书提出了安全协议实施本体架构，统一建模不同的安全协议；提出面向多个混合安全协议轨迹的安全协议格式逆向分析方法，根据混合轨迹，得到目标安全协议轨迹的格式；提出了安全协议轨迹到安全协议实施本体的映射方法，建立安全协议轨迹到安全协议实施本体的映射；提出安全协议实施安全性分析方法。根据安全协议轨迹、安全协议实施本体和安全协议轨迹到本体的映射，分析安全协议实施安全性[8,9]。

12.2 安全协议实施本体架构

由于安全协议消息与安全协议规范之间存在很大差异，不能直接通过安全协议规范得到安全协议轨迹中各关键词的语义。所以首先通过构建安全协议实施本体架构，然后构建具体的安全协议实施本体，进而建立安全协议实施本体到安全协议轨迹的映射，最后得到安全协议轨迹中各关键词的语义[8-9]。

安全协议实施本体具有三个特点：①建立安全协议实例到安全协议本体的映射，得到安全协议实例和安全协议本体的关系，进而分析安全协议实例到安全协议本体的匹配结果；②安全协议本体包含安全协议语义的先验知识，与过去的安全协议语义逆向方法相比较，可以更加精确地得到轨迹语义；③安全协议本体实现了一种消息的表示方法，能够直观地展现出消息中各关键词的语义及其关系，从而建立安全协议实施本体非常必要。基于大量具体的安全协议，构建安全协实施本体架构，进而描述安全协议实施本体。

为了统一规范描述不同的安全协议，本书提出了安全协议实施本体架构构造方法：①得到目标安全协议实施规范；②定义安全协议领域基本知识；③分析安全协议实施规范中的概念关系和属性的术语；④根据具体的安全协议实施生成的消息结构，自上而下地从 Flow、Msg 和 Token 层次，生成安全协议实施本体架构；对于某个具体的安全协议实例，首先定义该安全协议本体关键词属性；⑤完善安全协议实施本体架构，如图 12.1 所示。

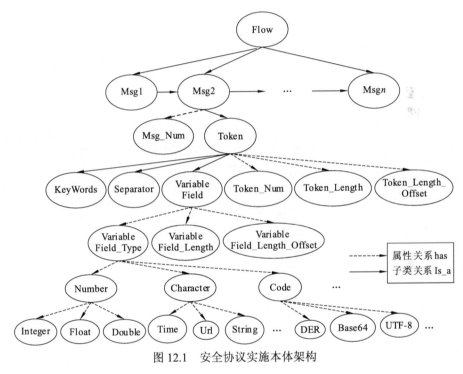

图 12.1　安全协议实施本体架构

安全协议实施本体通过三元组 $O = \{C, H, R\}$ 建模，其中，C 是概念集合，H 是概念层次关系，R 是概念关系。安全协议实施本体中的项可根据安全协议的不同进行概念增删和结构更改，便于扩展安全协议实施本体架构。在安全协议实施本体中，Flow 是根概念节点并且由多条 Msg 组成，而 Msg 由 Msg_Num 和 Token 组成，Token 是包含关键词、分隔符和数据的字段，Token 由 KeyWords、Sparator、VariableField、Token_Num、Token_Length、Token_Length_Offset 组成，其中 KeyWords 表示 Token 的标签，Sparator 表示 KeyWords 与 Data 之间的分隔符，VariableField 表示 KeyWords 对应的值，Token_Num 表示 Token 编号，Token_Length 表示 Token 长度，Token_Length_Offset 表示 Token_Length 到平均 Token_Length

的偏移量。VariableField 包含 VariableField_Type、VariableField_Length 和 VariableField_Offset，VariableField_Type 表示 VF 的类型，VariableField_Length 表示 VF 的长度，VariableField_Offset 表示该 VariableField_Length 到平均 VariableField_Length 的偏移量。VariableField_Type 包括 Number、Character 和 Code，其中，Number 包括整数 Integer、单精度浮点数 Float 和双精度浮点数 double 等，Character 包括、Time、Url 和一些 String 等，Code 包括 DER、Base64 和 UTF8 等。Number、Character 和 Code 所包含的数据类型，可以根据具体出现的数据类型进行定义。

12.3 面向多个混合安全协议轨迹的安全协议格式逆向分析

面向多个混合安全协议轨迹的安全协议格式逆向分析，如图 12.2 所示，以多个安全协议混合轨迹集作为输入，输出目标安全协议轨迹的格式。该方法包含轨迹分割、IF 分布拟合、IF 分类、轨迹聚类和格式推断 5 步[8,9]。

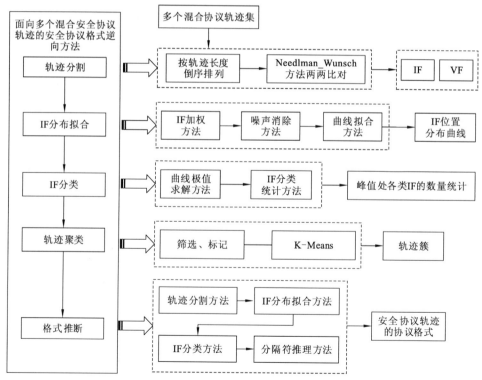

图 12.2　面向多个混合安全协议轨迹的安全协议格式逆向分析方法

第一步，轨迹分割。应用 Needlman Wunsch 方法，两两比对长度相近的安全协议轨迹，将安全协议轨迹分割为固定字段 IF 和变化字段 VF。

第二步，IF 分布拟合。首先输入 IF 相对于安全协议轨迹第一个字节的距离；然后应用 IF 加权方法进行加权，并且采用噪声消除方法消除噪声；最后采用曲线拟合方法[10]，对加权的 IF 进行曲线拟合。

第三步，IF 分类。首先输入 IF 分布曲线；然后应用基于牛顿 CG 方法[11,12]的曲线极值求解方法得到解曲线极值；再采用基于 Levenshtein 距离[13]的 IF 分类统计方法得到极值中各类 IF 的数量统计结果。

第四步，轨迹聚类。首先，输入极值处各类 IF 的数量及距离；然后根据每个极值中数量最多的 IF 标记所有轨迹；最后采用 K-Means 方法进行聚类[14]，输出轨迹簇。

第五步，格式推断。首先输入轨迹簇，选择目标安全协议的轨迹簇；然后将目标安全协议的轨迹簇输入到轨迹分割方法，经过 IF 分布拟合方法和 IF 分类方法，得到极值处各类 IF 的数量统计；其次采用分隔符推理方法，通过对比相邻 IF 的首尾，推断分隔符，并将 IF 分为分隔符 Separator 和关键词；最后结合轨迹关键词和分隔符输出目标安全协议轨迹的协议格式。

12.3.1　轨迹分割

轨迹分割方法，如图 12.3 所示，输入是包含噪音的多个混合网络轨迹集。通过应用 Needlman Wunsch 方法，比对长度相近的协议轨迹，将轨迹分割为固定字段 IF 和变化字段 VF，通过设置 IF 的长度和频率阈值判断比对结果的正确性和有效性，选择有效的比对输出 IF 和 VF。长度相近的安全协议轨迹的状态相似，故产生的关键词位置的分布也较为集中，具体情况是按轨迹的长度进行倒序排列，将相邻的轨迹进行两两分组，采用 Needlman Wunsch 方法比对总长度相近的安全协议轨迹，并优先对齐较长的关键词，最后输出 IF 并统计其位置。

算法　轨迹分割方法

输入: $FlowSet$轨迹集

输出: $< InveribleField, Position, VeribleField >$固定字段，位置，变化字段

1:　$<DFlowSet> \leftarrow DecendSort <FlowSet>$
2:　**while** $!feof <DFlow>$ **do**
3:　　$<DFlow1>, <DFlow2> \leftarrow Push <DFlowSet>$
4:　　$RNum, InveribleField, IFNum, Position \leftarrow Needlmanwunsch <DFlow1, DFlow2>$
5:　**end while**

图 12.3　轨迹分割算法

12.3.2　IF 分布拟合

IF 分布拟合，如图 12.4 所示，输入 IF 相对于轨迹第一个字节的距离；然后，用 IF 加权方法进行加权并且采用噪声消除方法消除噪声；最后采用曲线拟合方法，对加权的 IF 进行曲线拟合。IF 分布拟合方法的输入轨迹分割方法产生的 IF 和 Position，由于 Needlman Wunsch 的缺点，可能会得到错误的匹配，进而得到错误的实验结果。因此 IF 加权方法根据 IF 的长度来分配权值 W，权值 W 越高，IF 是噪声的概率越低；同时，为了清除 Needlman Wunsch 产生的噪声，通过同类型的随机数匹配得到噪声值，然后在权值 W 中除去噪声值；最后，将 IF 的位置和权值采用 B-样条方法进行拟合，得到 IF 分布的曲线拟合。

算法　轨迹分割方法
输入： $FlowSet$轨迹集
输出： < $InveribleField, Position, VeribleField$ >固定字段，位置，变化字段
1:　<DFlowSet>← $DecendSort$ <FlowSet>
2: **while** $!feof$ < $DFlow$ > **do**
3:　　<DFlow1>,<DFlow2>← $Push$ <DFlowSet>
4:　　$RNum, InveribleField, IFNum, Position ← Needlman_{Wunsch}$ <DFlow1,DFlow2>
5: **end while**

图 12.4　IF 分布拟合算法

12.3.3　IF 分类

IF 分类，如图 12.5 所示，首先输入 IF 分布拟合曲线，然后采用曲线极值求解方法和 IF 分类统计方法，得到极值处各类 IF 的数量统计结果。

曲线极值求解方法：B 样条拟合的曲线是复杂的多项式组成的曲线，因此首先求拟合曲线的导函数，然后，得到在定义域内间隔 L 数组 x_i，并求解 $f'(x_i)$，其次，筛选出满足 $f'(x_i) \times f'(x_{i+1}) \leqslant 0$ 的 x_i，采用数组的形式进行存储，最后把 x_i 数组作为牛顿 CG 方法的起始点，得到极值点。为了减少迭代次数，进而提高效率，采用牛顿 CG 方法优化求解过程。

IF 分类统计方法：IF 集中分布在 $\left(\dfrac{x_{a,i} + x_{b,i+1}}{2}, \ x_{b,i+1} \right)$ 之间，其中，$x_{a,i}$ 表示极小值点，$x_{b,i+1}$ 表示极大值点。

字符串分类方法：将每个区间内的 IF 作为输入，输出每个区间内的各个种类 IF 的数量。字符串分类方法将 IF 按照字符串进行处理，通过 Levenshtein 距离和 IF 长度对 IF 进行分类。第一步,采用快速排序方法将 IF 长度按照从大到小排序;第二步,从最大长度的 IF 开始,选择未标记的 IF,依次向后计算 Levenshtein 距离,当 Levenshtein 距离值满足阈值,那么我们认为 IF 在已知类别中,否则将此 IF 加入新的类别;第三步,重复第二步,直至所有 IF 都被归类。

算法　Inverible field 分类统计方法

输入: *MaxNum[args1]* 极大值数组,*MinNum[args1]* 极小值数组,*FlowSet[args3]* 轨迹集
输出: *InveribleField[args1]* IF 数组,*IFNum[args1]* IF 数量

```
 1:  i←0
 2:  while!fefo<MaxNum>do
 3:      X1[i]←(MaxNum[i]+MinNum[i])/2
 4:      X2[i]←MaxNum[i]
 5:      i←i+1
 6:  end while
 7:  PickInveribleField[args1][args2]←SelectPeakField(X1[args1],X2[args1],Flowset[args3])
 8:  PickInveribleField[args1][args2]←QuickSortDecend(PickInveribleField[args1][args2])
 9:  function StrClassification(String1[arg],String2)
10:      flag←0
11:      i←0
12:      while!fefo<String1>do
13:          if EditDistanceRatio(String1[i],String2) > args then
14:              flag←1
15:              i←i+1
16:              Break
17:          end if
18:      end while
19:      if flag==0 then
20:          String1[i+1]←String2
21:      end if
22:  end function
23:  i←0
24:  j←0
25:  while!fefo<Field>do
26:      while!fefo<Field[i]>do
27:          CallStrClassificationField[i][p],PickInveribleField[i][j]
28:          j←j+1
29:      end while
30:      i←i+1
31:  end while
32:  i←0
33:  while!fefo<Field>do
34:      IFNum[i]←Field[i],Length
35:      i←i+1
36:  end while
```

图 12.5　IF 分类统计算法

12.3.4 轨迹聚类

轨迹聚类输入每个分布区间中各类 IF 集合,选取每个极值区域中数量最多的 IF;然后根据选取的 IF 标记所有轨迹,并转化为向量;最后采用 K-Means 方法聚类,输出聚类结果。聚类方法是在没有给定划分类型的情况下根据数据的相似程度进行样本分组。K-Means 方法是典型的基于欧氏距离的非层次聚类方法,通过设置类数 K,采用欧几里得距离作为相似性评价指标,认为两个对象的欧氏距离越近,相似度越大。

12.3.5 格式推断

格式推断应用了前面的轨迹分割、IF 分布拟合和 IF 分类。首先选择一个轨迹簇作为输入,应用轨迹分割方法、IF 分布拟合方法和 IF 分类方法得到峰值处各类 IF 的数量统计;再采用分隔符推理方法,通过对比相邻 IF 的首尾,得到分隔符,并将 IF 分为分隔符和关键词;最后结合轨迹、关键词和分隔符生成安全协议轨迹的协议格式。

分隔符推理。相近位置的 IF 中的关键词和分隔符认为可能具有相似格式,另分隔符经常出现在 IF 的首部或者尾部,且长度较短,因此可通过相邻 IF 的前 2 字符和后 2 字符来得到。通过直接比对、频率统计和筛选分隔符,进而推测出分隔符,最后将分隔符与关键词分离。筛选分隔符满足假设条件:分隔符不能出现在 VF 中,这是因为 VF 是存储数据的可变字段,可变字段中存在分隔符可能会引起歧义;分隔符的第一个字符不能出现在 VF 中,分隔符的第一个字符如果为可变字段中的字符,则无法识别分隔符。

12.4 安全协议轨迹到安全协议实施本体的映射方法

提出的安全协议轨迹到安全协议实施本体的映射方法,如图 12.6 所示[8,9],首先采用权值计算安全协议轨迹到实施本体的相似度,然后结合贪心算法,综合安全协议轨迹到实施本体的权值得到映射。安全协议轨迹是由 Msg 组成的 Flow,由于不知目标安全协议实施的规范,所以既不能直接根据安全协议实施规范分析轨迹,也不能获得轨迹 Msg 中的 Token 到实施本体 Flow 中的 Token 的映射,因此通过分析 IF 的类型和 KeyWord 的相似性,寻找安全协议轨迹到实施本体的映射。通过计算欧几里得距离，确定安全协议轨迹中的 Flow、Msg 和 Token 到本体 Flow、Msg 和 Token 的距离，再采用贪心算法，进而从整体上得到安全协议轨迹 Flow 到安全协议本体 Flow 的映射[8,9]。

安全协议轨迹到安全协议实施本体的映射的构建方法包含 4 个阶段。

（1）预处理。首先，根据 Http 协议的消息应答方式清除重放消息并标记 Msg；然后采用轨迹聚类方法挑选出一条有代表性的安全协议轨迹；最后应用格式推断方法把安全协议轨迹解析成 Token。

（2）Token 匹配方法。应用 Token 权值方法计算轨迹 Token 与本体 Token 的权值。

（3）Msg 匹配方法。将安全协议轨迹 Token 与安全协议实施本体 Token 的权值作为 Msg 匹配方法方法的输入，计算安全协议轨迹 Msg 与安全协议实施本体 Msg 的权值。

（4）Flow 匹配方法。应用贪心算法，根据安全协议轨迹 Msg 与安全协议实施本体 Msg 的权值，贪心选择轨迹 Flow 到本体 Flow 的映射。

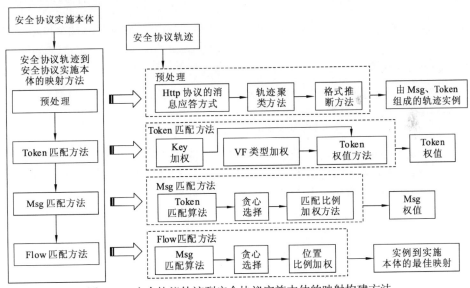

图 12.6　安全协议轨迹到安全协议实施本体的映射构建方法

在预处理阶段，根据 Http 协议的消息应答方式标记每条 Http 消息获得 Msg，应用面向多个混合安全协议轨迹的安全协议格式逆向分析方法将轨迹解析成 Token，得到由 Msg 和 Token 组成的具有层次结构的轨迹。Token 匹配方法通过关键词的 Levenshtein 距离比和 VF 类型关系，计算出安全协议轨迹 Token 到安全协议实施本体 Token 之间的权值。Msg 匹配方法借鉴贪婪选择的思想发现实施本体

Msg 和轨迹 Msg 中 Token 的匹配，并计算出 Msg 之间的权值。Flow 匹配方法与 Msg 匹配方法类似，基于贪婪选择的思想以 Msg 的权值作为输入，发现轨迹 Flow 到本体 Flow 的匹配。

12.4.1 预处理

捕获的安全协议轨迹消息可能存在重放、缺失等问题，因此不能直接进行分析，进而建立与安全协议实施本体建立映射，故需要进行预处理。首先根据 Http 协议的消息应答方式，清除重放消息并标记 Msg；然后应用轨迹聚类方法选择聚类中心处的轨迹作为轨迹，因为大部分轨迹是完整的轨迹，故聚类中心处的轨迹出现消息缺失的可能性最小；最后结合标记的 Msg 和格式推断方法将轨迹解析成 Msg、Token 的轨迹。

12.4.2 Token 匹配

在预处理阶段，安全协议轨迹被处理成 Flow、Msg 和 Token 的三层结构。Token 匹配方法，如图 12.7 所示，计算轨迹 Token 到本体 Token 的权值。首先基于 Levenshtein 距离，提出 Key 加权方法，计算轨迹到本体关键词的权值；然后提出 VF 类型加权方法，生成关键词对应的数据类型之间的权值；最后通过 Token 权值计算方法结合关键词权值和数据类型权值得到轨迹 Token 到本体 Token 之间的权值。

Token 由关键词 Key、分隔符 Separator 和 VF 组成。在 Token 匹配的过程中，我们仅考虑 Key 加权与 VF 类型加权。Key 加权通过计算轨迹 Key 到本体 Key 的 Levenshtein 距离比确定 Key 的权值。VF 类型加权通过识别 VF 的数据类型，根据预设的类型权重加权。将 Key 权值和 VF 类型权值作为 Token 权值方法的输入，计算安全协议轨迹 Token 到本体 Token 的权值。在 Token 匹配方法中，我们通过应用轨迹 Key 到本体 Key 的 Levenshtein 距离比建模轨迹 Key 到本体 Key 的相似性，用正则表达式[15]来描述 VF 类型，用 VF 加权方法来计算轨迹 VF 到本体 VF 的权重。

12.4.3 Msg 匹配方法

Msg 匹配方法，如图 12.8 所示，用于计算两个 Msg 的权值。Msg 由 Token 组成。计算两个 Msg 之间的权值，首先应用贪心算法选择出两个 Msg 中的两组 Token 的匹配；然后将两个 Token 之间的权值作为输入，通过 Msg 权值计算方法得到两个 Msg 之间的权值。

算法　Token 匹配方法

输入：*Token*1 轨迹 Token1，*Token*2 实施本体 Token

输出：*distance* 轨迹 Token 到实施本体 Token 的权值

1：　**function** TOKENDISTANCE(*Token*1, *Token*2)结合 Token 1 和 Token2 的关键词编辑距离和属性的权值
　　　输出欧氏距离

2：　　　$D1 \leftarrow$ KEYMATCHING(*Token*1,*Token*2)

3：　　　$D2 \leftarrow$ ATTRIBUTEMATCHING(*Token*1,*Token*2)

4：　　　$Distance \leftarrow$ EUCLIDEANDISTANCE(D1,D2)

5：　　　**return** *Distance*

6：　**end function**

7：

8：　**function**　KEYMATCHING(*Token*1,*Token*2)　输出 Token1 关键词到　Token2 及其所有节点
　　　的 LevenshteinRatio

9：　　　$result \leftarrow 0$

10：　　**while**!*fefo*<*Token*2>**do**

11：　　　　$ChildNode \leftarrow$ PUTCHILDNODE(*Token*2)

12：　　　　$Distance \leftarrow$ CALCULATINGEDIEDISTANCE(*ChildNode*,*Token*1)

13：　　　　**if** *result*<*Distance* **then**

14：　　　　　$result \leftarrow Distance$

15：　　　　**end if**

16：　　**end while**

17：　　**return** *result*

18：　**end function**

19：

20：　**function** ATTRIBUTEMATCHING(*Token*1,*Token*2)通过 VF 类型加权方法输出 Token 中 VF1 和 VF2 类
　　　型的权值

21：　　　$Weight \leftarrow$ DATATYPEMATCHINGTABLE(*Token*1,*Token*2)

22：　　　**return** *Weight*

23：　**end function**

图 12.7　Token 匹配方法算法

算法　Msg 匹配方法

输入：*Msg*1 轨迹 Msg，*Msg*2 实施本体 Msg

输出：*Distance* 计算两个 Msg 之间的权值

1：　**function** MSGDISTANCE(*Msg*1,*Msg*2)

2：　　**while**!*fefo*<*Msg*1>**do**

3：　　　　$token1 \leftarrow$ PUTTOKEN(*Msg*1)

4：　　　　**while**!*fefo*<*Msg*2>**do**

5：　　　　　$token2 \leftarrow$ PUTTOKEN(*Msg*2)

6：　　　　　$dis \leftarrow$ TOKENDISTANCE(*Token*1,*Token*2)

7：　　　　　$distance \leftarrow$ LOGDISTANCE(*Token*1,*Token*2,*dis*)

8：　　　　**end while**

9：　　**end while**

10：　**while**!*fefo*<*distance*>**do**

11：　　　$dis \leftarrow$ PUTMIN(*distance*)

12：　　　$distance \leftarrow$ DELETE (*distance.dis*)

13：　　**end while**

14：　$numT \leftarrow$ Num(*dis*)

15：　$numN \leftarrow$ Num(*Msg*2)

16：　$Distance \leftarrow$ MATCHING PROPORTIONAL WEIGHT(*dis*,*numT*,*numN*)

17：　**return** *Distance*

18：**end function**

图 12.8　Msg 匹配方法

Msg 匹配方法分为五步：第一步，应用 Token 匹配方法，计算轨迹 Token 到本体 Token 匹配的权值；第二步，应用贪心算法找到轨迹 Token 到本体 Token 的一个最大匹配；第三步，从轨迹和本体中分别删除第二步匹配的轨迹 Token 与本体 Token；第四步，迭代执行第二步和第三步，直到完成所有 Token 的匹配；第五步，将所有 Token 匹配的权值相加，应用匹配比例加权方法得到 Msg 权值。匹配比例加权算法：$Weight(Msg_t, Msg_n) = \dfrac{num_t}{num_n} \sum\limits_{i=1}^{N} Weight(Token_t, Token_n)$，其中 $Weight(Msg_t, Msg_n)$ 表示轨迹 Msg_t 到实施本体 Msg_n 的权重，num_t 表示轨迹中匹配上本体的 Token 数量，num_n 表示本体中 Token 的总数量，$\sum\limits_{i=1}^{N} Weight(Token_t, Token_n)$ 表示轨迹 $Token_t$ 到实施本体 $Token_n$ 的总权值，其中，当 $\dfrac{num_t}{num_n}$ 大于 1 时，取 1。它通过计算成功匹配的 Token 数量和实施本体 Msg 内所有 Token 数量的比例，将比例乘以 Token 匹配的总权值，最后得到 Msg 匹配权值。

12.4.4　Flow 匹配方法

Flow 匹配方法，如图 12.9 所示，发现轨迹 Msg 与本体 Msg 的一个匹配。该方法分为 4 步：①Msg 匹配方法，通过 Msg 匹配方法，计算每条轨迹 Msg 到本体 Msg 的权值；②Flow 加权方法，如果同时存在多个最大匹配，选择轨迹 Msg 的位置比例和本体 Msg 的位置比例相近的 Msg 匹配；③去除最大匹配的轨迹中的 Msg 与本体 Msg，挑选轨迹 Msg 到本体 Msg 的一个最大匹配；④迭代的执行第二步和第三步，直至完成所有 Msg 的匹配。该方法具体过程如下：首先，对 Flow 中的所有 Msg 采用 Msg 匹配方法，两两计算 Msg 之间的权值 $Weight(Msg_t, Msg_n)$，其中，Msg_t 和 Msg_n 表示 Flow 中的两条 Msg；然后，应用贪心算法，选择权值 $Weight(Msg_t, Msg_n)$ 最大的匹配 S 作为输出，S 是匹配的轨迹 Msg_t 与本体 Msg_n 的集合；其次，输入集合 S，通过

$$(Msg_t, Msg_n) = \left\{ (Msg_t, Msg_n) \left| \left| \frac{t}{Num_t} - \frac{n}{Num_n} \right| \leqslant \left| \frac{t'}{Num_t} - \frac{n'}{Num_n} \right|, \right. \right.$$

$$\left. \exists (Msg_t, Msg_n) \in S, \forall (Msg_{t'}, Msg_{n'}) \in S \right\}$$

计算 P 值，选择最小的 P 值的 Msg_t 和 Msg_n 作为 Flow 加权方法的输出，其中，Num_t 和 Num_n 分别表示轨迹 Msg 的总数和本体 Msg 的总数，t 和 n 表示轨迹中第 t 条 Msg 和本体 Msg 中第 n 条 Msg。

算法　　Flow 匹配方法
输入：*Flow*1 轨迹 Flow，*Flow*2 实施本体 Flow
输出：*Link* 实例 Flow 到本体 Flow 的最有匹配

```
 1: function FLOWMATCHING(Flow1,Flow2)
 2:     while!fefo<Flow1>do
 3:         msg1←PUTMSG(Flow1)
 4:         while!fefo< Flow2>do
 5:             msg2←PUTMSG(Flow2)
 6:             dis←MSGDISTANCE(msg1,msg2)
 7:             distance[]←PROPORTIONAWEIGHT (msg1,msg2,dis)根据 msg1 和 msg2 位置比加权 dis
 8:         end while
 9:     end while
10:     while!fefo<distance>do
11:         Link←PUTMAX(distance)
12:         distance←DELETE(distance,Link)
13:     end while
14:     return Link
15: end function
```

图 12.9　Flow 匹配算法

12.5　基于网络轨迹的安全协议实施安全性分析方法

提出的安全协议实施安全性分析方法输入安全协议轨迹、安全协议实施本体和安全协议轨迹到实施本体的映射，得到安全协议实施的安全性分析结果。映射分析方法分析网络轨迹到实施本体的映射的正确性。非本体 Token 分析方法检测非本体 Token 中是否存在消息泄露，并综合分析安全协议实施安全性。安全协议实施安全性分析方法的示意图如图 12.10 所示，第一步，通过安全协议实施规范得到安全协议实施本体架构，构造安全协议实施本体；第二步，应用面向多个混合安全协议轨迹的安全协议格式逆向分析方法对多个混合网络轨迹集进行分析，得到格式解析的安全协议轨迹；第三步，将安全协议实施本体和格式解析后的安全协议轨迹输入到安全协议轨迹到安全协议实施本体的映射方法中，得到安全协议轨迹到安全协议实施本体的映射。第四步，将安全协议实施本体、格式解析后的安全协议轨迹、安全协议轨迹到实施本体的映射输入到安全协议实施安全性分析方法中，根据安全协议实施本体中的 VF 数据类型，定义数据类型正则表达式，再用安全协议轨迹到本体的映射，将格式解析后的安全协议轨迹映射到本体，最后采用映射分析方法，如图 12.11 所示，分析安全协议轨迹到实施本体映射的正确性，采用非本体 Token 分析方法分析本体之外的 Token，最后得到安全协议实施安全性分析结果[8,9]。

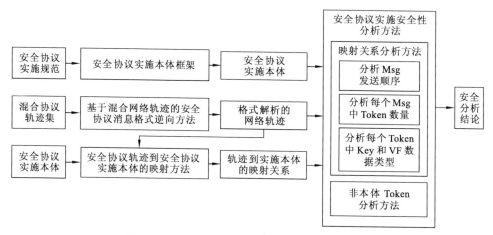

图 12.10 安全协议实施安全性分析方法的示意图

算法	映射关系分析方法

输入： *T Msg$_i$Token$_j$* 流 T 的第 i 条 Msg 和第 j 条 Token，*Map* 映射关系，*Notory*

输出： *ErrorMsg$_i$* 表示匹配错误的第 i 条 Msg，*ErrorNULLMsg$_i$Token$_j$* 表示第 i 条 Msg 中的第 j 个 Token 不在本体中，*ErrorTypeMsg$_i$Token$_j$* 表示匹配错误的第 i 条 Msg 中的第 j 个 Token

```
 1:  T Msg_{i,p}Token_{j,q}←MARKING METHOD(T Msg_iToken_j, Map)
 2:  TypeDcf list[n] //表示列表中第 n 个元素指向 T Msg_iToken_j, list[n]的值为 i
 3:  list[p] ←SORT P ASCENDING(T Msg_{i,p}Token_{j,q}) //从 p 小到大排列形成列表 list[n]
 4:  function MSGMATCHING(list[p],Map) //Msg 发送顺序分析
 5:      while!fefo< list[p]>do
 6:          if list[p+1]! = NULL then
 7:              if p≤list[p] and list[p] ≤list[p+1] then // p≤i 满足递增，list[p]满足递增
 8:              else
 9:                  ErrorMsg[i]←list[p]
10:                  return ErrorMsg[i] //返回 Msg 发送顺序错误的 list
11:              end if
12:          end if
13:      end while
14:  end function
15:  function TokenNumberAnalyze (T Msg_{i,p}Token_{j,q}) //Msg 中 Token 数量分析
16:      while!fefo<T Msg_{i,p}Token_{j,q}>do
17:          if q==NULL then
18:              ErrorNULLMsg_iToken_j←I,j
19:          end if
20:      end while
21:  end function
22:  function TokenNumberAnalyze (T Msg_{i,p}Token_{j,q},Ontology) //Token 中 VF 类型分析
23:      N FormMsg_pToken_q←MAKE REGULAR EXPRESSION(Ontology)//本体第 p 条 Msg 第 q 条 Token 的
         正则表达式
24:          if Legal(N FormMsg_pToken_q, T Msg_{i,p}Token_{j,q})== NULL then//判断轨迹 Token 是否符合相
             应的正则表达式
25:              ErrorTypeMsg_iToken_j←i,j
26:          end if
27:  end function
```

图 12.11 映射分析方法

12.6　讨　论

　　面向多个混合安全协议轨迹的安全协议安全性分析方法与程序验证与模型抽取相比，不仅不需要获取和理解安全协议实施，还应用广泛，不依赖安全协议实施的编程语言；与对比协议逆向方法，如表 12.2 所示，在识别粒度方面，FieldHunter 需要以下假设：分隔符出现在 Token 的前后两字节，分隔符是非数字非字母。而面向多个混合安全协议轨迹的安全协议安全性分析方法仅需要假设：分隔符出现在 Token 的前后两字节，再结合安全协议格式的一般规律得到分隔符。在时间复杂度方面：PI 项目采用多序列比对，时间复杂度是 $O(L^n)$。采用 n-grams 方法的协议逆向方法时间复杂度是多项式级别，本章采用双序列比对，时间复杂度仅为 $O(L^2)$。在输入的轨迹集方面：过去的协议逆向工作通过 DPI 方法获取纯净的网络轨迹，而纯净网络轨迹的获取代价较大。多个混合安全协议轨迹的安全协议安全性分析方法通过聚类方法和曲线拟合方法，能够直接以混合网络轨迹作为输入；在语义识别方面，过去的基于网络轨迹协议逆向方法主要以无先验知识的条件下识别网络轨迹的格式，提出的多个混合安全协议轨迹的安全协议安全性分析方法引入实施本体作为先验知识，能够根据本体标记轨迹的语义。

表 12.2　与主要的协议逆向方法对比

年份	相关工作	主要方法和假设	时间复杂度	识别分隔符	网络轨迹是否纯净	识别语义
2004	PI 项目[16]	多序列比对，启发式	高	不能	是	否
2012	ProDecoder[17]	n-grams，MCMC，启发式	高	不能	是	否
2016	AutoReEngine[18]	改进的 Apriori 算法抽取频繁字符串	较高	不能	是	否
2016	FieldHunter[19]	假设分隔符出现在 Token 的前后两字节，假设分隔符是非数字非字母，进而提纯分隔符	较低	能	是	否
2019	我们的方法	双序列比对，仅假设分隔符出现在 Token 的前后两个字节	低	能	否	能

参 考 文 献

[1] GOUBAULT-LARRECQ J, PARRENNES F. Cryptographic protocol analysis on real c code[C].
//Procee-dings of the 6th international conference on Verification, Model Checking, and Abstract
Interpretation. New York: ACM, 2005:363-379.

[2] JÜRJENS J. Automated security verification for crypto protocol Implementations: Verifying the
jessie Pro-ject[J]. Electronic Notes in Theoretical Computer Science, 2009, 250(1):123-136.

[3] AIZATULIN M, GORDON A D, JÜRJENS J. Extracting and verifying cryptographic models
from C protocol code by symbolic execution[C]. //Proceedings of the 18th ACM conference on
Computer and communications security. New York: ACM, 2011:331-340.

[4] 孟博, 何旭东, 张金丽, 等. 基于计算模型的安全协议 Swift 语言实施安全性分析[J]. 通信学
报, 2018, 39(09):182-194.

[5] DUCHENE J, LE G C, ALATA E, et al. State of the art of network protocol reverse engineering
tools [J]. Journal of Computer Virology and Hacking Techniques, 2018, 14(1): 53-68.

[6] KRUEGER T, KRAMER N, RIECK K. ASAP: automatic semantics-ware analysis of network
payloads[C]// Proceedings of the ECML/PKDD workshop on Privacy and Security issues in Data
Mining and Machine Learning, Barcelona, Catalonia, Berlin: Springer Verlag, 2010: 50-63.

[7] WANG Y P, LI X J, MENG J, et al. Biprominer: Automatic mining of binary protocol features[C]//
Proceedings of 12th International Conference on Parallel and Distributed Computing, Applications
and Technologies, Gwangju, South Korea, New York: IEEE, 2011: 179-184.

[8] 何旭东. 基于网络轨迹的安全协议实施安全性分析[D]. 武汉: 中南民族大学.

[9] HE X D, LIU J B, HUANG C T, et al. A Security Analysis Method of Security Protocol
Implementation Based on Unpurified Security Protocol Trace and Security Protocol Ontology[C].
IEEE ACCESS (Submitted), 2019, 7: 131050-131067.

[10] ZHAO X Y, ZHANG C M, XU L. IGA-based point cloud fitting using B-spline surfaces for
reverse engineering[J]. Information Sciences, 2013(245)：275-286.

[11] ROYER C W, O'NEILL M, WRIGHT S J. A Newton-CG algorithm with complexity guarantees
for smooth unconstrained optimization[J]. Mathematical Programming, 2019, 19: 1-38.

[12] NOCEDAL J, WRIGHT S. Numerical optimization[M]. Berlin: Springer Science & Business
Media, 2006.

[13] 张润梁, 牛之贤. 基于基本操作序列的编辑距离顺序验证[J]. 计算机科学, 2016,
6A(43):51-54.

[14] ERMAN J, ARLITT M, MAHANTI A. Traffic classification using clustering algorithms
[C]//Proceedings of the 2006 SIGCOMM workshop on Mining network data. Pisa, Italy: ACM,

2006: 281-286.

[15] 张树壮，罗浩，方滨兴，等. 一种面向网络安全检测的高性能正则表达式匹配算法[J]. 计算机学报，2010，33(10): 1976.

[16] BEDDOE M. Protocol information Project [EB/OL]. (2017.4.23)[2018.10.1]. http://www. 4tphi.net~ awalte-rs/PI/PI.html.

[17] WANG Y P, YUN X C, MURTAZA S, et al. A semantics aware approach to automated reverse engineering unknown protocols[C]//Proceedings of 20th IEEE International Conference on Network Protocols, Austin, USA, New York: IEEE, 2012:10.

[18] LUO J Z, YU S Z. Position-based automatic reverse engineering of network protocols [J]. Journal of Network and Computer Applications, 2013, 36(3): 1070-1077.

[19] BERMUDEZ I, TONGAONKAR A, ILIOFOTOU M, et al. Towards automatic protocol field inference[J]. Computer Communications, 2016, 84: 40-51.

第13章 安全协议实施安全性分析工具 NTISA

13.1 引 言

基于第 12 章提出的面向多个混合安全协议轨迹的安全协议实施安全性分析方法，本章设计并实现了安全协议实施安全性分析工具 NTISA（Net traces-based implementations security analyzer）。根据混合安全协议轨迹和安全协议本体，应用安全协议实施安全性分析工具 NTISA 得到安全协议实施安全性分析结果。NTISA 主要包含格式解析器 FA（format analyzer）、语义解析器 SA（semantic analyzer）和安全协议实施安全分析器 ISA（implementation security analyzer）。格式解析器 FA 是我们在第 12 章中提出的面向多个混合网络轨迹的安全协议格式逆向分析方法的实现；语义解析器 SA 是我们在第 12 章中提出的安全协议实施本体架构和安全协议轨迹到安全协议实施本体的映射方法的实现；安全协议实施安全分析器 ISA 是我们在第 12 章中提出的安全协议实施安全性分析方法的实现[1-4]。

安全协议实施安全性分析工具 NTISA 采用 Java 和 Python 开发，数据库用 MySql，Windows10，X64bit，JDK 版本 10.0.2，Runtime Environment 18.3，Python 3.7.2，其中 Java 和 Python 采用 Runtime 方式连接。

13.2 NTISA 架 构

安全协议实施安全性分析工具 NTISA 由格式解析器 FA、语义解析器 SA 和安全协议实施安全分析器 ISA 组成，如图 13.1 所示。格式解析器 FA 输入混合安

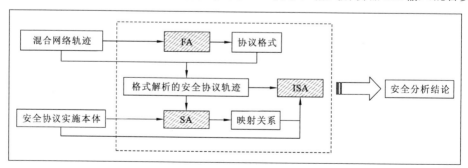

图 13.1 安全协议实施安全性分析工具 NTISA 组成示意图

全协议轨迹，输出安全协议格式；对安全协议格式进行解析，得到格式解析后的安全协议轨迹；语义解析器 SA 输入是格式解析后的安全协议轨迹和安全协议实施本体，输出安全协议轨迹到安全协议实施本体的映射；安全协议实施安全分析器 ISA 输入安全协议实施本体，格式解析后的安全协议轨迹和安全协议轨迹到实施本体的映射，输出安全分析结论，综合分析安全协议实施安全性[4]。

13.3　格式解析器 FA

根据第 12 章中提出的面向多个混合网络轨迹的安全协议格式逆向方法，开发了格式解器 FA，如图 13.2 所示。FA 的输入是多个安全协议轨迹，经过 Token 分割模块、曲线拟合模块、字符分类模块、轨迹分类模块和协议格式推断模块最终输出目标安全协议格式 [4]。

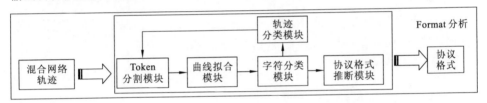

图 13.2　格式解析器 FA

FA 主要功能是提取并解析安全协议混合网络轨迹，输出安全协议格式。混合网络轨迹经过 Token 分割模块，分割成 Token；曲线拟合模块输入 Token，计算 Token 中 IF 的数量、位置和长度等信息，采用 B 样条方法拟合曲线，最后采用牛顿 CG 方法得到曲线的峰值，输出 IF 所在的区间；字符串分类模块输入 IF 所在的区间，在未执行轨迹分类模块之前，根据 IF 所在的区间和不同 IF 的数量，在每个区间内找到一个出现数量最多的 IF，并用向量表示，在聚类模块执行后输出 IF 及其位置的统计信息；轨迹分类模块输入该向量，应用 K-means 方法，聚类轨迹，选择并找到数量最多的簇作为目标安全协议轨迹，最后将目标安全协议轨迹输入到 Token 分割模块；协议格式推断模块，输入 IF 及其位置的统计信息，首先比较并统计 IF 的首尾，推断分隔符，再应用 Separator 分离 IF 中的 Key，最后结合 Key 和 Separator 推断安全协议格式[4]。

13.3.1　Token 分割模块

Token 分割模块，如图 13.3 所示，输入是多个安全协议混合网络轨迹，输出

IF 和 Position（IF 距离轨迹首部的长度）。首先，计算安全协议网络轨迹的长度并按照倒序排列；然后，找到相邻的两条轨迹，应用 Needlman Wunsch 方法，得到一串由 IF 组成的序列；最后，统计并输出 IF 和 Position（IF 距离轨迹首部的长度）。

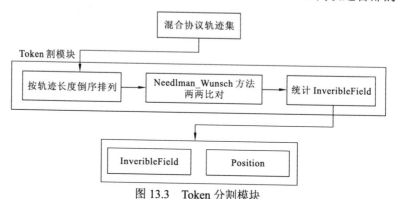

图 13.3　Token 分割模块

Token 分割模块中采用了 Needlman Wunsch 方法。该方法的评分系统遵循三个原则：尽可能多的匹配，优先对齐连续字段，仅产生与第一条序列相对应的空位。Needlman Wunsch 方法的参数有惩罚间隙 $w=2$，匹配奖励 $k=2$。

13.3.2　曲线拟合模块

曲线拟合模块，如图 13.4 所示，输入是 IF 和 Position，输出是 IF 分布曲线。首先，根据 IF 的长度进行权值分配。权值的取值范围为 $0\sim3$；然后，应用噪声消除方法从权值中减去底噪值；最后，将 Position 和权值作为 B 样条拟合方法的输入，进行曲线合成。

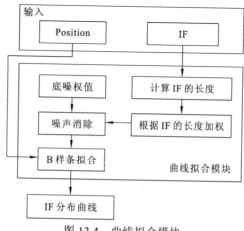

图 13.4　曲线拟合模块

13.3.3　字符分类模块

字符分类模块，如图 13.5 所示，输入是 IF 分布曲线，输出是 B 样条曲线。首先，求解样条的导函数。从 x 的起始值，以步长为 L 求解样条的 $f'(x)$ 的值；然后，根据 $f'(x)$ 的值，找到满足 $f'(x_i) \times f'(x_{i+1}) \leq 0$ 条件的 x_i 作为求解极值的起始点，并得到 x_i 数组，将 x_i 数组和导函数 $f'(x)$ 作为牛顿 CG 方法的输入，求解极值点，进而求每种 IF 的分布区间 $\left(\dfrac{x_1 + x_2}{2}, x_2 \right)$，其中，$x_1$ 表示极小值点，x_2 表示极大值点；最后，对于每个 IF 分布区间，采用字符串分类方法将字符串分类，得到各分布区间中各类 IF 集合。

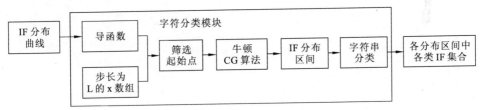

图 13.5　字符分类模块

13.3.4　轨迹分类模块

轨迹聚类模块，如图 13.6 所示，输入个分布区间中各类 IF 集合，输出轨迹簇。选取每个极大值区域中数量最多的 IF 选取算法；然后，根据选取的 IF 标记所有轨迹，并转化为向量；最后，采用 K-Means 方法聚类，输出轨迹簇。

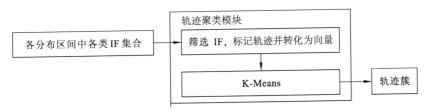

图 13.6　轨迹聚类模块示意图

K-Means 聚类算法中，初始的 K 值选择为 2，因为由流量分类方法产生的混合轨迹集中，目标轨迹占比较高，故认为包含轨迹数量最多的簇为目标安全协议产生的轨迹。

13.3.5 协议格式推断模块

协议格式推断模块，如图 13.7 所示，输入是安全协议轨迹簇，输出是安全协议格式。安全协议轨迹簇经过 Token 分割模块和字符分类模块得到各分布区间中各类 IF 集合，首先曲线拟合模块比较和 IF 相邻的首尾，经过统计推断 Separator；然后，通过 Separator 从 IF 中分离 Key，最后，Separator 和 Key 结合安全协议轨迹推断安全协议格式。

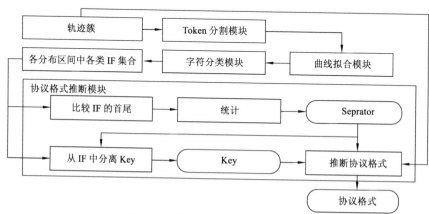

图 13.7 协议格式推断模块示意图

13.4 语义解析器 SA

根据第 12 章中提出的安全协议实施本体架构和安全协议轨迹到安全协议实施本体的映射方法，开发了语义解析器 SA，如图 13.8 所示，首先，SA 输入格式解析后的安全协议轨迹和安全协议实施本体；然后，经过 Token 匹配、Msg 匹配和 Flow 匹配，输出安全协议轨迹到安全协议实施本体的映射；最后，经过安全协议实施安全性分析方法输出分析结果[4]。

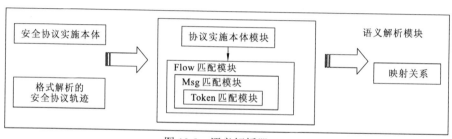

图 13.8 语义解析器 SA

13.4.1　安全协议实施本体模块

安全协议实施本体的数据结构如图 13.9 所示,其中 Flow 由 Msg 和 Length 组成。Length 表示 Msg 的总个数。Msg 由 Token 和 Msg_Num 组成。Token 由 Key、separator、Variable-Field、token-Num、Token_Length 和 Token_LengthOffset 组成。Key 由 Lable 和 Perfix 组成。VariableField 由 type、length 和 length_offset 组成。

算法　安全协议本体数据结构
1：　*TypeDef* struct{
2：　　*Msg* *msg;
3：　　*int* *length;
4：　}Flow;
5：
6：　*TypeDef* struct{
7：　　*Token* *token;
8：　　*int* *msg_num;
9：　}Msg;
10：
11：　*TypeDef* struct{
12：　　*Key* *key;
13：　　*String* *separator;
14：　　*VeribleField* *verible_field;
15：　　*int* *token_Num;
16：　　*int* * token_length;
17：　　*int* * token_lengthOffset;
18：　}Token;
19：
20：　*TypeDef* struct{;
21：　　*String* *Lable;
22：　　*String* *Perfix;
23：　}Key;
24：
25：　*TypeDef* struct{;
26：　　*String* *type;
27：　　*String* *length;
28：　　*int* *length_offset;
29：　}VeribleField;

图 13.9　安全协议实施本体的数据结构图

13.4.2　Token 匹配模块

Token 匹配模块,如图 13.10 所示,作为 Msg 匹配模块的子模块,计算轨迹 Token 到本体 Token 之间的权值。Token 匹配模块输入是轨迹 Token 和安全协议实施本体中的 Token,输出是 Token 之间的权值。首先,采用 Levenshtein 距离比,计算轨迹 Key 到本体节点 Key 的权值，根据 VF 数据类型的正则表达式、正则表达式的包含关系和正则表达式匹配得分计算 VF 的类型权值；然后，将这两个权值作为输入，计算 Token 之间的权值。

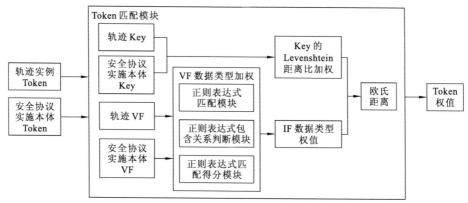

图 13.10　Token 匹配模块

13.4.3　Msg 匹配模块

Msg 匹配模块，如图 13.11 所示，是 Flow 匹配模块的子模块。其输入是轨迹 Msg 和安全协议实施本体 Msg，输出是 Msg 匹配结果。首先，应用 Token 匹配模块，计算轨迹 Msg 中的每个 Token 到安全协议实施本体 Msg 中的每个 Token 的权

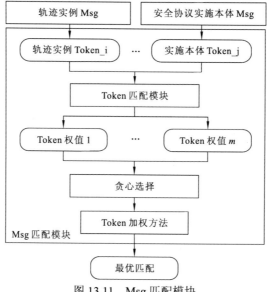

图 13.11　Msg 匹配模块

值；然后，应用贪心算法和 Token 加权方法，每次选择一个最大权值的匹配，并将参与该匹配的两个 Token 从轨迹和本体中去除，重复执行，直到轨迹或本体中有一方首先没有 Token。

13.4.4　FloW 匹配模块

Flow 匹配模块，如图 13.12 所示，输入是轨迹 Flow 的安全协议实施本体 Flow，输出是 Flow 匹配结果。首先，应用 Msg 匹配模块，得到轨迹 Flow 中的每个 Msg 到安全协议实施本体 Flow 中的每个 Msg 的权值；然后，应用贪心选择方法，选择具有最大权值的 Msg 匹配，如果存在多个最大 Msg 匹配，那么应用 Flow 加权方法，选择轨迹 Msg 的位置比例和本体 Msg 的位置比例相近的 Msg 进行匹配。

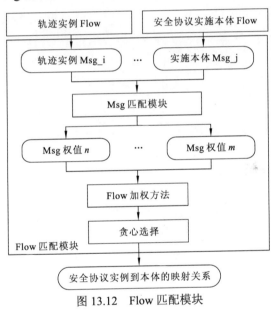

图 13.12　Flow 匹配模块

13.5　实施安全分析器 ISA

根据第 12 章中提出的安全协议实施安全性分析方法，开发安全协议实施安全分析器 ISA，如图 13.13 所示。首先，ISA 输入安全协议实施本体，格式解析后的安全协议轨迹和安全协议轨迹到安全协议实施本体的映射；然后，轨迹标记模块通过实施本体到轨迹的映射，标记安全协议轨迹上的 Token 和 Msg；其次，映射分析模块通过分析安全协议实施本体分析轨迹上被标记的 Msg 和 Token，输出映射分析结论；然后，非本体 Token 分析模块将本体 Token 与非本体 Token 逐个比对检测非本体 Token 中是否存在消息泄露；最后，综合分析安全协议实施安全性[4]。

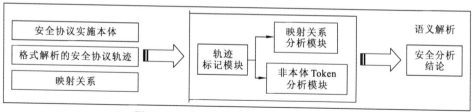

图 13.13　安全协议实施安全分析器 ISA

13.5.1　轨迹标记模块

轨迹标记模块，如图 13.14 所示，输入安全协议轨迹，通过网络轨迹到实施本体的映射，按照 Msg、Token、Key 和 VF 的层次关系标记安全协议轨迹，最后输出被标记的轨迹。

图 13.14　轨迹标记模块示意图

13.5.2　映射分析模块

映射分析模块，如图 13.15 所示，输入被标记的安全协议轨迹和安全协议实施本体，检测轨迹被标记部分的 Msg 顺序，Token 数量和 VF 类型。首先，检测轨迹中 Msg 发送是否有序；然后，检查 Msg 中 Token 数量判断是否有 Token 缺少；其次，检查 Token 中 VF 的类型，判断映射所对应的轨迹 VF 的类型是否与相应的本体 VF 类型一致；最后，判断映射是否正确。

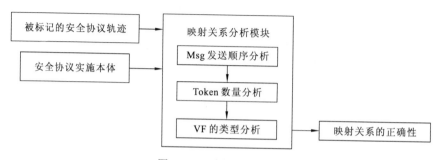

图 13.15　映射分析模块

13.5.3　非本体 Token 分析模块

非本体 Token 分析模块,如图 13.16 所示,通过匹配非本体 Token 与本体 Token 中 VF 类型和 VF 的值,判断是否存在信息泄露,如果存在信息泄露则返回轨迹中 Token 的相对位置。非本体 Token 分析模块示意图如图 13.16 所示。首先,采用 Token 匹配模块对安全协议轨迹中未被标记部分的 Token 进行匹配,标记 VF 类型,得到非本体 Token;然后,根据 VF 类型,将轨迹中非本体 Token 与本体 Token 进行对比,检查 VF 值是否相等,如果不相等则非本体 Token 与实施本体无关,非本体 Token 没有泄露本体中的信息,如果相等则非本体 Token 泄露了实施本体中的信息,输出非本体 Token 的位置。

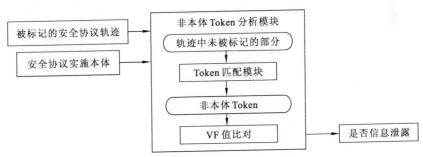

图 13.16　非本体 Token 分析模块

参 考 文 献

[1] 何旭东. 基于网络轨迹的安全协议实施安全性分析[D]. 武汉: 中南民族大学.

[2] 孟博, 何旭东, 王德军等. 网络协议流量识别方法研究[J/OL].郑州大学学报(理学版). https://doi.org/10.13705/j.issn.1671-6841.2018264.

[3] 孟博, 王德军. 安全协议实施自动化生成与验证[M]. 北京: 科学出版社, 2016: 3-35.

[4] HE X D, LIU J B, HUANG C T, et al. A security analysis method of security protocol implementation based on unpurified security protocol trace and security protocol ontology.IEEE ACCESS, 2019, 7: 131050-131067.

第14章　某认证平台安全协议实施安全性分析

14.1　引　　言

应用第 12 章提出的面向多个混合安全协议迹的安全性分析方法和第 13 章设计与开发的安全协议实施安全性分析工具 NTISA，本章对某大学身份认证平台的安全性进行了分析。首先搜集了某大学统一身份认证平台登录页面产生的两种轨迹，通过格式解析器 FA 分离并标记为红色和绿色网络轨迹并解析格式，根据统一身份认证平台开发说明书，推测两种登录协议为 CAS-SSO（central authentication service-singlesignon）和 CAS-OAUTH（central authentication service OAUTH）[1,2]，然后构造此两种安全协议的实施本体，语义解析器 SA 确定红色网络轨迹为 CAS-SSO，绿色网络轨迹为 CAS-OAUTH。语义解析器 SA 对两个协议轨迹进行分析，两个协议轨迹中对应于实施本体中的各 Token 均正确，但是 CAS 协议中应用服务器授权凭证 Ticket 存在泄露风险，攻击者能够根据 Ticket 获取用户在各应用服务器中的所有数据，故某大学统一身份认证平台 CAS 协议实施存在安全漏洞[3,4]。

14.2　数　据　获　取

某大学统一身份认证平台记录了所有在校学生的日常生活数据。该平台支持两种登录方式：密码登录和微信二维码登录。统一身份认证登录平台支持一次认证成功可访问多个应用平台。根据开发说明书，该登录平台采用了广泛应用的 CAS-SSO 和 CAS-OAUTH 协议，两种登录方式必定对应两种安全协议，微信二维码登录可能是 OAUTH 协议，密码登录可能是 CAS 协议。

数据搜集是在机房中进行的，通过一台电脑代理机房所有电脑，通过 Burp suite[5]，捕获 Http 流。总共搜集了 186 条的某大学统一身份认证平台登录相关的 Http 流。应用 Burp suite 中的 Filter 功能过滤掉负载是 JavaScript、Xml、Css 等的 Http 流；然后根据 Http 协议规范，清除 Http 流中的 Host、User-Agent、Accept 等与安全协议毫无关系的字段，去除 Cookie 中 amp.locale、iPlanetDirectoryPro、track_cookie_user_id 等与会话建立相关的字段。对于 Url 仅保留首部字段、Http 负载、Get、Post、Requests、Set-Cookie 字段，最后将 Http 负载输入到数据库。经过预处理的安全协议轨迹如图 14.1。

图 14.1　经过预处理的安全协议轨迹

14.3　格 式 解 析

格式解析器 FA 输入是经过预处理后的 HTTP 协议负载，经过 FA Token 分割模块，获得了被分割的安全协议轨迹；然后，经过噪声消除和曲线拟合模块，得到 IF 分布拟合曲线；其次，应用 FA 字符分类模块，得到每个峰值处的 IF，用 IF 标记轨迹并转化为向量，输入到轨迹分类模块，通过聚类方法，分离出红色轨迹和绿色轨迹。

14.3.1　Token分割

Token 分割模块输出结果如图 14.2 所示，其中短横线 "-" 表示此处没有匹配上字符。Needlman Wunsch 方法中参数设置为 mismutch= -2，gap=1，mutch=2。

图 14.2　轨迹 Token 分割结果

14.3.2　曲线拟合

将安全协议轨迹输入到曲线拟合模块，首先被分割的 Token 经过，噪声消除，然后采用 B 样条拟合，得到样条函数，样条函数如图 14.3 灰线所示，横轴为 IF 距离轨迹第一个 byte 的长度，纵轴为某 IF 的权值总和。灰点为该处的 IF 的权值，灰点越高越多，样条函数的极大值越大，该处存在 Key 的概率越大。B 样条拟合中，采用的是 30 阶样条函数。

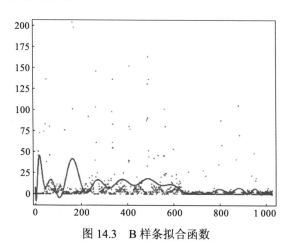

图 14.3　B 样条拟合函数

14.3.3　字符与轨迹分类

将样条拟合函数的结果输入到字符分类模块，经过字符串分类筛选，得到样条函数峰值处的 IF 表，如图 14.4 所示。字符分类模块选取了 B 样条的 12 个峰值中的 IF，每个峰值处的 IF 的数量为 PeakKey。在选择标记 IF 时，由于关键词 http 过多，不具备特殊性，故从峰值中去除。

id	KeyPrescseLocation	peakkeynum	KeyRang1	KeyRang2	peakkeylen	PeakKey
1	22	129	21	42	12	username=20 1
2	47	129	40	52	10	&password=
3	103	107	138	172	101	-cas&dllt=userNamePasswordLogin&execution=e1s1&_eventId=submit&rmShown=
4	259	129	236	271	4	-cas
5	372	41	350	378	8	L'code=d
6	488	115	460	489	10	ticket=ST-
7	577	122	570	586	11	jSESSIONID=
8	682	13	682	703	3	-cas
9	796	5	773	799	35	3-aKbn-casMOD_AUTH_CAS=MOD_AUTH_ST-
10	880	3	862	883	35	-cas http MOD_AUTH_CAS=MOD_AUTH_ST-
11	949	8	938	953	16	-cas jSESSIONID=
12	1000	5	992	1002	2	jSESSIONID=
13	1020	2	1019	1024	3	699

图 14.4　样条函数峰值 IF

将 IF 表输入到轨迹聚类模块，通过 IF 标记轨迹集，将轨迹用向量表示，输入到 K-Means 聚类方法，聚类结果如图 14.5 所示，聚类结果可视化图形如图 14.6

所示。实心圆和虚心圆分别代表一类轨迹。实心圆轨迹有 155 条，虚心圆轨迹有 31 条。经过人工检测，轨迹分类模块分类准确率为 100%。

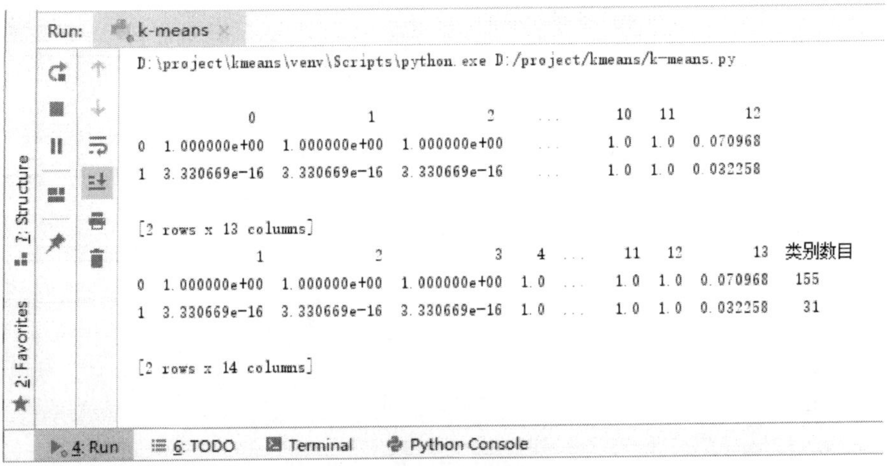

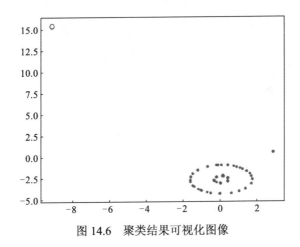

图 14.5　聚类结果

图 14.6　聚类结果可视化图像

14.3.4　协议格式推断

经过轨迹分类模块，筛选出两种较高纯度的安全协议轨迹，一种是实心圆安全协议轨迹，另一种是虚心圆安全协议轨迹。将实心圆纯净的安全协议轨迹输入到 Token 分割模块、曲线拟合模块和字符分类模块得到新的样条拟合曲线，并输出 IF 表如图 14.7 所示。图中实心圆安全协议轨迹产生的 IF 如图左半边所示，虚心圆安全协议轨迹产生的 IF 如图右半边所示。

id	Position	Key
1	1	http
2	6	http
3	11	http
4	16	http
5	21	http
6	26	username=201
7	45	&password=
8	61	<LT-
9	121	-cas&dllt=userNamePasswordLogin&execution=
10	167	_eventId=submit&rmShown=1
11	194	http
12	199	http
13	204	ticket=ST-
14	259	-cas
15	263	CASTGC=TGT-
16	328	-cas
17	333	http
18	338	http
19	343	ticket=ST-
20	398	-cas
21	403	http
22	408	http
23	413	ticket=ST-
24	468	-cas
25	473	http

id	Position	Key
1	1	http
2	6	http
3	11	http
4	16	type=weixin&success=http
5	41	http
6	46	http
7	51	appid=wx04c41c417652bc43
8	91	&redirect_uri
9	109	&response_type=code&scope=snsapi_login&state=
10	189	appid=wx04c41c417652bc43
11	213	&redirect_uri=http
12	232	&response_type=code&scope=snsapi_login&state=
13	302	uuid=
14	313	&last=4048_=
15	329	wx_code=
16	371	code=
17	408	&state=
18	438	CASTGC=TGT-
19	502	-cas
20	507	http
21	512	http
22	517	http
23	522	http
24	614	ST-
25	661	-cas

图 14.7 实心圆轨迹和虚心圆轨迹产生的 IF

将 IF 输入到协议格式推断模块。格式推断模块通过对比 IF 的首尾，统计和筛选推断 Separator、进而推断 Key 和协议格式。首先，排除与分隔符无关的关键词 http 和统计频率极低的分隔符得到表 14.1。根据假设：分隔符不能出现在 VF 中和分隔符的第一个字符不能出现在 VF 中，排除"as""ti"和"T-"，得到满足条件的四个分隔符"-""-c""&"和"="。图 14.8 为按照分隔符频率从大到小的顺序，将红色安全协议轨迹 IF 和绿色安全协议轨迹 IF 解析成 Separator 和 Key。红色协议部分格式解析表如左图，蓝色协议部分格式解析表如右图。

表 14.1 分隔符及统计频率

分隔符	频率
-	0.323
T-	0.161
-c	0.129
as	0.129
&	0.097
ti	0.097
=	0.065

id	Position	Key		id	Position	Key
1	1	http		1	1	http
2	6	http		2	6	http
3	11	http		3	11	http
4	16	http		4	16	type
5	21	http		5	20	=
6	26	username		6	21	weixin
7	34	=		7	27	&
8	35	201		8	28	success
9	45	&		9	35	=
10	46	password		10	36	http
11	54	=		11	41	http
12	61	&		12	46	http
13	62	lt		13	51	appid
14	64	=		14	56	=
15	65	LT		15	57	wx04c41c417652bc43
16	67	-		16	91	&
17	121	-		17	92	amp;redirect_uri
18	122	cas		18	109	&
19	125	&		19	110	amp;response_type
20	126	dlt		20	127	=
21	130	=		21	128	code
22	131	userNamePasswordLogin		22	132	&
23	152	&		23	133	amp;scope
24	153	execution		24	142	=
25	162	=		25	143	snsap_login
26	167	&		26	154	&
27	168	_eventId		27	155	amp;state
28	176	=		28	164	=
29	177	submit		29	189	appid
30	183	&		30	194	=
31	184	rmShown		31	195	wx04c41c417652bc43
32	191	=		32	213	&
33	192	1		33	214	redirect_uri
34	194	http		34	226	=
35	199	http		35	227	http

图 14.8　部分协议格式

14.3.5　语义解析

语义解析器 SA 输入是经过格式解析器 FA 格式解析的红色和蓝色安全协议轨迹。根据统一身份认证平台项目说明书，两种登录协议为 CAS-SSO 和 CAS-OAUTH 协议，故通过 CAS 官方给出的实施规范和项目说明书，构建两个安全协议实施本体；然后，根据安全协议实施本体，给出本体中各种数据类型的正则表达式，并定义数据类型包含关系和数据类型匹配权重；其次，采用所开发的语义解析器 SA 将红色网络轨迹与 CAS-OAUTH 匹配，结果表明，CAS-OAUTH 实施本体中第 3,4,5 号消息没有对应的匹配项，红色网络轨迹不是 CAS-OAUTH。将绿色网络轨迹与 CAS-OAUTH 实施本体输入到语义解析器 SA，结果表明绿色轨迹是 CAS-OAUTH 实施本体的一个轨迹，同理红色网络轨迹是 CAS-SSO 实施本体的一个轨迹。最后，分别构造安全协议轨迹到安全协议实施本体的映射。

14.3.6 安全协议实施本体构造

根据开发说明书，该登录平台采用了广泛应用的 CAS-SSO 和 CAS-OAUTH 协议，通过开发说明书和 CAS 官方发布的实施标准和所提出的安全协议本体框架构造 CA-SSO 协议实施本体和 CAS-OAUTH 协议实施本体。表 14.2 为 CAS-SSO 协议的实施本体表。表 14.3 为 CAS-OAUTH 协议实施本体的数据表[3,4]。

表 14.2　CAS-SSO 实施本体

Msg	Token	Key	Msg	Token	Key
Msg1	Token1	http	Msg4	Token1	http
Msg1	Token2	http	Msg4	Token2	ticket
Msg1	Token3	http	Msg4	Token3	MOD_AUTH_CAS
Msg2	Token1	http	Msg4	Token4	http
Msg2	Token2	http	Msg4	Token5	http
Msg3	Token1	http	Msg5	Token1	MOD_AUTH_CAS
Msg3	Token2	http	Msg5	Token2	http
Msg3	Token3	Username	Msg5	Token3	http
Msg3	Token4	PassWord	Msg5	Token4	jSESSIONID
Msg3	Token5	CASTGC	Msg5	Token5	http
Msg3	Token6	http			
Msg3	Token7	ticket			

表 14.3　CAS-OAUTH 实施本体

Msg	Token	Key	Msg	Token	Key
Msg1	Token1	http	Msg5	Token3	CASTGC
Msg1	Token2	http	Msg5	Token4	http
Msg1	Token3	http	Msg5	Token5	http
Msg2	Token1	Type	Msg6	Token1	CASTGC
Msg2	Token2	http	Msg6	Token2	http
Msg2	Token3	http	Msg6	Token3	http
Msg2	Token4	http	Msg6	Token4	http
Msg2	Token5	http	Msg6	Token5	http

Msg	Token	Key	Msg	Token	Key
Msg2	Token6	response_type	Msg6	Token6	ticket
Msg2	Token7	state	Msg7	Token1	http
Msg3	Token1	appid	Msg7	Token2	ticket
Msg3	Token2	http	Msg7	Token3	jSESSIONID
Msg3	Token3	response_type	Msg7	Token4	MOD_AUTH_CAS
Msg3	Token4	state	Msg7	Token5	http
Msg4	Token1	uuid	Msg7	Token6	http
Msg4	Token2	code	Msg8	Token1	MOD_AUTH_CAS
Msg4	Token3	state	Msg8	Token2	http
Msg5	Token1	code	Msg8	Token3	http
Msg5	Token2	state	Msg8	Token4	jSESSIONID
			Msg8	Token5	http

实验在客户端抓包，能获取客户机到应用服务器、客户机到认证服务器的数据流。CAS-SSO 协议中，由于不能获取应用服务器与认证服务器的数据包，故在安全协议实施本体中没有列出应用服务器到认证服务器相关的部分本体。同理 CAS-OAUTH 协议无法捕获手机到微信认证服务器的数据包，无法获取微信认证服务器到认证服务器的数据包，无法获取应用服务器到认证服务器的数据包，故在本体构造中，没有相关部分本体。

14.3.7　Token权值计算

根据 CAS 官方网站[6]中的 CAS-SSO 协议实施规范，定义了 CAS 协议中特殊 VF 的类型，特殊类型有 CASTGC、ticket 和 jSESSIONID 等。根据实施本体描述的 VF 类型并构建正则表达式。表 14.4 列出了常出现的 15 种数据类型。Username 等数据项是根据统一身份认证平台实施方案中的正则表达式进行定义，因为不能确定 password 的数据类型，故没有列出。在 Token 匹配中，轨迹 VF 不能与正则表达式匹配时，通过确定与轨迹 VF 最接近的类型和类型长度进行匹配。

根据所定义的正则表达式，定义数据类型包含关系。本案例中用到的数据类型包含关系示意图如图 14.9 所示，Hex 表示十六进制，Code、State、uuid 和 username 为 CAS 协议中的特殊数据类型。首先获取轨迹 VF，然后通过正则表达式的包含关系图由大到小，确定轨迹 VF 的最小匹配，最后将 VF 最小匹配作为 VF 的类型。

表 14.4　本体 VF 类型构建的正则表达式

类型	正则表达式
Int	/^[0-9]*$
Float	/^[1-9]d*.d*|0.d*[1-9]d*$
Double	/^[-//+]?//d+（//.//d*）?|//.//d+$
http	/^http:\/\/[A-Za-z0-9]+\.[A-Za-z0-9]+[\/=\?%\-&_~`@[\]\':+!]*（[^<>\"\"]）*$
CASTGC	/^TGT-[1-9]\d{5}|-[A-Za-z0-9]\w{48,52}|[0-9]{11,15}|-[A-Za-z0-9]\w{4}$
ticket	/^ST-|\d{5}|-[A-Za-z0-9]\w{15,19}|[0-9]{12,16}|[A-Za-z]\w{4}|-cas $
jSESSIONID	/^[A-Za-z]{5}|-[A-Za-z0-9]\w{4,48}|!-[1-9]\d{9}$
Code	/^-[A-Za-z0-9]\w{30,34}$
uuid	/^-[A-Za-z0-9]\w{5,7}$
State	/^[0-9a-z]\w{20,24}$
Mod_Auth_CAS	/^MOD_AUTH_ST-|\d{4,6}|-|[A-Za-z0-9]\w{31,35}|-cas $
Username	/^20[0-1]\w{1}|[0-9]\w{1}$
appid	固定值
response_type	固定值
Type	固定值

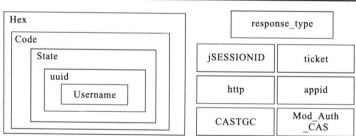

图 14.9　数据类型包含关系

根据数据类型定义匹配权重，表 14.5 列出了用到的 VF 数据类型权重分配。在数据类型进行权重分配，appid、Type 和 response_type 是固定值，与其他数据类型匹配得分为 0。CASTGC、MOD_AUTH_CAS 和 ticket 在实施规范中有特定的开始字符，故这 3 个类型的 VF 与其他类型没有交集，得到的权值为 1 或者为 0。Appid 和 response_type 为固定值，固定值与任何其他类型的 VF 匹配结果都为 0。username 和 uuid，根据数据类型包含关系 uuid 包含了 username，故当轨迹最小 VF 类型为 username、本体 VF 类型为 uuid 时权值为 0.7；当轨迹最小 VF 类型为 uuid、本体 VF 类型为 username 时，权值为 0。因为最小类型为 uuid 的 VF 不属于 username 类型。图 14.10 为经过 Token 匹配模块计算的权值。NULL 表示该 Key 不在本体内，1.414 为 Token 匹配的最大值。

表 14.5　VF 数据类型权重分配表

轨迹 VF 最小类型	本体 VF 类型								
Key	http	CASTGC	ticket	jSESSIONID	Code	uuid	State	Mod_Auth_CAS	Username
http	1	0	0	0	0	0	0	0	0
CASTGC	0	1	0	0	0	0	0	0	0
ticket	0	0	1	0	0	0	0	0	0
jSESSIONID	0	0	0	1	0	0	0	0	0
Code	0	0	0	0	1	0	0	0	0
uuid	0	0	0	0	0.3	1	0.7	0	0
State	0	0	0	0	0.7	0	1	0	0
Mod_Auth_CAS	0	0	0	0	0	0	0	1	0
username	0	0	0	0	0.3	0.7	0	0	1

图 14.10　Token 匹配模块计算的权值

14.3.8　Msg 匹配

安全协议轨迹 Msg 与安全协议实施本体 Msg 之间的权值是 Msg 中所有 Token 的权值之和。在绿色轨迹中，Msg4 为

"uuid=a84Fb2&last=404&_=4786wx_code=hiE7O923FP3DOMlHCnNvdBPiATHkPNka&code=hiE7O923FP3DOMlHCnNvdBPiATHkPNka&state=99efebf38249d3dgd7b58g"

其与 CAS-OAUTH 实施本体匹配如表 14.6 所示。首先应用 key 匹配方法进行加权，并求出 Levenshtein 距离比，然后得到权值。当距离比低于 0.7 时，Key 权值定义为 0。然后应用 VF 加权方法，通过查询轨迹 VF 最小类型与本体 VF 类型的权重，得到 VF 权值，然后应用贪心算法，逐一找到最大权重的 token，根据 Msg 加权方法将 Token 的权值相加。

表 14.6 为绿色轨迹与 CAS-OAUTH 中 Msg4 的匹配结果

CAS-OAUTH 实施本体		绿色轨迹 Msg4					匹配结果
		uuid	last	wx_code	code	state	
Msg3	appid	0	0	0	0	0	
Msg3	http	0	0	0	0	0	
Msg3	response_type	0	0	0	0	0	0.354
Msg3	state	0.7	0	0	0	1.414	
Msg4	uuid	1.414	0	0	0	0	
Msg4	code	0	0	1.152	1.414	0.7	4.243
Msg4	state	0. 7	0	0	0	1.414	
Msg5	code	0.3	0	1.152	1.414	0.7	
Msg5	state	0.7	0	0	0	1.414	
Msg5	CASTGC	0	0	0	0	0	1.131
Msg5	http	0	0	0	0	0	
Msg5	http	0	0	0	0	0	

14.3.9 Flow 匹配

格式解析器 FA 格式解析产生了两种安全协议轨迹,红色协议轨迹和绿色协议轨迹。为了区分实心圆轨迹和虚心圆轨迹,首先将实心圆轨迹输入到 CAS-OAUTH 实施本体中。表 14.7 为实心圆轨迹到 CAS-OAUTH 实施本体的匹配权值。根据贪婪选择算法,第一轮,选择全局最大值 7.071,实心圆轨迹 Msg5 与实施本体 Msg8 匹配并除去实施本体 Msg8;第二轮,选择 5.893,实心圆轨迹 Msg3 与实施本体 Msg6 匹配,实心圆轨迹 Msg4 与实施本体 Msg7 匹配,除去实施本体 Msg8 和 Msg7;第三轮,选择 4.243,实心圆轨迹 Msg1 与实施本体 Msg1 匹配;第四轮,实心圆轨迹 Msg2 与实施本体 Msg5 匹配。实心圆轨迹与 CAS-OAUTH 实施本体的匹配结果如表 14.8 所示,由于实心圆轨迹与 CAS-OAUTH 实施本体中存在大量 CAS-OAUTH 实施本体消息未匹配,得分低,故认为实心圆轨迹与 CAS-OAUTH 实施本体不匹配。

同理,将虚心圆轨迹 CAS-OAUTH 实施本体进行匹配,匹配权重如表 14.9 所示,匹配结果如表 14.10。虚心圆轨迹与 CAS-OAUTH 实施本体全部匹配。然后实心圆轨迹与 CAS-SSO 实施本体匹配结果如表 14.11 所示,实心圆轨迹与 CAS-SSO 实施本体全部匹配。

表 14.7　实心圆轨迹与 CAS-OAUTH 实施本体匹配权值

实心圆轨迹	CAS-OAUTH 实施本体							
	Msg1	Msg2	Msg3	Msg4	Msg5	Msg6	Msg7	Msg8
Msg1	4.243	1.818	0.354	0	0.913	3.182	2.122	2.546
Msg2	1.521	0.652	0.354	0	0.913	0.761	0.761	0.913
Msg3	4.243	1.818	0.354	0.1	1.877	5.893	3.771	2.546
Msg4	4.243	1.818	0.354	0	1.131	3.771	5.893	4.526
Msg5	4.243	1.818	0.354	0	1.131	2.122	5.893	7.071

表 14.8　实心圆轨迹与 CAS-OAUTH 实施本体匹配的结果

实心圆轨迹	Msg1	Msg2	Msg3	Msg4	Msg5
CAS-OAUTH 实施本体 Msg 编号	1	5	6	7	8

表 14.9　虚心圆轨迹与 CAS-OAUTH 实施本体匹配权值

虚心圆轨迹	CAS-OAUTH 实施本体							
	Msg1	Msg2	Msg3	Msg4	Msg5	Msg6	Msg7	Msg8
Msg1	4.243	1.818	0.354	0	1.131	2.122	2.122	2.546
Msg2	4.243	12.726	1.414	0.471	2.546	3.771	2.121	2.546
Msg3	0.471	1.818	4.243	0.471	1.131	0.236	0.236	0.283
Msg4	0	0.202	0.354	4.243	1.131	0	0	0
Msg5	1.521	0.808	1.414	1.885	7.071	2.125	0.943	1.131
Msg6	4.243	3.233	0.354	0	2.546	8.485	3.771	2.546
Msg7	4.243	1.818	0.354	0	1.131	2.122	8.485	7.071
Msg8	4.242	1.818	0.354	0	1.131	2.122	5.893	7.071

表 14.10　虚心圆轨迹与 CAS-OAUTH 实施本体的匹配结果

虚心圆轨迹	Msg1	Msg2	Msg3	Msg4	Msg5	Msg6	Msg7	Msg8
CAS-OAUTH 实施本体 Msg 编号	1	2	3	4	5	6	7	8

表 14.11　实心圆轨迹与 CAS-SSO 实施本体匹配结果

实心圆轨迹	Msg1	Msg2	Msg3	Msg4	Msg5
CAS-SSO 实施本体 Msg 编号	1	2	3	4	5

14.4 分析结果

安全协议实施安全性分析器 ISA 输入是 CAS-SSO 和 CAS-OAUTH 协议的实施本体，安全协议轨迹和安全协议轨迹到安全协议实施本体的映射。经过映射分析和非本体 Token 分析，综合得到安全协议实施安全性分析结果。

映射分析模块的分析结果如图 14.11 所示。结果表明映射中 Msg 发送顺序、Msg 中 Token 数量和 Token 中 VF 类型均符合实施本体。但是存在不在映射中的大量非实施本体 Token，原因如下：①安全协议和非安全协议混合发送；②安全协议实施不规范，存在安全协议实施本体之外的安全性协议实施相关字段。

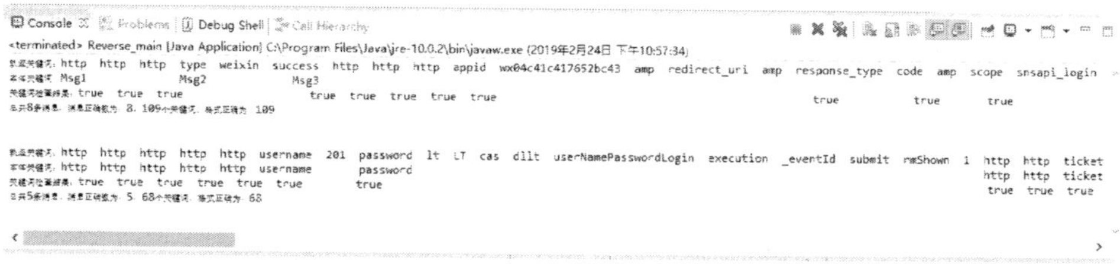

图 14.11　映射分析结果

非本体 Token 分析模块的分析结果如图 14.12 和图 14.13 所示。结果表明在 CAS-OAUTH 协议轨迹的第 12、13 条消息和 CAS-SSO 协议轨迹的第 7、8 条消息中，Ticket 存在信息泄露。Ticket 出现在服务器回应的 Location 字段和客户机发出的 Get 字段中，表明该安全协议实施通过 URL 传递参数 Ticket。根据轨迹到本体的映射，Ticket 是 CAS 协议中登录应用服务器的授权凭证。因为 URL 包含的信息一般用于获取和查询资源，该信息没有被 http 协议加密。Web server、浏览器和需要 URL 参数的第三方站点能将 URL 连同 Ticket 以明文的形式存储在日志中。攻击者或者第三方站点能够通过日志获取 Ticket，并可能通过 Ticket 盗取用户在各应用服务器中的数据。某大学统一身份认证平台实施不规范，存在安全漏洞。

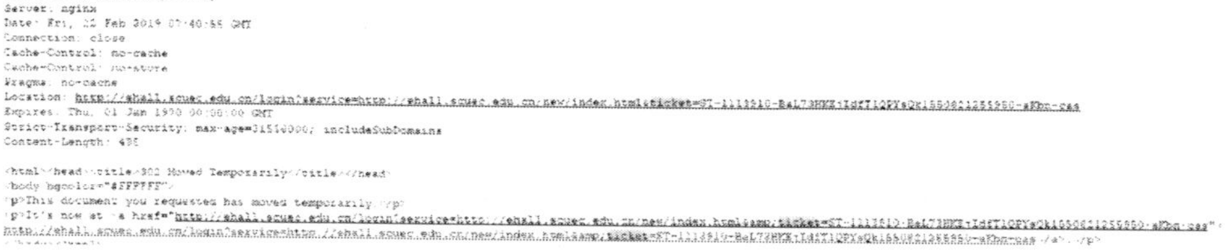

图 14.12　CAS-SSO 第 7 条消息

```
GET /login?service=http://ehall.scuec.edu.cn/new/index.html;ticket=ST-1113910-BaL73HKE-IdfT1QPYsQk1550921255950-aKbn-cas HTTP/1.1
Host: ehall.scuec.edu.cn
Upgrade-Insecure-Requests: 1
User-Agent: Mozilla/5.0 (Windows NT 10.0; Win64; x64) AppleWebKit/537.36 (KHTML, like Gecko) Chrome/72.0.3610.2 Safari/537.36
Accept: text/html,application/xhtml+xml,application/xml;q=0.9,image/webp,image/apng,*/*;q=0.8
Referer: http://open.weixin.qq.com/connect/qrconnect?appid=wx04c41c417652bc43&redirect_uri=http://id.scuec.cn/authserver/callb
Accept-Encoding: gzip, deflate
Accept-Language: zh-CN, zh;q=0.9
Cookie: amp.locale=zh_CN; zg_did=%7B%22did%22%3A%20%22167cfa85a4b67e-0bda32c2b8467e-3f674706-1fa400-167cfa85a4cf9d%22%7D; UM_disti
Connection: close
```

图 14.13　CAS-SSO 第 8 条消息

参 考 文 献

[1] YANG R, LAU W C, LIU T. Signing into one billion mobile app accounts effortlessly with oauth2.0[J]. blackhat Europe, 2016(7): 338.

[2] SUN S T, BEZNOSOV K. The devil is in the (implementation) details: an empirical analysis of OAuth SSO systems[C]//Proceedings of the 2012 ACM conference on Computer and communications security. ACM, 2012: 378-390.

[3] 何旭东. 基于网络轨迹的安全协议实施安全性分析[D]. 武汉: 中南民族大学.

[4] HE X D, LIU J B, HUANG C T, et al. A Security analysis method of security protocol implementation based on unpurified security protocol trace and security protocol Ontology.IEEE ACCESS (Submitted) , 2019, 7: 131050-131067.

[5] PORTSWIGGER. Burp suite scanner [EB/OL]. [2017.9.29]. https://portswigger.net/burp/.

[6] Enterprise Single Sign-On for All [EB/OL]. https://apereo.github.io/cas/4.2.x/ protocol /CAS-Protocol.html